アプリでバッチリ！

ポイント確認！

雲の量と天気

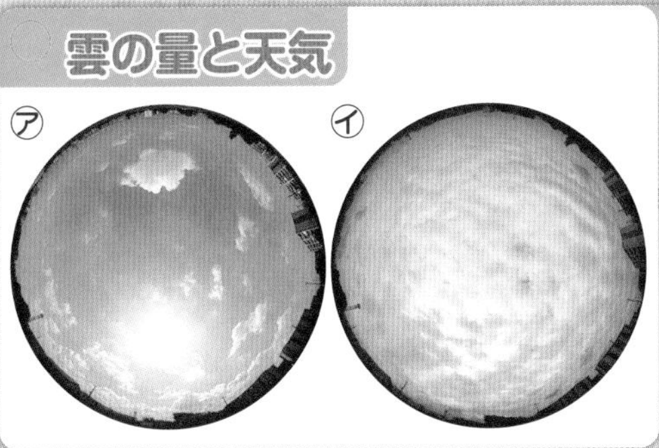

㋐の天気は？

㋑の天気は？

❶

いろいろな雲

㋐・㋑の雲の名前は？

雨をふらせる雲はどっち？

❷

（気象庁提供）

白い部分は何？

鹿児島の天気は雨？晴れ？

❸

インゲンマメの種子

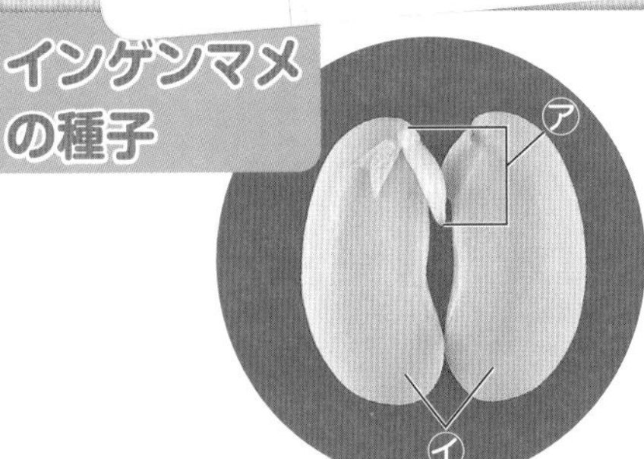

㋐は何になる？

㋑には何がある？

❹

発芽・成長と養分

でんぷんを調べる液の名前は？

㋐・㋑ででんぷんが少ないのは？

❺

けんび鏡

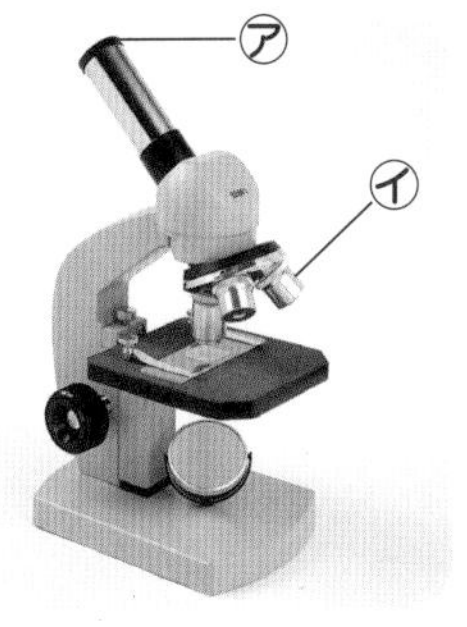

㋐の名前は？

㋑の名前は？

❻

花粉

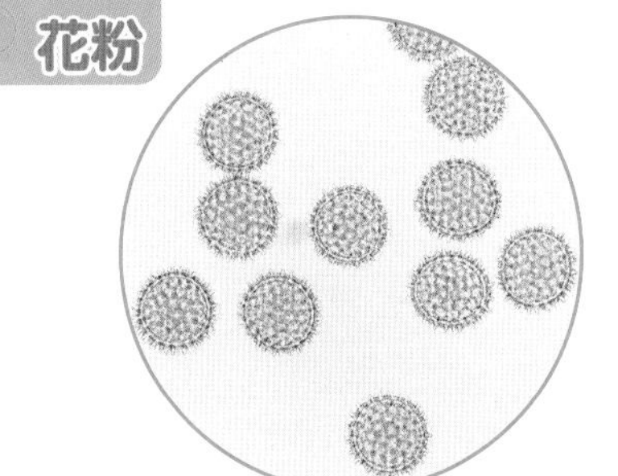

ヘチマ
アサガオ
どっちの花粉？

花粉はどこでつくられる？

❼

かいぼうけんび鏡の使い方

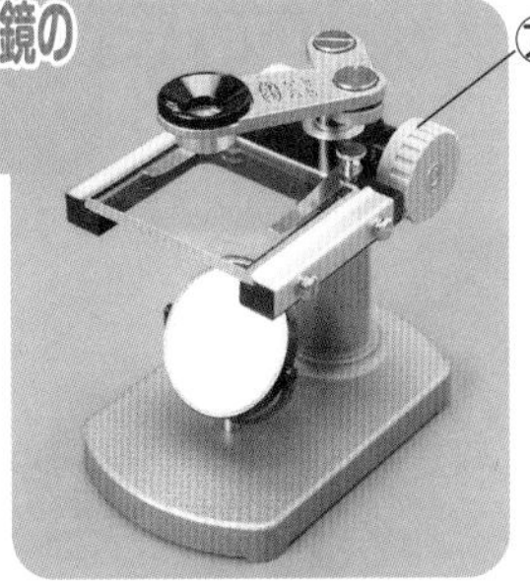

㋐の名前は？

かた目
両目
どっちで見る？

❽

メダカのおすとめす

めすは㋐・㋑のどっち？

㋐・㋑のどこがちがう？

❾

子メダカのようす

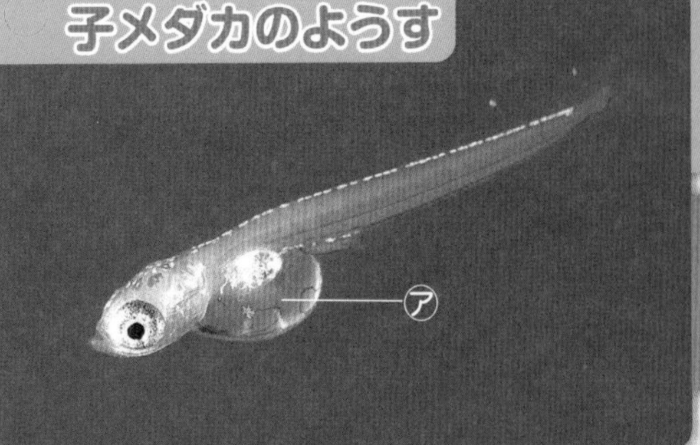

㋐には何がある？

たんじょうして2～3日の間えさは食べる？

❿

アプリでバッチリ！ポイント確認！

おもての QR コードから
アクセスしてください。

※本サービスは無料ですが、別途各通信会社の通信料がかかります。
※お客様のネット環境および端末によりご利用できない場合がございます。
※ QR コードは㈱デンソーウェーブの登録商標です。

使い方

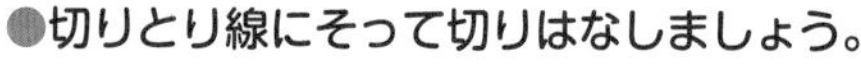
●切りとり線にそって切りはなしましょう。

●写真や図を見て、質問に答えてみましょう。

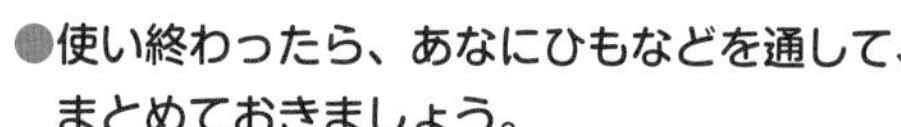
●使い終わったら、あなにひもなどを通して、まとめておきましょう。

いろいろな雲

・㋐は積乱雲（かみなり雲）
・㋑は巻雲（すじ雲）

2

雲の量と天気

㋐は晴れ　　㋑はくもり

雲の量　0～8

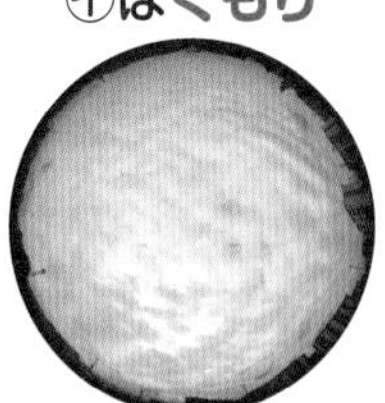
雲の量　9～10

1

インゲンマメの種子

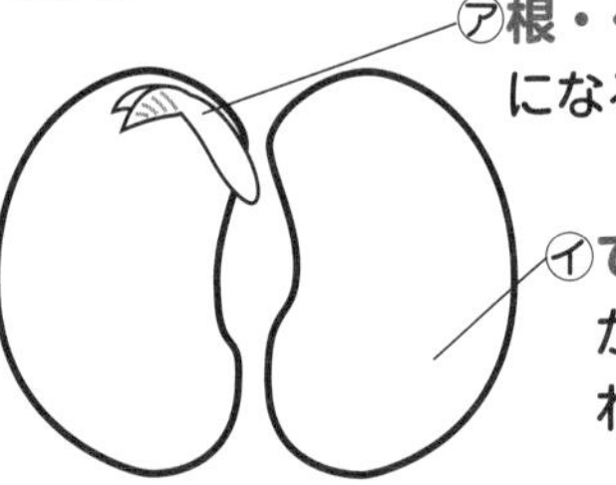

4

雲のようす

3

けんび鏡

・㋐は接眼レンズ
・㋑は対物レンズ

けんび鏡の倍率＝接眼レンズの倍率×対物レンズの倍率

6

発芽・成長と養分

・液の名前はヨウ素液。
・でんぷんが少ないのは㋑。

5

かいぼうけんび鏡の使い方

・㋐は調節ねじ。
・かた目で観察する。

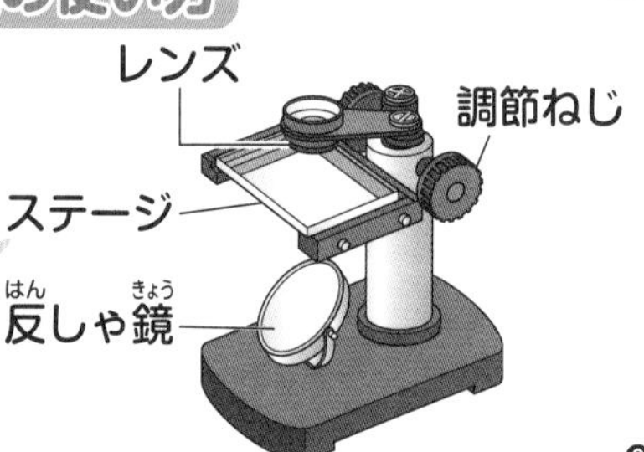

見るものをステージの上に置いて観察する。

8

花粉

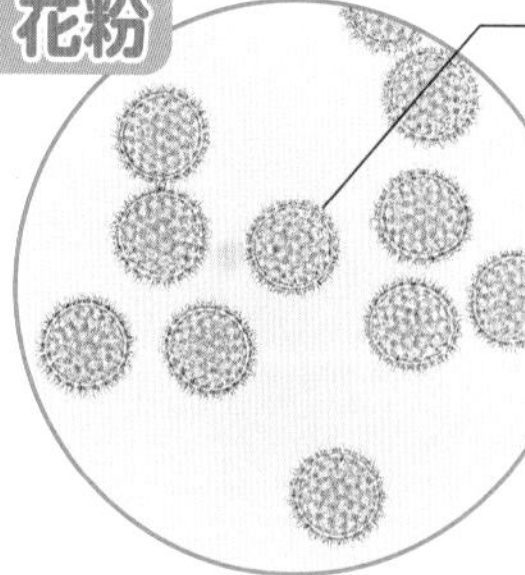

・花粉はおしべでつくられる。

7

子メダカのようす

かえったばかりの子メダカは、はら(㋐)に養分の入ったふくろがある。

10

メダカのおすとめす

・㋐がめす。
・めすのせびれには切れこみがなく、しりびれの後ろが短い。おなかがふくらんでいる。

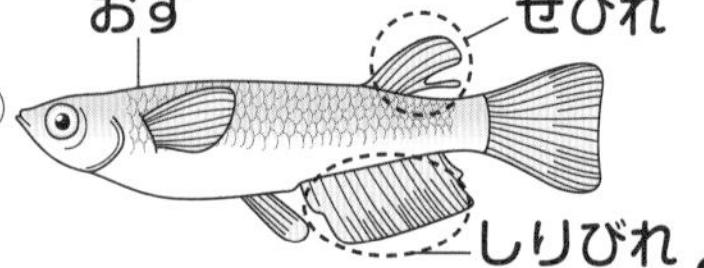

9

アサガオ

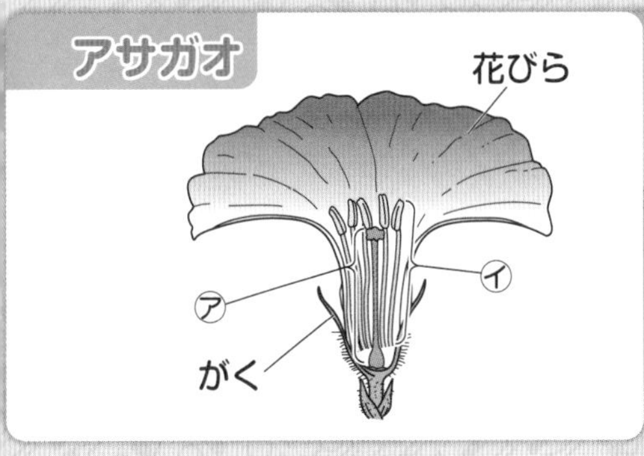

㋐の名前は？

㋑の名前は？

⑪

ヘチマ

おばなかめばなか？

㋐は何になる？

⑫

子宮の中のようす

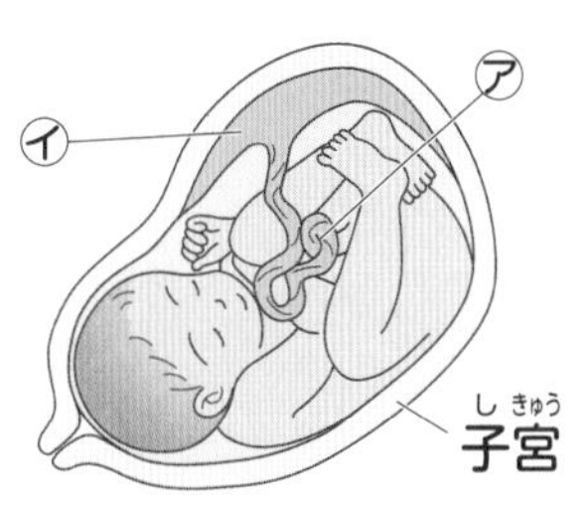

㋐の名前は？

㋑の名前は？

⑬

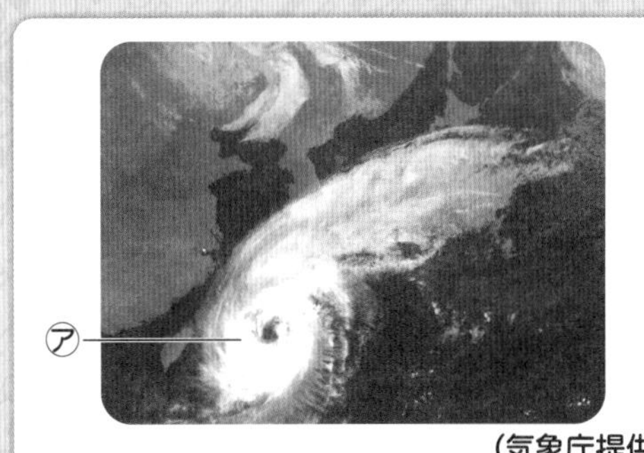

（気象庁提供）

㋐は何？

㋐が近づくと雨や風はどうなる？

⑭

川のようす

流れが速いのは？

石などがたい積しているのは？

⑮

山の中を流れる川

山の中での流れの速さは？

石の形、大きさは？

⑯

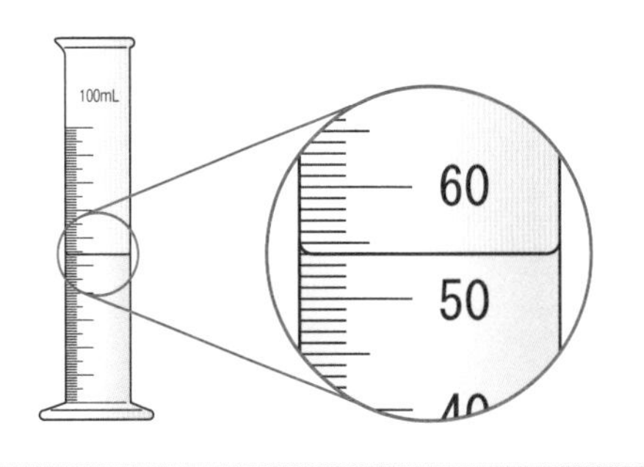

この器具の名前は？

液は何mL入っている？

⑰

ろ過

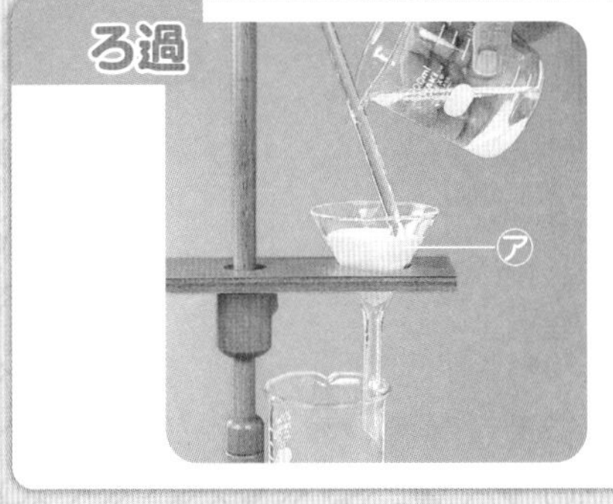

㋐の紙の名前は？

液はどのように注ぐ？

⑱

ふりこ

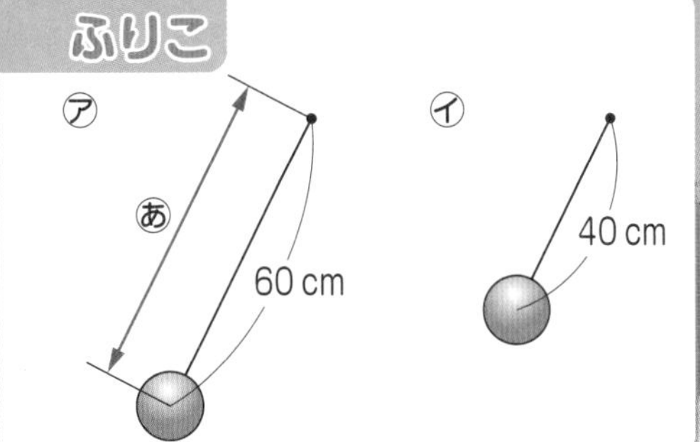

ふりこのあは何という？

㋐・㋑で1往復する時間が短いのは？

⑲

電磁石

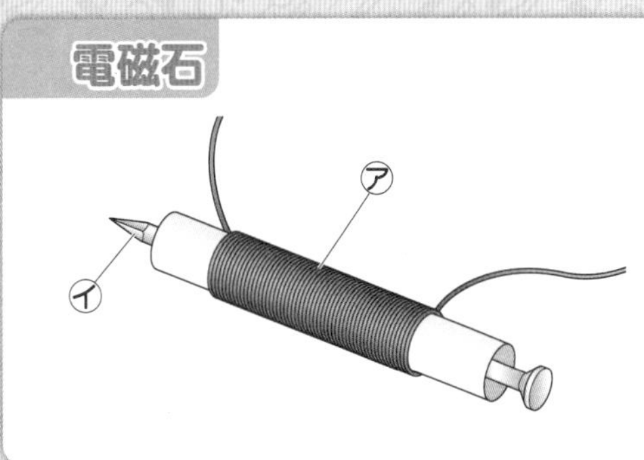

㋐どう線をまいたものを何という？

㋑何をしんにする？

⑳

電磁石の極

電磁石の極はどうなる？

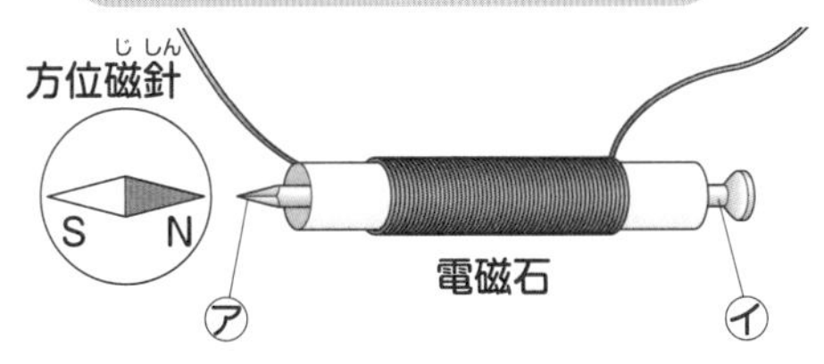

㋐・㋑で電磁石のN極は？

電流が逆向きだとどうなる？

㉑

電磁石の強さ

電磁石を強くするには？

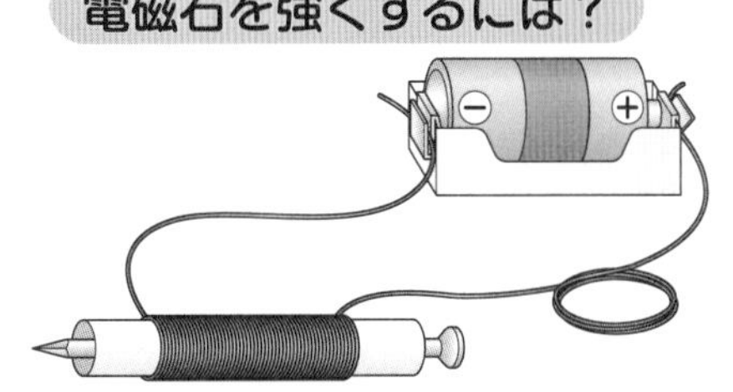

コイルのまき数はどうする？

電流の大きさはどうする？

㉒

ヘチマ

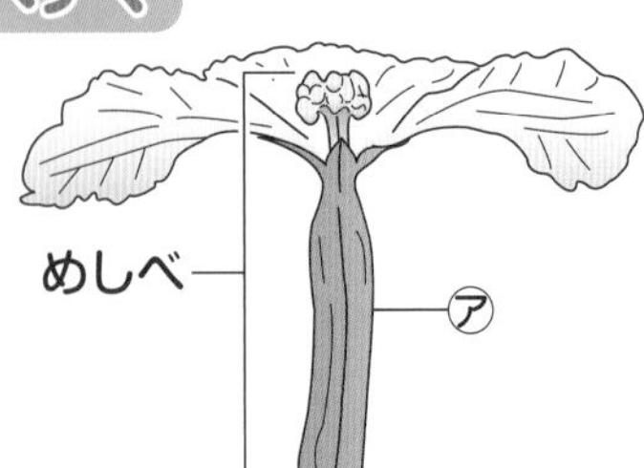

・めしべがあるので めばな。
・めしべのもと(㋐)は受粉後実になる。

⑫

アサガオ

アサガオはめしべとおしべが１つの花についているね。

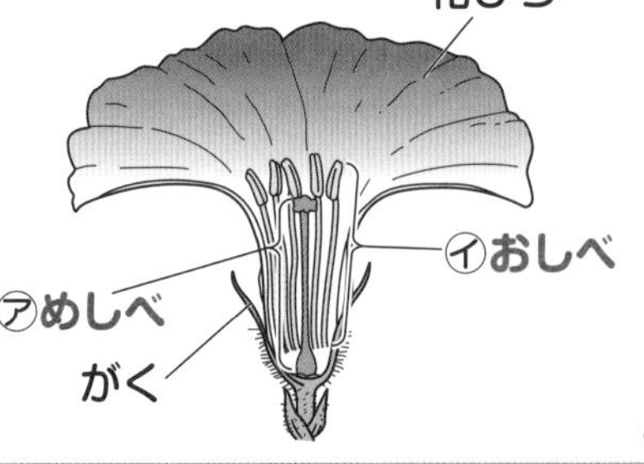

⑪

台風

・台風が近づくと雨や風が強くなる。

台風は南の海の上で発生するよ。

⑭

子宮の中のようす

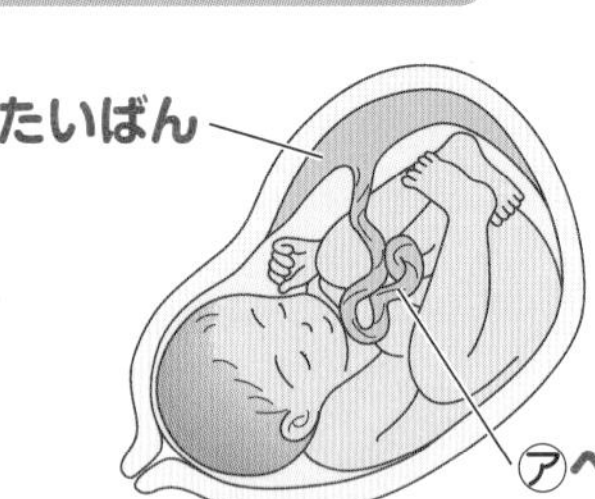

人の子どもは、たいばんからへそのおを通して、養分などを母親から受けとるよ。

⑬

山の中を流れる川

・山の中での流れは速い。 ⟷ 平地では流れはおそくなる。

・山の中の石は角ばっていて大きい。 ⟷ 海に近づくにしたがって石は丸く小さくなる。

⑯

川のようす

㋐は流れが速く、岸がけずられる。

㋑は流れがおそく、流された石などがたい積する。

⑮

ろ過

・ろ過する液はガラスぼうなどに伝わらせて注ぐ。

ろうとの先はビーカーのかべにくっつくようにするよ。

⑱

メスシリンダーの使い方

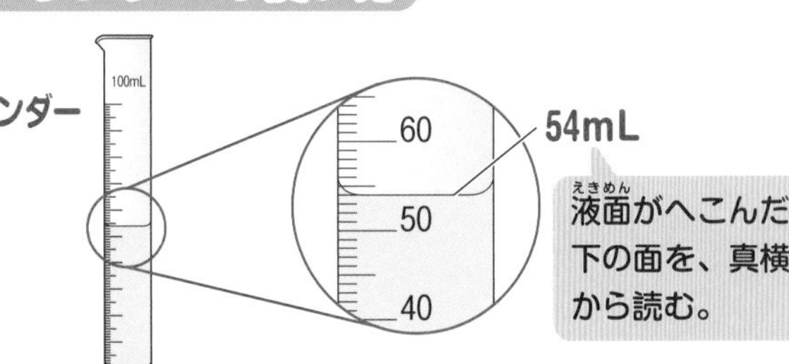

液面がへこんだ下の面を、真横から読む。

⑰

電磁石

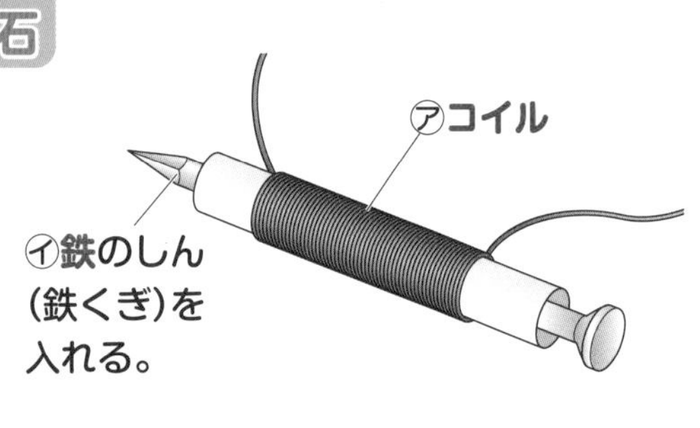

⑳

ふりこ

ふりこの長さが長いほど１往復する時間が長くなるよ！

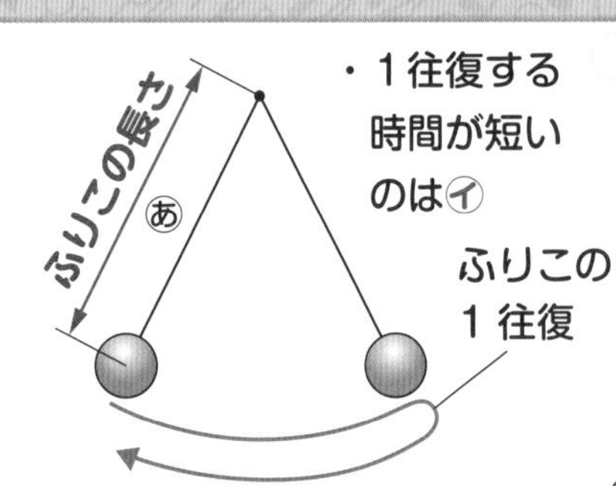

・１往復する時間が短いのは㋑

⑲

電磁石の強さ

かん電池２つを直列つなぎにすると、電流は大きくなるよ。

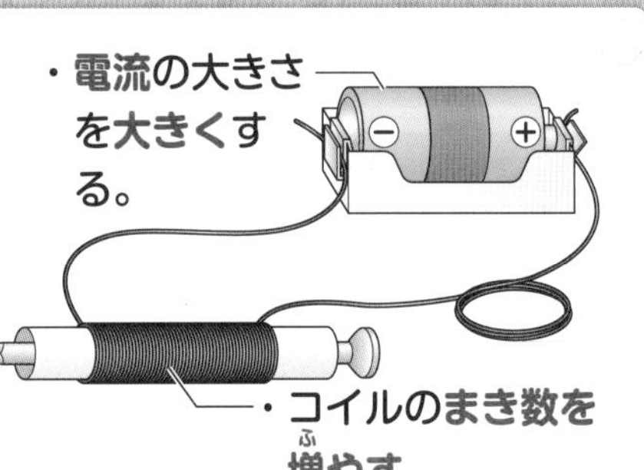

・電流の大きさを大きくする。

・コイルのまき数を増やす。

㉒

電磁石の極

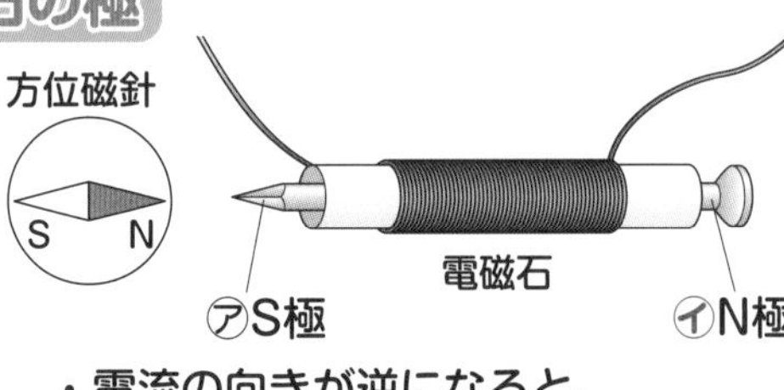

・電流の向きが逆になると、電磁石のN極とS極が反対になる。

㉑

わくわくシール

★学習が終わったら、ページの上に好きなふせんシールをはろう。
がんばったページやあとで見直したいページなどにはってもいいよ。
★実力判定テストが終わったら、まんてんシールをはろう。

まんてんシール

ばっちり！
おめでとう！
かんぺき！

ふせんシール

ナイス！
ミス注意！！
復習しよう
解き直し
ほっと一休み
おしい！
天才！！
しらべよう
われながらあっぱれ
ニガテ要注意！！

名前が「サン」で始まるリンゴは、
ふくろをかけないで育てた
ものだよ。

実

種子

リンゴのしんの部分が
実なんだよ。

ダイズ
もやし、豆腐（とうふ）、豆乳（とうにゅう）、
おから、しょうゆ、みそ、
きなこ、納豆（なっとう）、大豆油（だいず）・・・
ダイズはいろいろな形で
食べられているね。
花
実
種子
エダマメは
じゅくす前の種子だよ。
「トマトは
くだもの？野菜？」
ということが、昔、外国で
さいばんになったんだって。
実
のなかまだよ。
イモも
んだ。
ゴマ
ゴマの種子から
とった油がごま油
だよ。
花
実
種子
種子の部分を
食べるんだ。

わくわくポスター 理科 5年

いろい

カボチャ

しゅうかくして数か月後が食べごろなんだって。

冬至(とうじ)の日にカボチャを食べる習慣(しゅうかん)がある地いきもあるよ。

カボチャはヘチマのなかまだよ。おばなとめばながあるんだ。

種子

トマト

種子

トマトはナス
実は、ジャガ
同じなかまな

ピーマン

じゅくすと黄色や赤色などになるよ。パプリカとよばれる品種もあるよ。

種子

ピーマンはトウガラシの1種なんだ。形が似(に)ているでしょ？

ろな花と実①

実は、「野菜」に
分類されるよ。

よ。

実

これは
実じゃないから、
中に種子は
ないよ。
花たく(花しょう)と
いうんだ。

種子のように見える
ツブツブの1つ1つが
イチゴの実なんだ。

実

バナナ

ンシュウミカンは
種子ができにくい
品種なんだ。

これは花じゃないよ。
花をつつんでいるんだ。

実

じゅくすと
黄色くなるよ。

もともとバナナには
種子があったんだ。
野生のバナナには
種子が見られるよ。

種子のなごり

啓林館版
理科5年

動画 コードを読みとって、下の番号の動画を見てみよう。

単元	内容	動画	教科書ページ	基本・練習のワーク	まとめのテスト
花のつくり	花のつくり		8～13	2・3	4・5
1 雲と天気の変化	1 雲のようすと天気の変化		14～19	6・7	10・11
	2 天気の変化のきまり	動画①	20～31	8・9	
2 植物の発芽と成長	1 種子が発芽する条件①		32～36	12・13	16・17
	1 種子が発芽する条件②	動画②	36～39	14・15	
	2 種子の発芽と養分		40～43	18・19	22・23
	3 植物が成長する条件	動画③	44～51	20・21	
3 メダカのたんじょう	1 メダカのたまご①		52～54	24・25	30・31
	1 メダカのたまご②	動画④	55～63	26・27	
	かいぼうけんび鏡の使い方/そう眼実体けんび鏡の使い方		57	28・29	
台風と気象情報	台風と気象情報	動画⑥	64～69	32・33	34・35
4 花から実へ	1 花のつくり①		72～75、78	36・37	40・41
	1 花のつくり②	動画⑦	75～79	38・39	
	2 花粉のはたらき①		80～87	42・43	46・47
	2 花粉のはたらき②	動画⑧	83	44・45	
5 ヒトのたんじょう	1 ヒトの受精卵	動画⑤	88～101	48・49	50・51
6 流れる水のはたらき	1 地面を流れる水		102～106	52・53	56・57
	2 川の流れとそのはたらき	動画⑨⑩	107～111	54・55	
	3 流れる水の量が変わるとき		112～121	58・59	60・61
7 ふりこのきまり	1 ふりこが1往復する時間①		122～126	62・63	68・69
	1 ふりこが1往復する時間②		125～132	64・65	
	1 ふりこが1往復する時間③	動画⑪	129～135	66・67	
8 もののとけ方	1 とけたもののゆくえ	動画⑫	139～144	70・71	74・75
	2 水にとけるものの量①		139、145～148	72・73	
	2 水にとけるものの量②		148～150	76・77	80・81
	3 とかしたものを取り出すには	動画⑬	151～161	78・79	
9 電流と電磁石	1 電磁石の極の性質①		162～166	82・83	86・87
	1 電磁石の極の性質②	動画⑭	166～168	84・85	
	2 電磁石の強さ①		169～179	88・89	92・93
	2 電磁石の強さ②	動画⑮	169～179	90・91	

プラスワーク…… 94～96
実力判定テスト（全4回）…… 巻末(かんまつ)折りこみ
答えとてびき（とりはずすことができます）…… 別冊(べっさつ)

●写真提供：アーテファクトリー、アフロ、気象庁、ウェザーマップ、PIXTA
●動画提供：アフロ

勉強した日　月　日

花のつくり
基本のワーク

学習の目標
アブラナの花のつくりや実になる部分を確かめよう。

教科書 8～13ページ　答え 1ページ

図を見て、あとの問いに答えましょう。

1 アブラナの花のつくり

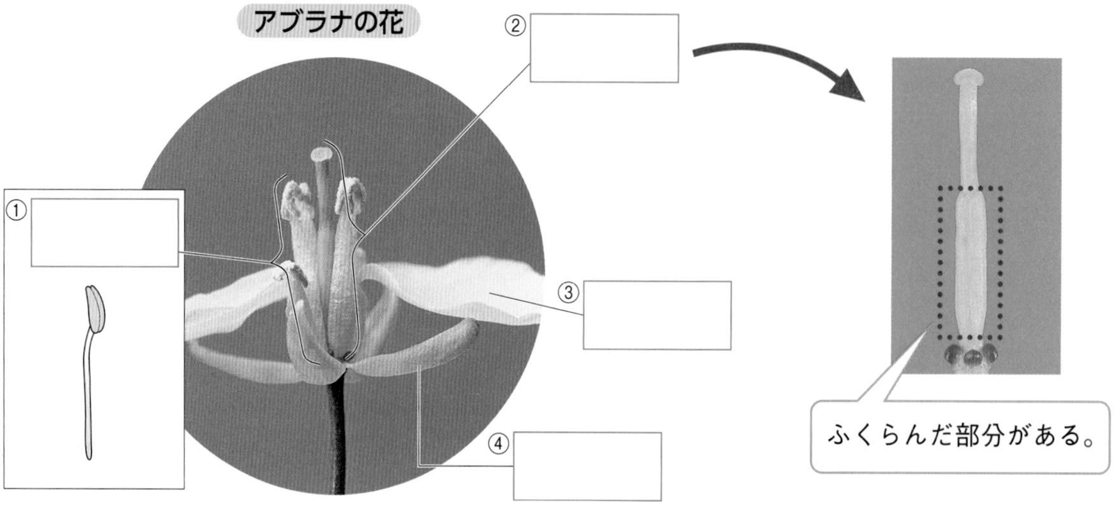

※花びらを２まい外したところ

● ①～④の□に花のつくりの名前を書きましょう。

2 アブラナの花と実

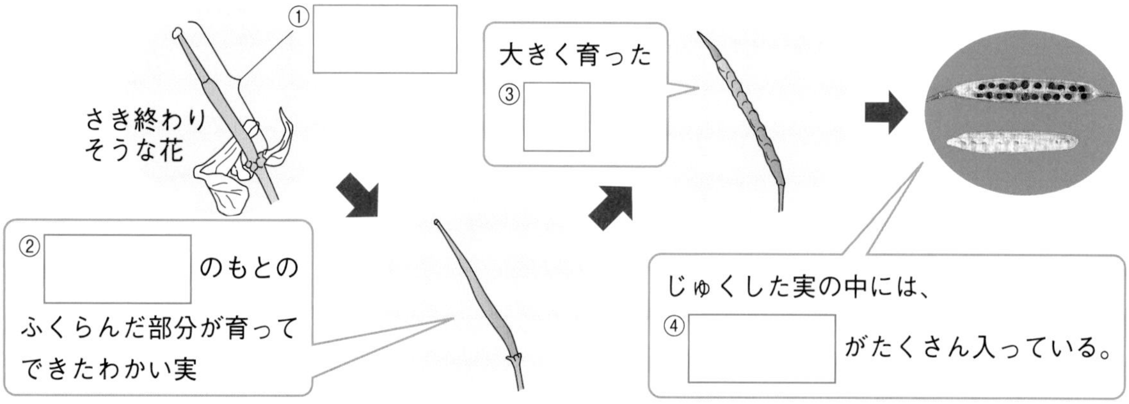

● ①～④の□に当てはまる言葉を、下の〔　〕から選んで書きましょう。ただし、同じ言葉を２回選んでもかまいません。

〔 実　めしべ　おしべ　種子（しゅし） 〕

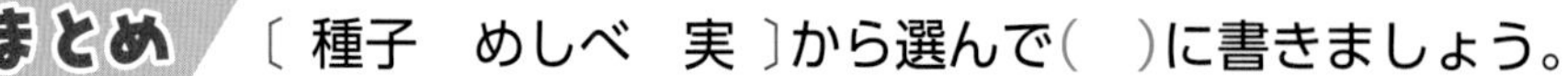

まとめ 〔 種子　めしべ　実 〕から選んで（　）に書きましょう。

●アブラナの花のつくりのうち、①（　　　）のもとのふくらんだ部分が育って②（　　　）になる。②の中にはたくさんの③（　　　）がある。

はってん <種子>さいているアブラナの花のめしべを切り取り、ふくらんだ部分をたてに切って虫眼鏡（むしめがね）で観察すると、中にはやがて種子になるつぶがたくさん見られます。

練習のワーク

教科書 8～13ページ　答え 1ページ

できた数　／9問中

1 アブラナの花の観察について、次の(　)に当てはまる言葉を、下の〔　〕から選んで書きましょう。

アブラナの花を観察するときは、花を１つ取って、細かいところまでよく見えるように①(　　　　)を使う。

また、花のつくりを調べるために、がくや花びらを外すときには、②(　　　　)を使う。さらに、花がさいた後のようすや、できた実についても観察する。

〔　望遠鏡　　虫眼鏡　　スポイト　　ピンセット　〕

目をいためるので、
①で太陽を
見てはいけないよ。

よく出る **2** 次の図１は、アブラナの花の花びらを１まい外したようすを、図２は、花の中心部分のつくりを表しています。あとの問いに答えましょう。

図１

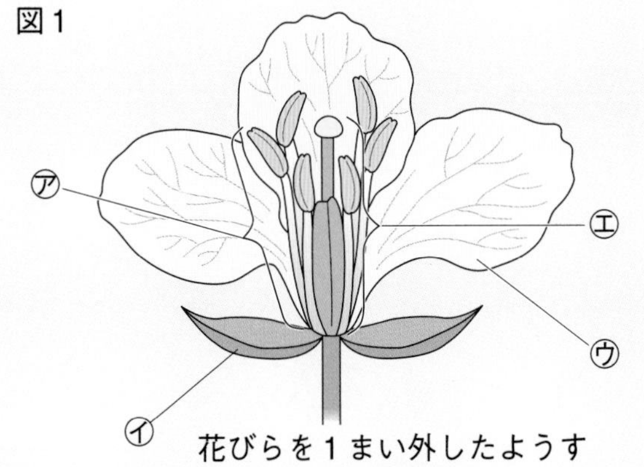

花びらを１まい外したようす

図２

(1) 図１のアブラナの花で、㋐～㋓のつくりをそれぞれ何といいますか。

㋐(　　　　)
㋑(　　　　)
㋒(　　　　)
㋓(　　　　)

(2) 図２は、図１の㋓のつくりをかく大したものです。ふくらんだ部分は花がさいた後、どのようになりますか。次のア～ウから選びましょう。(　　)

ア　しぼんで小さくなる。
イ　ふくらんで大きくなる。
ウ　もう一度花がさく。

(3) 図２のふくらんだ部分は、花がさいた後、何になりますか。

(　　　　)

(4) (3)で答えたものがじゅくしたものを半分に切ってみると、中に黒いつぶがたくさんありました。このつぶを何といいますか。(　　　　)

勉強した日　月　日

まとめのテスト

花のつくり

時間 20分

得点　/100点

教科書 8～13ページ　答え 1ページ

1 アブラナの花のつくり 図1は、アブラナの花のつくりを表したものです。また、図2は、アブラナの花のつくりをばらばらにしてならべたものです。あとの問いに答えましょう。

1つ6〔30点〕

図1

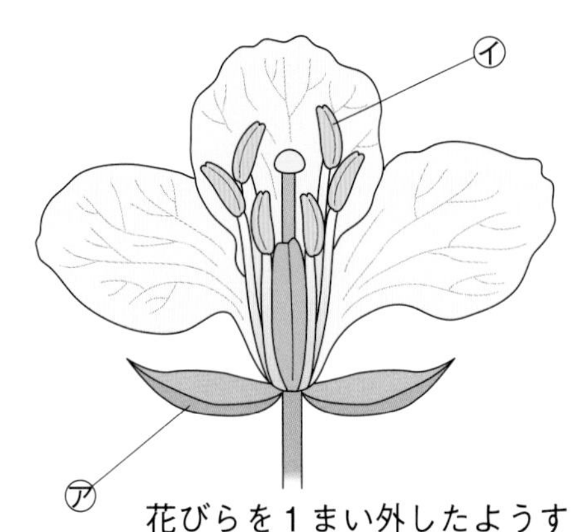

花びらを1まい外したようす

図2

あ

い　う　え

(1) 図1で、つぼみから花になるときに大きく広がる㋐のつくりを何といいますか。
(　　　　　)

(2) 図1の㋑のつくりは、図2のあ～えのどれですか。(　　　)

(3) 図1の㋑のつくりを何といいますか。(　　　　　)

(4) 図2のいのつくりを何といいますか。(　　　　　)

記述 (5) 小さなものを観察するときには、虫眼鏡を使います。目をいためないように、虫眼鏡を使うときに注意することは何ですか。

(　　　　　　　　　　　　　　　　)

2 ツツジの花のつくり 右の写真は、ツツジの花のつくりを表したものです。次の問いに答えましょう。

1つ6〔18点〕

(1) ツツジのめしべは何本ありますか。(　　　)

(2) ツツジとアブラナの花のつくりについて、次の(　)に当てはまる言葉を、下の〔　〕から選んで書きましょう。

ツツジの花は、花びらの形やおしべの数はアブラナと①(　　　　　)が、花のつくりは、アブラナの花のつくりと②(　　　　　)。

〔 同じである　　ちがっている 〕

3 **アブラナの花と実** 図１は、アブラナの花がさき始めてからしばらくしたときのようすです。また、図２の㋐～㋓は、アブラナの花がしぼんだ後、実になるまでのようすです。あとの問いに答えましょう。

１つ７〔28点〕

図１

図２

㋐

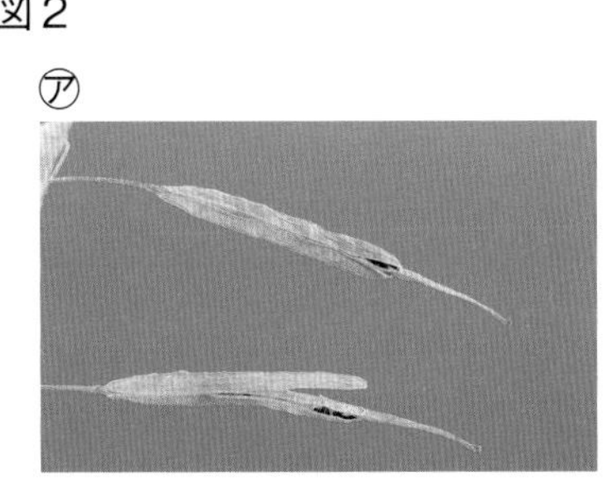

㋑

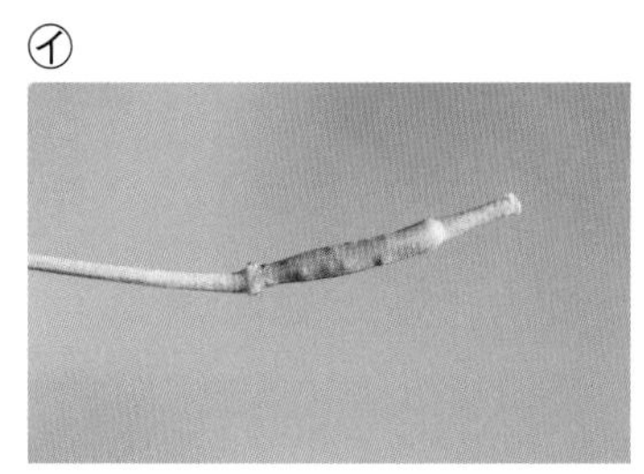

㋒

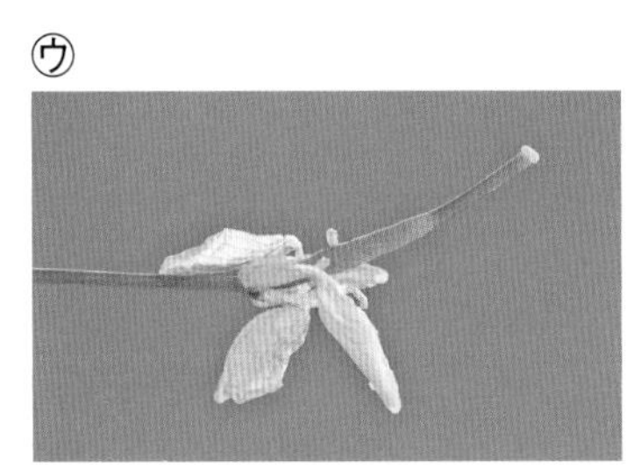

㋓

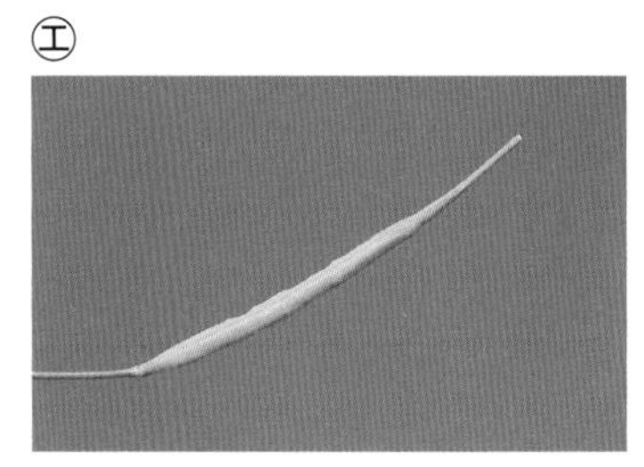

(1) 図１から、アブラナの花はどの順番にさくと考えられますか。次のア～エから正しいものを選びましょう。（　　）

ア　上から順にさく。　　イ　下から順にさく。

ウ　すべての花が同時にさく。　　エ　さく順は決まっていない。

(2) 花がしぼんだ後、実になるまでの順に、図２の㋐～㋓をならべかえましょう。

（　　→　　→　　→　　）

(3) 実になるところは、花のどの部分ですか。次のア～エから正しいものを選びましょう。

（　　）

ア　がく　　イ　花びら　　ウ　めしべのもと　　エ　おしべのもと

(4) じゅくした実の中には、何ができていますか。（　　　　）

4 **いろいろな種子** アブラナ、ヘチマ、ヒョウタン、ヒマワリのたね(種子または実)を㋐～㋓からそれぞれ選び、記号で答えましょう。

１つ６〔24点〕

アブラナ（　　）　ヘチマ（　　）

ヒョウタン（　　）　ヒマワリ（　　）

㋐

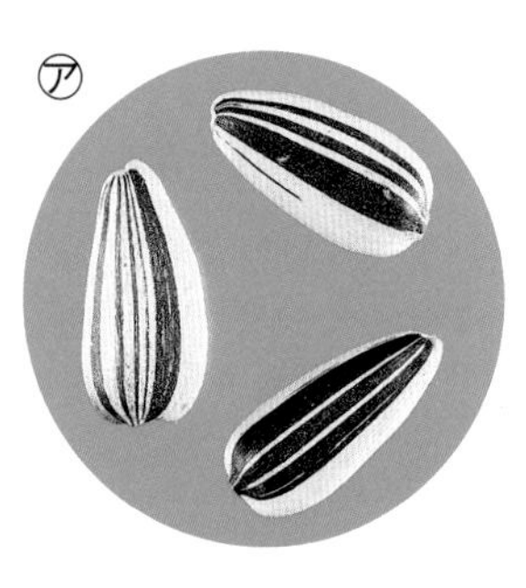

㋑

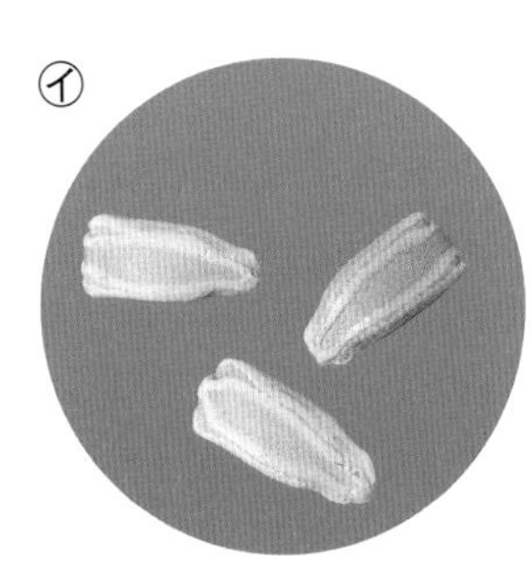

㋒

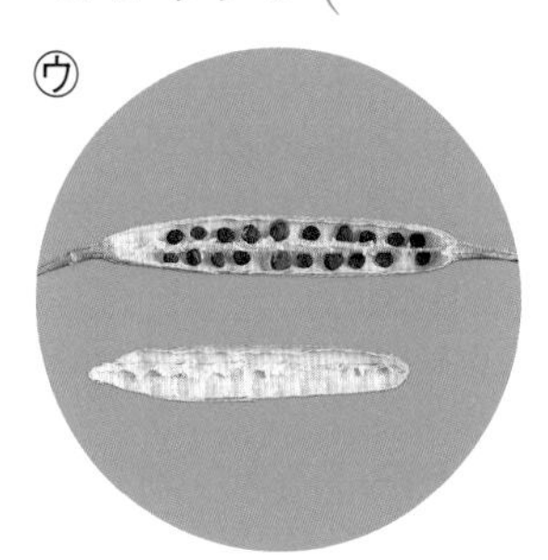

㋓

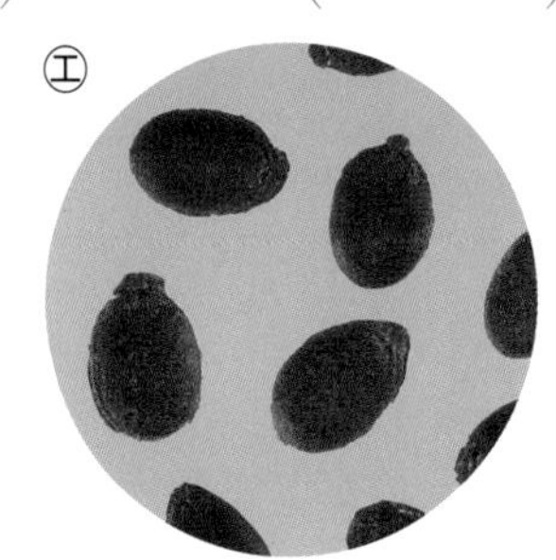

勉強した日　月　日

1　雲のようすと天気の変化

基本のワーク

学習の目標
雲と天気の観察のしかたや、雲と天気の関係を理解しよう。

教科書　14～19ページ　答え　2ページ

図を見て、あとの問いに答えましょう。

1 雲の量と天気

方位の表し方

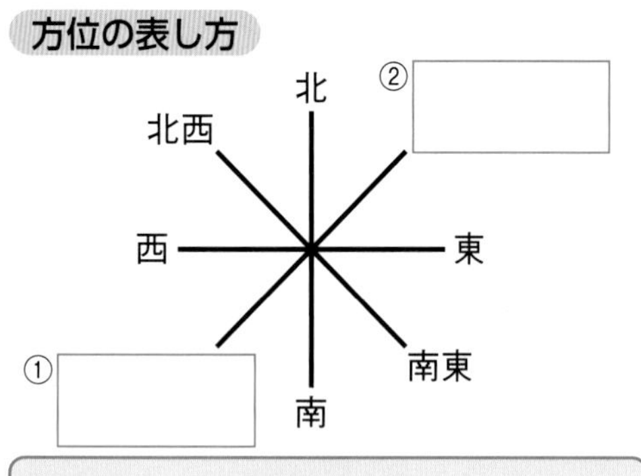

記録カードには雲の動く方位のほかに、雲の色・形・量なども記録する。

雲の量と天気

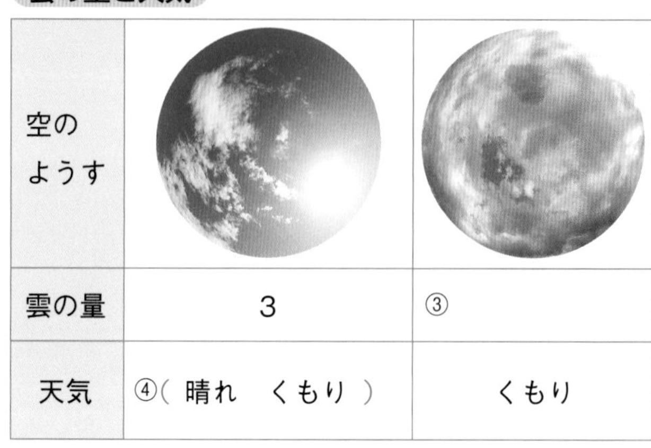

空のようす		
雲の量	3	③
天気	④（ 晴れ　くもり ）	くもり

(1) ①、②の□に当てはまる方位を書きましょう。
(2) 空のようすから、雲の量を表の③に書きましょう。
(3) ④の（　）のうち、正しいほうを○で囲みましょう。

2 天気が変わるときの雲のようす

午前9時

正午

午後3時

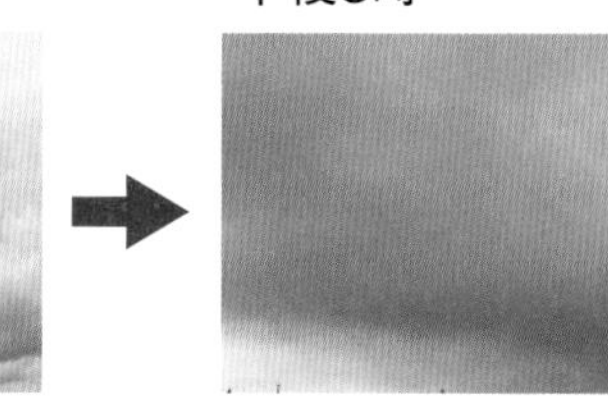

晴れからくもりに変わるとき、雲は動きながら、量が①（ 増（ふ）えた　減（へ）った ）。

黒っぽい雲が増えると②□になることが多い。

(1) 天気が晴れからくもりに変わるとき、雲の量はどうなりますか。①の（　）のうち、正しいほうを○で囲みましょう。
(2) ②の□に当てはまる天気を、右の〔 〕から選んで書きましょう。〔 晴れ　雨 〕

まとめ　〔 雨　量 〕から選んで（　）に書きましょう。

● 天気が変わるときは、雲は動きながら①（　　　）が増えたり減ったりする。
● 黒っぽい雲が増えると、天気が②（　　　）になることが多い。

雲は、できる高さと形で、積乱雲（せきらんうん）、積雲（せきうん）、巻雲（けんうん）、巻積雲（けんせきうん）、巻層雲（けんそううん）、高層雲（こうそううん）、高積雲（こうせきうん）、層積雲（そうせきうん）、乱層雲（らんそううん）、層雲（そううん）の10種類に分けられています。

練習のワーク

教科書 14～19ページ　答え 2ページ

できた数 ／9問中

よく出る **1** 図１は、ある日の午前10時の天気と雲のようすの記録です。図１の記録をしたとき、方位磁針（じしん）を手のひらの上に水平に置き、文字盤の「北」と赤い針をあわせて、雲が動いていく方位を調べたところ、図２の矢印の向きに動いていました。あとの問いに答えましょう。

図１

天気と雲のようす
4月10日
午前10時
天気…［　　　］
雲の量…7
雲の色や形…白くてうすい。
雲の動き…［　　　］へ動いていた。

図２

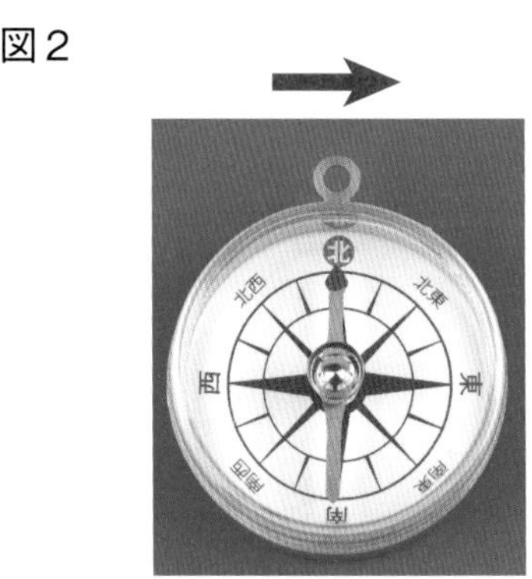

(1) 天気は何の量で決まりますか。（　　　）

(2) この日の天気は、晴れ、くもりのどちらですか。（　　　）

(3) 記録をしたとき、雲は、どの方位からどの方位へ動いていましたか。東、西、南、北から選んで書きましょう。（　　　から　　　）

2 ある日、朝は晴れていましたが、午後からくもってきて、やがて雨になりました。このときの空の雲のようすを観察しました。次の問いに答えましょう。

(1) 天気が変わるときの雲のようすについての次の文のうち、正しいものには○、まちがっているものには×をつけましょう。

①（　　　）雲は動かないが、量が増えたり減ったりする。

②（　　　）雲は動きながら、量が増えたり減ったりする。

③（　　　）雲の色や形は変わることがある。

④（　　　）雲の色や形は１日では変わらない。

(2) 黒っぽい雲が増えると、天気はどのようになることが多いですか。正しいものをア、イから選びましょう。（　　　）

ア　晴れ　　イ　雨

(3) 次の㋐～㋒は、この日の空のようすです。晴れから雨になる順に、ならべましょう。（　　　→　　　→　　　）

㋐

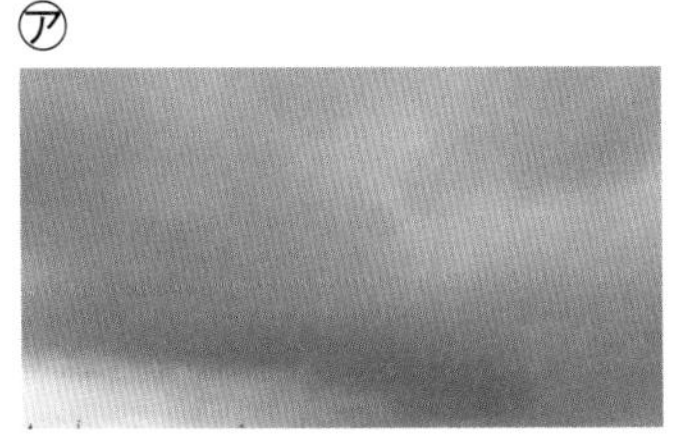

㋑

㋒

勉強した日　月　日

2　天気の変化のきまり

基本のワーク

学習の目標
天気はどのように変化していくのかを理解しよう。

教科書 20〜31ページ　答え 2ページ

図を見て、あとの問いに答えましょう。

1 雲の動きと天気の変化のきまり

気象衛星の雲画像

3月12日午後３時

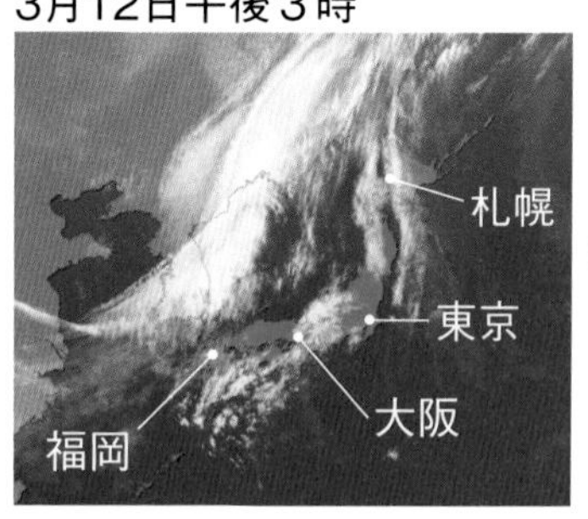

3月13日午後３時

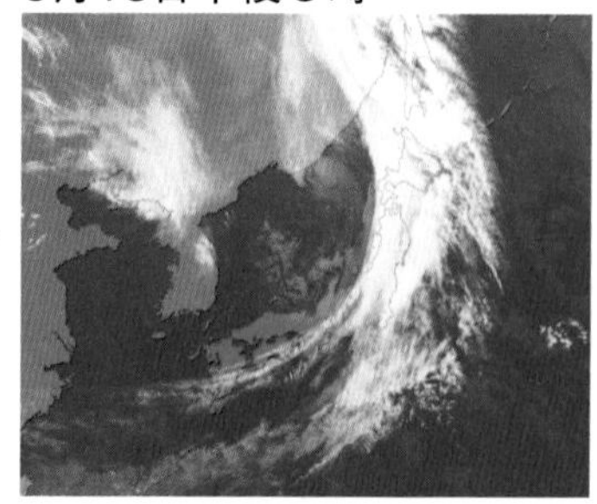

3月14日午後３時

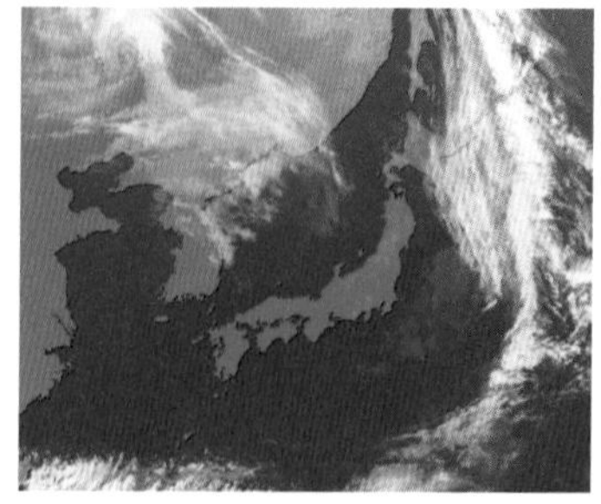

各地の天気

	3月12日	3月13日	3月14日
福岡	雨	晴れ	晴れ
大阪	くもり	雨	晴れ
東京	晴れ	雨	晴れ
札幌	くもり	雨	晴れ

雲はおよそ
①（ 東から西　西から東 ）に動く。

天気はおよそ
②（ 東から西　西から東 ）に変化していく。

気象情報

③［　　　　］…全国に約1300か所ある無人の観測所で降水量などの観測を行い、気象庁で集計するしくみのこと。

天気についての言い伝え

●夕焼けの次の日は
④（ 晴れる　雨になる ）。

夕方に太陽がよく見えているのは、西のほうに雲がほとんどないから。

(1)　①、②の（　）のうち、正しいほうを◯で囲みましょう。

(2)　気象情報を集めるしくみの名前を③の［　］にカタカナ４文字で書きましょう。

(3)　④の（　）のうち、正しいほうを◯で囲みましょう。

まとめ　〔 東　西 〕から選んで（　）に書きましょう。

●春のころ、日本付近では雲はおよそ①（　　　　）から②（　　　　）に動く。その雲の動きとともに、天気はおよそ①から②に変化していく。

<日本海側に雪が多い理由>冬になると、北西からのしめった風が日本の山にぶつかり、日本海側に雪をふらせます。山をこえた風はかわいていて、太平洋側は晴れになります。

練習のワーク

できた数　／7問中

教科書 20～31ページ　答え 2ページ

1 次の㋐～㋒の雲画像は、日本付近の雲の動きを表したもので、その下の写真は、同じ日時の東京の空のようすです。あとの問いに答えましょう。

㋐　3月12日午後３時

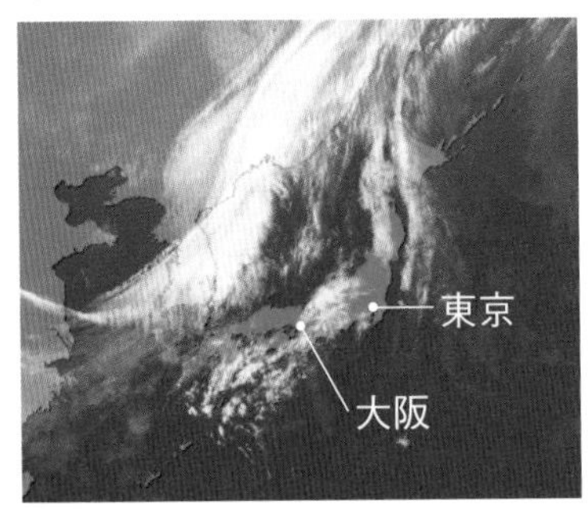

㋑　3月13日午後３時

㋒　3月14日午後３時

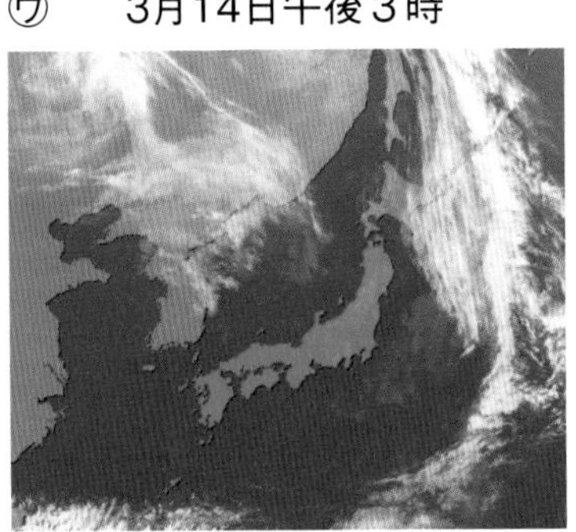

東京の空のようすと天気

(1)　この３日間で、雲は日本上空をどちらからどちらの方位に動きましたか。東、西、南、北で答えましょう。　（　　から　　）

(2)　雲が増えてくると、天気はどのようになりますか。次のア、イから選びましょう。　（　　）

ア　晴れる。

イ　くもりや雨になる。

(3)　大阪の天気は、この３日間、どのように変化しましたか。次のア～ウから選びましょう。　（　　）

ア　くもり → 晴れ → 雨　　イ　雨 → 晴れ → くもり　　ウ　くもり → 雨 → 晴れ

(4)　3月15日の東京の天気は、晴れと雨のどちらになると予想できますか。　（　　）

(5)　㋐～㋒の雲画像は、何から送られてきた情報を見やすくしたものですか。　（　　）

SDGs **2** 防災（ぼうさい）や減災（げんさい）につながるさまざまな情報を集めるしくみや、気象災害に備（そな）えた取り組みがあります。次の問いに答えましょう。

(1)　全国約1300か所に設置（せっち）された地いき気象観測所（きしょうかんそくじょ）で、風向や風速、気温、降水量などを観測し、集計するしくみをカタカナ４文字で何といいますか。　（　　）

(2)　過去（かこ）の自然災害の例などから、それぞれの地いきのひ害のはんいや程度（ていど）を予想し、地図に表したものを何といいますか。　（　　）

まとめのテスト

勉強した日　月　日

1　雲と天気の変化

時間20分

得点　/100点

教科書　14~31ページ　答え　3ページ

1 雲の量と天気　**右の写真は、ある日の午前10時と午後2時の空のようすです。次の問いに答えましょう。**　1つ5〔30点〕

午前10時　午後2時

(1) 午前10時の雲の量はいくつですか。次の〔　〕から選んで書きましょう。（　　）

〔 0　3　8　10 〕

(2) 午後2時の雲の量はいくつですか。次の〔　〕から選んで書きましょう。（　　）

〔 0　4　7　9 〕

(3) それぞれの天気は、晴れとくもりのどちらですか。

午前10時（　　）　午後2時（　　）

(4) 午前10時から午後2時にかけて、雲の量はどのように変化しましたか。ア～ウから選びましょう。（　　）

ア　増えた。　イ　減った。　ウ　変化しなかった。

(5) 雲の量が8で雨がふっていないときの天気は何ですか。（　　）

2 いろいろな雲　**次の写真の雲について、あとの問いに答えましょう。**　1つ4〔20点〕

㋐

㋑

㋒

(1) ㋐～㋒の雲は、それぞれ何という雲ですか。次の〔　〕から選んで書きましょう。

㋐（　　）

㋑（　　）　㋒（　　）

〔 乱層雲　巻雲　巻層雲　積雲　積乱雲 〕

雲は10種類に分けられているよ。

(2) 雲と雨について、次のア、イから正しいほうを選びましょう。（　　）

ア　どんな形の雲でも、その雲の下では、雨がふっている。

イ　雲には、雨をふらせる雲とふらせない雲がある。

(3) ㋐～㋒のうち、雷をともなうはげしい雨をふらせることがあるのはどの雲ですか。

（　　）

積乱雲は雷をともなった大雨をふらせることがあり、乱層雲は空一面に広がって雨や雪をふらせる黒っぽい雲だよ。また、巻雲は晴れの日の上空に出ることが多いよ。

よく出る **3** **天気の変わり方** 次の図１の㋐、㋑の雲画像は３月13日と３月14日の午前６時のどちらかのものです。また、図２はどちらかの日の午前６時～７時の降水量情報で、図３はどちらかの日の名古屋(なごや)の空の写真です。あとの問いに答えましょう。 １つ５〔50点〕

図１ ㋐

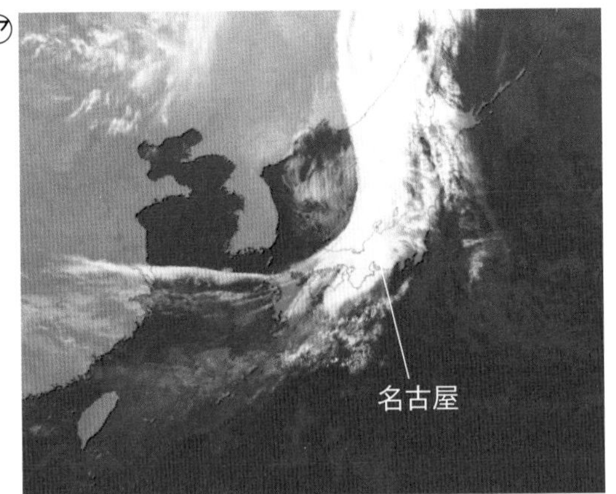

㋑

図２　午前6時～7時の降水量

(mm)
50
30
20
10
5

図３　名古屋の空

(1) 雲画像の白い部分には、何がありますか。 (　　　　)

(2) ３月13日、３月14日の雲画像は、それぞれ㋐、㋑のどちらですか。

３月13日(　　　　)　３月14日(　　　　)

(3) 図２のような降水量の情報などを、観測所で自動的に観測して、気象庁で集計するしくみのことを、カタカナ４文字で何といいますか。 (　　　　)

(4) 図２の降水量の情報は、㋐、㋑のどちらと同じ日のものですか。 (　　　　)

(5) 図３は、３月13日、３月14日のどちらの日の名古屋の空のようすですか。

(　　　　)

(6) 図１の雲は、およそどちらの方位からどちらの方位へ動きましたか。次のア～エから選びましょう。 (　　　　)

ア　北から南へ動いた。　　イ　南から北へ動いた。

ウ　西から東へ動いた。　　エ　東から西へ動いた。

チャレンジ! (7) 次の文は、天気の言い伝えと、それについての説明です。(　)に当てはまる方位を書きましょう。

言い伝え：夕焼けになると、次の日は晴れる。

説明文：夕焼けになるのは、太陽がしずむ①(　　　　)の空に雲がないときである。雲や天気は、およそ②(　　　　)から③(　　　　)へ移(うつ)り変わるので、次の日は晴れになると考えられる。

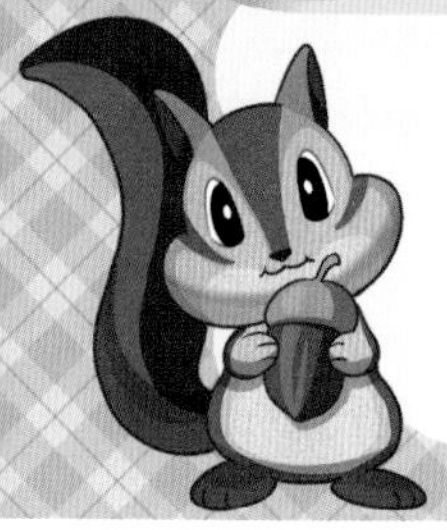

1 種子が発芽する条件①

基本のワーク

学習の目標：植物の発芽と水の関係を確かめよう。

教科書 32〜36ページ　答え 3ページ

図を見て、あとの問いに答えましょう。

1 発芽の条件

種子が芽を出すことを①［　　］という。

種子は、日光や土がなくても、芽を出すんだね。

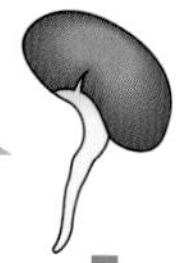

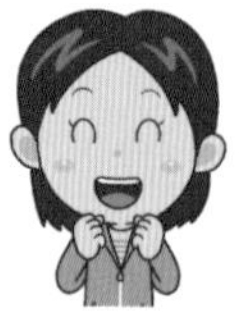

種子が芽を出すことについて調べる条件		
②［　　］と発芽	③［　　］と発芽	④［　　］と発芽
種子をまいた後に水やりをすると、芽が出る。	種子のまわりがあたたかくなると、芽が出る。	種子が空気にふれていると、芽が出る。

● ①〜④の［　］に当てはまる言葉を書きましょう。

2 水と発芽の関係

水をあたえる

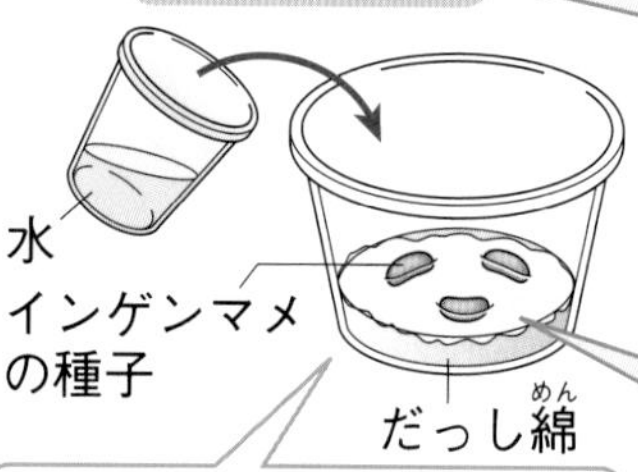

水

インゲンマメの種子

だっし綿

発芽④（ する しない ）。

変える条件
・①［　　］

同じにする条件
・②［　　］にふれる。
・同じ③［　　］の部屋の中に置く。

水をあたえない

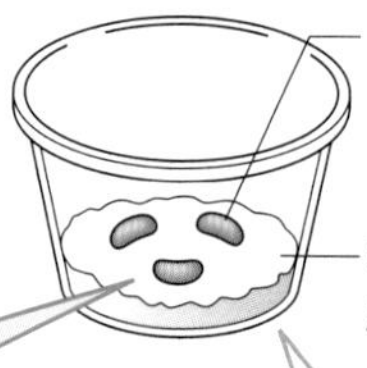

インゲンマメの種子

かわいただっし綿

発芽⑤（ する しない ）。

種子が発芽するには、⑥［　　］が必要である。

(1) 変える条件と、同じにする条件は何ですか。下の〔 〕から選んで、①〜③の［　］に書きましょう。
〔 水　空気　温度 〕

(2) ④、⑤の（ ）のうち、正しいほうを◯で囲みましょう。

(3) インゲンマメの種子の発芽には何が必要だとわかりますか。⑥の［　］に書きましょう。

まとめ 〔 水　発芽 〕から選んで（ ）に書きましょう。

●植物の種子が芽を出すことを①（　　　　）という。
●種子の発芽には、②（　　　　）が必要である。

インゲンマメの種子は、食品（豆）として世界中で食べられています。また、種子の色やもようがちがういくつかの種類があり、金時豆、うずら豆などの食品名でよばれています。

練習のワーク

教科書　32〜36ページ　答え　3ページ

1 次の写真は、土にまいたインゲンマメの種子から、芽が出てきたようすです。あとの問いに答えましょう。

㋐

㋑

㋒

(1) 植物の種子が芽を出すことを何といいますか。（　　　　）

(2) 写真の㋐〜㋒を、インゲンマメの種子が芽を出すようすの順にならべましょう。
（　　→　　→　　）

2 右の図のように、㋐、㋑の２つのカップにだっし綿を入れ、インゲンマメの種子を３つぶずつまきました。次に、㋐には水をあたえ、㋑にはあたえないでこれらを同じ温度の室内に置き、㋐のだっし綿がかわかないように注意しながら数日置いたところ、㋐のインゲンマメの種子は３つ全部発芽しましたが、㋑の種子は１つも発芽しませんでした。次の問いに答えましょう。

(1) この実験では、発芽と何の条件との関係を調べようとしていますか。次のア〜ウから選びましょう。（　　）

ア　水の条件
イ　温度の条件
ウ　空気の条件

(2) この実験をするときに、㋐と㋑で同じにする条件をすべて選んで○をつけましょう。

①（　　）水をあたえるかどうか
②（　　）空気にふれさせるかどうか
③（　　）置くところの温度
④（　　）日当たり

調べる条件だけを変えるよ。

(3) この実験の結果から、インゲンマメの種子が発芽するためには何が必要であることがわかりますか。（　）に当てはまる言葉を書きましょう。

種子が発芽するためには（　　　　）が必要であること。

勉強した日　月　日

1 種子が発芽する条件②

基本のワーク

学習の目標
植物の発芽と温度や空気の関係を確かめよう。

教科書 36〜39ページ　答え 4ページ

図を見て、あとの問いに答えましょう。

1 温度と発芽の関係

あたたかい場所
箱
発芽①（ する しない ）。

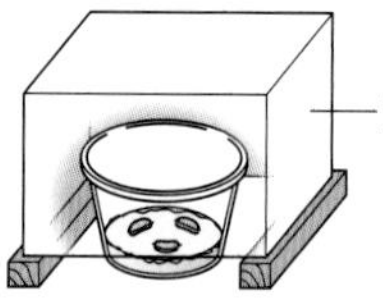

変える条件
・温度

同じにする条件
・水をあたえる。　・光
・空気にふれる。

冷ぞう庫の中 
冷ぞう庫に入れる。
発芽②（ する しない ）。

種子が発芽するには、適当な
③［　　］が
必要である。

(1) ①、②の（ ）のうち、正しいほうを◯で囲みましょう。

(2) インゲンマメの種子の発芽には、何が必要だとわかりますか。③の［　］に書きましょう。

2 空気と発芽の関係

空気にふれる 
水
インゲンマメの種子
発芽④（ する しない ）。

変える条件
・①［　　］

同じにする条件
・②［　　］をあたえる。
・同じ③［　　］の部屋に置く。

空気にふれない 
種子がつかるように、水を入れる。
インゲンマメの種子
発芽⑤（ する しない ）。

種子が発芽するには、
⑥［　　］
が必要。

(1) 変える条件と、同じにする条件は何ですか。下の〔 〕から選んで、①〜③の［　］に書きましょう。

〔 水　空気　温度 〕

(2) ④、⑤の（ ）のうち、正しいほうを◯で囲みましょう。

(3) インゲンマメの種子の発芽には、何が必要だとわかりますか。⑥の［　］に書きましょう。

まとめ 〔 温度 空気 〕から選んで（ ）に書きましょう。

●種子の発芽には、適当な①（　　　　）が必要である。
●種子の発芽には、②（　　　　）が必要である。

ドングリは、土にうめられないと発芽しませんが、自分で土の中にもぐることはできません。リスなどの小動物によって食料として土の中にうめられ、食べわすれられたものが発芽します。

練習のワーク

教科書 36〜39ページ　答え 4ページ

できた数　／8問中

1 右の図のように、インゲンマメの種子を使って、㋐には水をあたえ、㋑にはあたえないようにして、発芽の実験をしました。次の問いに答えましょう。

(1) ㋐と㋑で、同じにする条件を、次のア〜ウからすべて選びましょう。（　　　）

ア　水
イ　空気
ウ　温度

(2) 発芽したのは、㋐、㋑のどちらの種子ですか。（　　　）

2 右の図のように、インゲンマメの種子を使って、発芽の実験をしました。㋐はあたたかい部屋の中に置き、㋑は冷ぞう庫の中に入れました。次の問いに答えましょう。

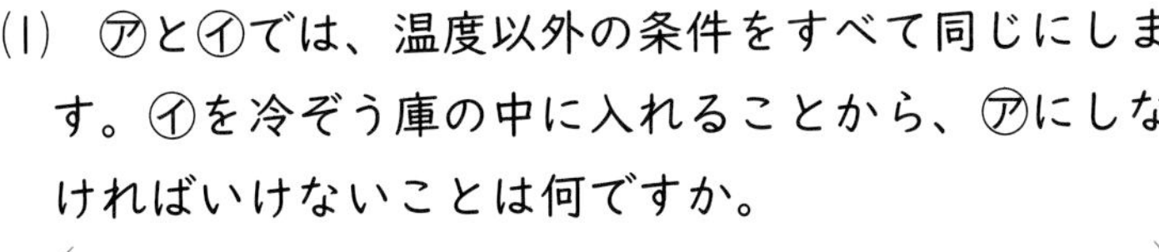

記述 (1) ㋐と㋑では、温度以外の条件をすべて同じにします。㋑を冷ぞう庫の中に入れることから、㋐にしなければいけないことは何ですか。
（　　　　　　　　　　）

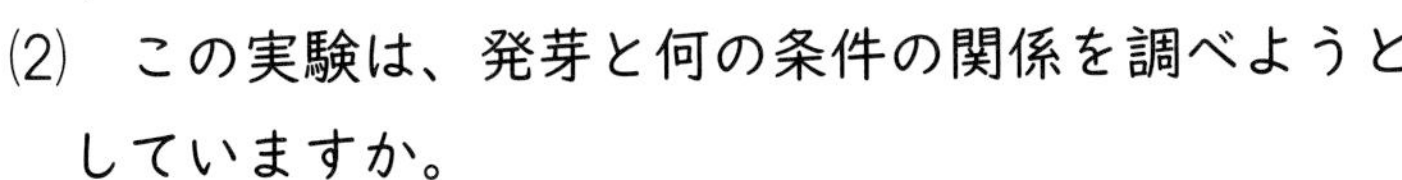

(2) この実験は、発芽と何の条件の関係を調べようとしていますか。（　　　）

(3) 発芽したのは、㋐、㋑のどちらの種子ですか。（　　　）

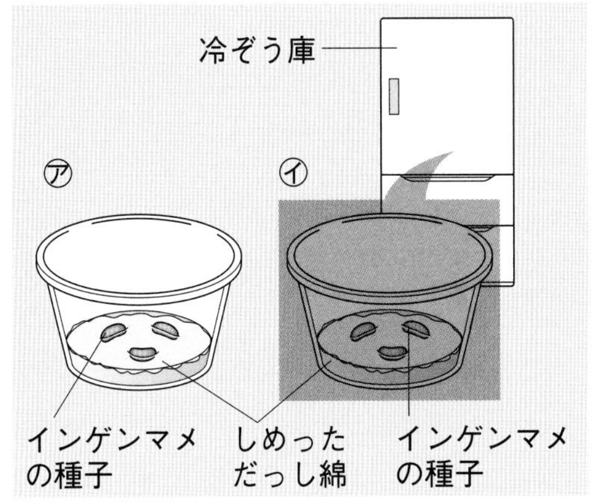

3 右の図のように、インゲンマメの種子を使って、発芽の実験をしました。次の問いに答えましょう。

(1) ㋑で種子を水につかるようにするのはなぜですか。次のア〜ウから選びましょう。（　　　）

ア　日光が直接(ちょくせつ)当たらないようにするため。
イ　水をたくさんすいこませるため。
ウ　空気にふれないようにするため。

(2) この実験は、発芽と何の条件の関係を調べようとしていますか。（　　　）

(3) 発芽したのは、㋐、㋑のどちらの種子ですか。（　　　）

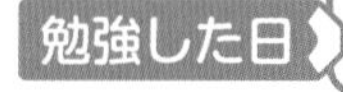

まとめのテスト①

2 植物の発芽と成長

教科書 32～39ページ　答え 4ページ

1 **発芽と水の関係** **右の図のように、㋐、㋑のカップにバーミキュライト（肥料をふくまない土）を入れ、インゲンマメの種子をまきました。次に、㋐だけ水を入れ、数日、バーミキュライトがかわかないようにして、インゲンマメのようすを調べたところ、㋐の種子は発芽しましたが、㋑の種子は発芽しませんでした。次の問いに答えましょう。** 1つ6〔30点〕

㋐ ㋑ 水 バーミキュライト

⑴ 種子から芽が出ることを何といいますか。
（　　　　）

記述 ⑵ 校庭や畑の土ではなく、バーミキュライトを使ったのはなぜですか。
（　　　　）

⑶ 実験を行うときの条件について、次の（　）に当てはまる言葉を、下の〔　〕から選んで書きましょう。

実験では、調べる条件を①（　　　　）変えるようにする。それ以外の条件は、すべて②（　　　　）ようにすることが大切である。

〔 1つだけ　2つだけ　すべて　同じになる　ことなる 〕

⑷ この実験から、発芽には何が必要だとわかりますか。（　　　　）

2 **発芽と空気の関係** **右の図のように、インゲンマメの種子をネットに入れ、種子が完全につかるまで水を入れました。㋐にはラップフィルムでおおいをし、㋑にはエアーポンプで空気を送りました。次の問いに答えましょう。** 1つ5〔15点〕

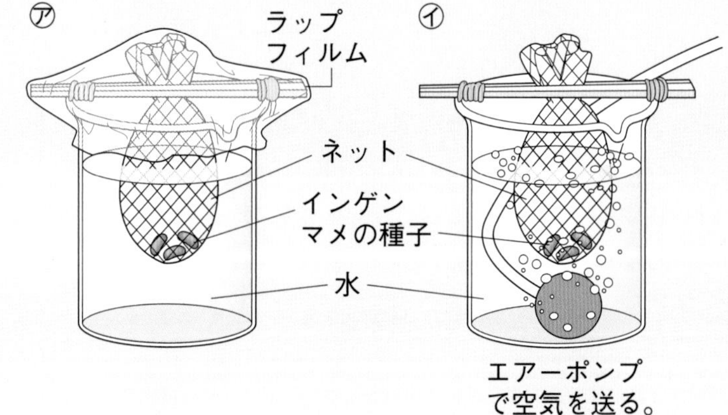

⑴ エアーポンプで空気を送ると、種子に何をあたえることになりますか。次のア～ウから選びましょう。（　　　）

ア 水
イ 適当な温度
ウ 空気

⑵ この実験をするときに、㋐と㋑で同じにする条件を、⑴のア～ウからすべて選びましょう。
（　　　　）

⑶ 発芽したのは、㋐、㋑のどちらの種子ですか。（　　　）

よく出る **3** 発芽の条件 次の図のように、だっし綿を入れたカップにインゲンマメの種子をまき、芽が出るかどうかを調べる実験を行いました。あとの問いに答えましょう。 1つ5〔55点〕

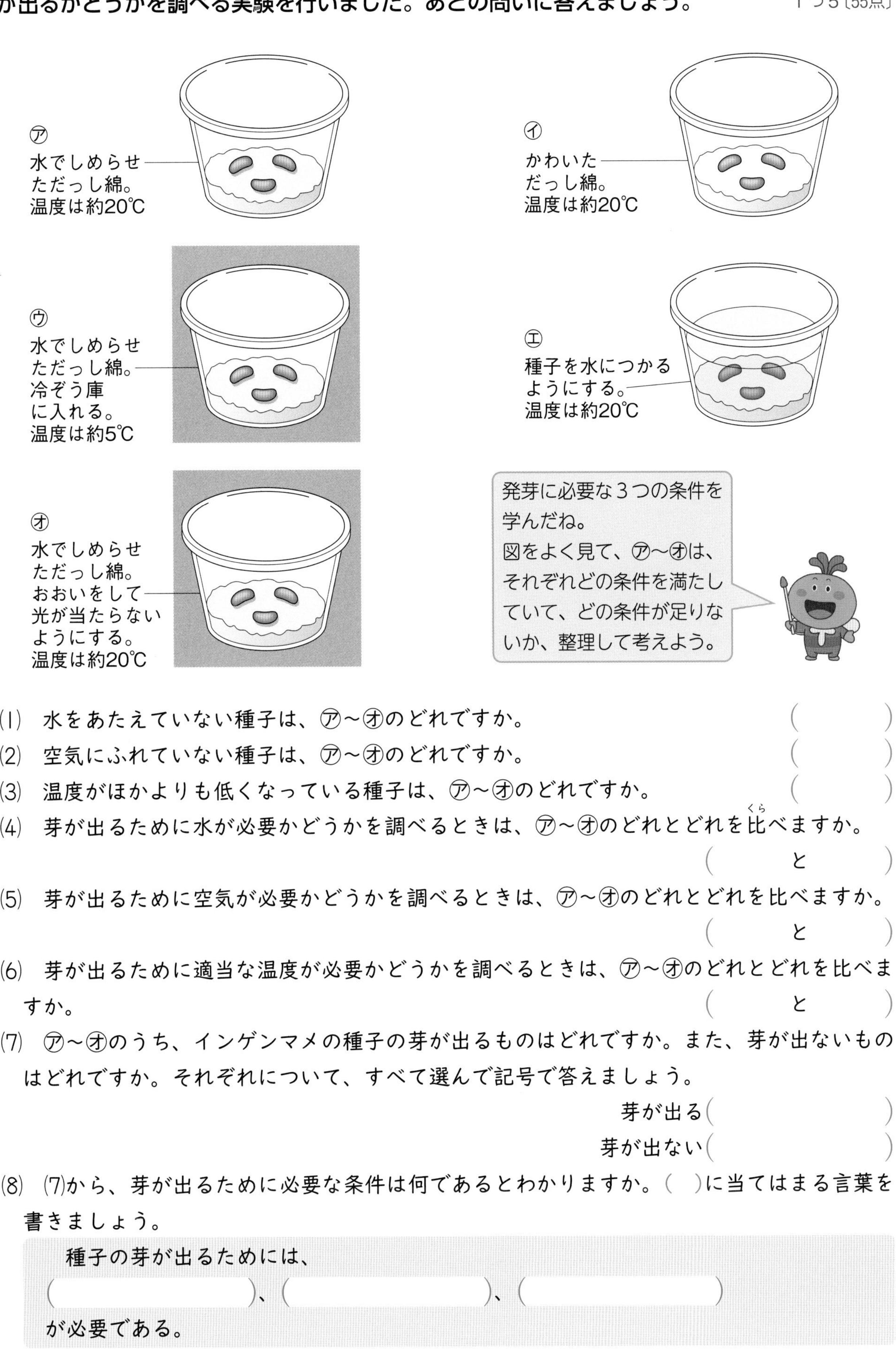

(1) 水をあたえていない種子は、㋐～㋔のどれですか。 (　　)

(2) 空気にふれていない種子は、㋐～㋔のどれですか。 (　　)

(3) 温度がほかよりも低くなっている種子は、㋐～㋔のどれですか。 (　　)

(4) 芽が出るために水が必要かどうかを調べるときは、㋐～㋔のどれとどれを比(くら)べますか。
(　　と　　)

(5) 芽が出るために空気が必要かどうかを調べるときは、㋐～㋔のどれとどれを比べますか。
(　　と　　)

(6) 芽が出るために適当な温度が必要かどうかを調べるときは、㋐～㋔のどれとどれを比べますか。
(　　と　　)

(7) ㋐～㋔のうち、インゲンマメの種子の芽が出るものはどれですか。また、芽が出ないものはどれですか。それぞれについて、すべて選んで記号で答えましょう。

芽が出る(　　　　)

芽が出ない(　　　　)

(8) (7)から、芽が出るために必要な条件は何であるとわかりますか。(　)に当てはまる言葉を書きましょう。

種子の芽が出るためには、
(　　　　)、(　　　　)、(　　　　)
が必要である。

勉強した日　月　日

2　種子の発芽と養分

基本のワーク

学習の目標
種子の中に植物の発芽のための養分があることを確かめよう。

教科書 40〜43ページ　答え 5ページ

図を見て、あとの問いに答えましょう。

1 種子のつくり・でんぷんの調べ方

インゲンマメの種子

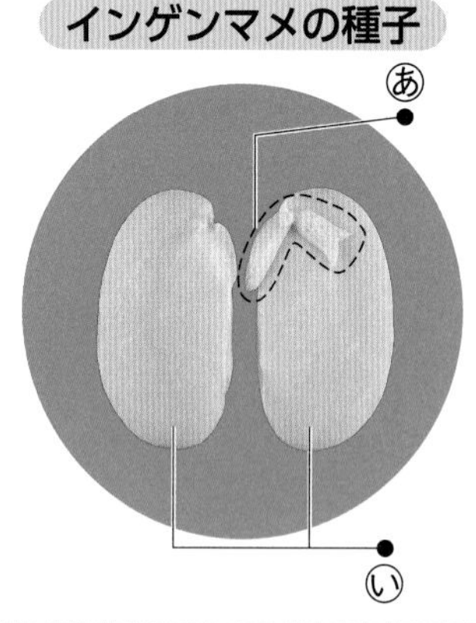

① 根・くき・葉になる部分

② 養分がふくまれている部分

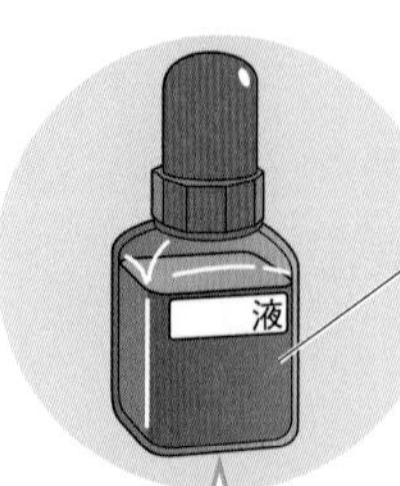

③ [　　] 液

でんぷんがあると、こい ④ [　　] 色に変わる。

(1) インゲンマメの種子で①、②に当てはまる部分は、それぞれあといのどちらですか。•を線で結びましょう。

(2) でんぷんを調べる液の名前を③の[　]に書きましょう。また、液の色の変わり方を④の[　]に書きましょう。

2 子葉にふくまれる養分の変化

ヨウ素液をインゲンマメの切り口につける

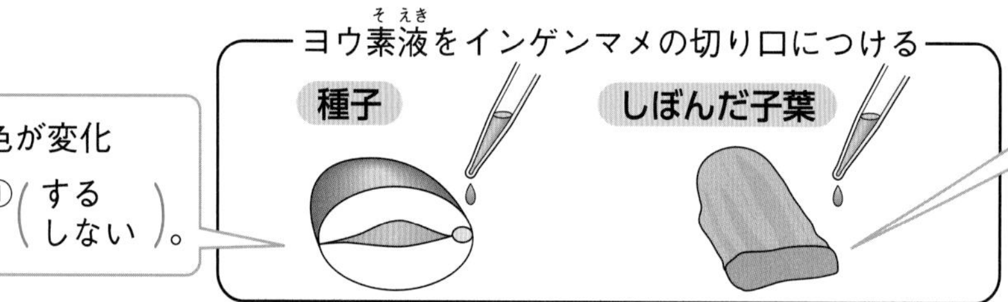

色が変化 ①(する / しない)。

色が ②(よく変化する / あまり変化しない)。

発芽後に子葉がしぼむのは、でんぷんが ③ [　　] や成長に使われたからである。

(1) 切り口にヨウ素液をつけたときの色の変化について、①、②の(　)のうち、正しいほうを◯で囲みましょう。

(2) でんぷんは何に使われますか。③の[　]に書きましょう。

まとめ 〔 発芽や成長　でんぷん 〕から選んで(　)に書きましょう。

- 発芽前の種子には、①(　　　　)が多くふくまれている。
- 発芽後に子葉がしぼむのは、でんぷんが②(　　　　)に使われるからである。

種子には、でんぷんを多くふくむものと、しぼうを多くふくむものがあります。また、ダイズの種子は「畑の肉」ともよばれるほど、たんぱく質を多くふくんでいます。

練習のワーク

できた数　/12問中

教科書　40～43ページ　答え　5ページ

1 **図1は、発芽前のインゲンマメの種子のつくりを、図2は、発芽してしばらくたったインゲンマメを表したものです。次の問いに答えましょう。**

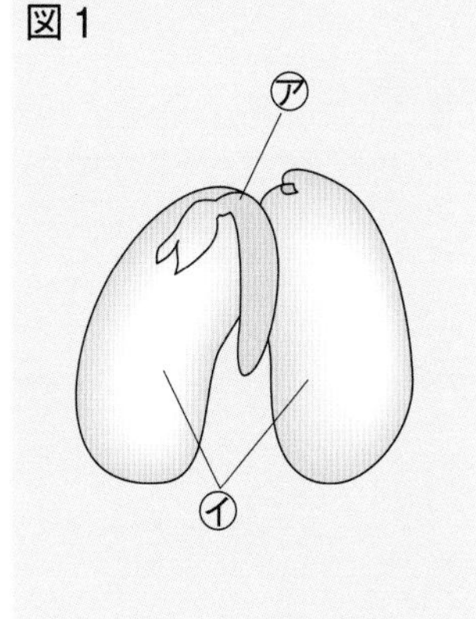

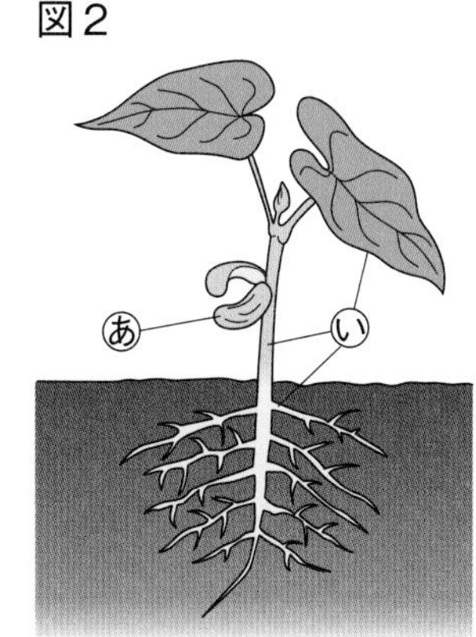

(1) インゲンマメの種子を切る前に、種子を水にひたしておきました。その理由として正しいものを、次のア～ウから選びましょう。（　　）

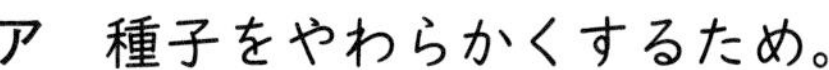

ア　種子をやわらかくするため。
イ　種子をかたくするため。
ウ　種子の養分をとかし出すため。

(2) 図１の㋐や㋑の部分は、発芽してしばらくたつとどの部分になりますか。図２のあ、いからそれぞれ選びましょう。　㋐（　　）　㋑（　　）

(3) 図１の㋑の部分を何といいますか。（　　）

(4) でんぷんがふくまれているかどうかを調べるときに使う液を、何といいますか。
（　　）

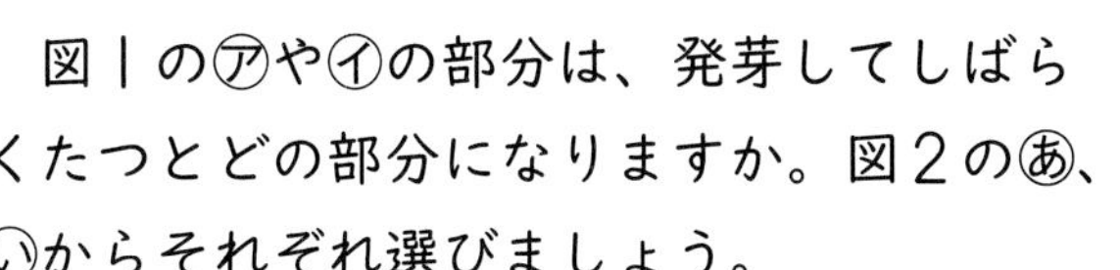

(5) インゲンマメの種子を横に切り、切り口に(4)で答えた液をつけました。色はどのようになりますか。次のア、イから選びましょう。（　　）

ア　こい青むらさき色に変化する。
イ　変化しない。

(6) 種子の中にでんぷんはふくまれていますか。（　　）

(7) 図２のあの部分を横に切り、切り口に(4)で答えた液をつけました。色はどのようになりますか。次のア、イから選びましょう。（　　）

ア　こい青むらさき色に変化する。
イ　あまり変化しない。

(8) (5)～(7)の結果から、どのようなことがわかりますか。（　）に当てはまる言葉を書きましょう。

種子にふくまれる①（　　）は、②（　　）や成長のために使われる。

2 **右の写真のように、うすめたヨウ素液をご飯につけたところ、こい青むらさき色になりました。次の問いに答えましょう。**

(1) ご飯のもとの米は何という植物の種子からできていますか。ア～エから選びましょう。（　　）

ア　ムギ　　イ　ゴマ　　ウ　トウモロコシ　　エ　イネ

(2) ヨウ素液の色の変化から、ご飯には何という養分がふくまれていることがわかりますか。
（　　）

学習の目標
植物の成長と日光や肥料の関係を確かめよう。

3　植物が成長する条件

基本のワーク

教科書 44～51ページ　答え 5ページ

図を見て、あとの問いに答えましょう。

1 成長に日光は必要か

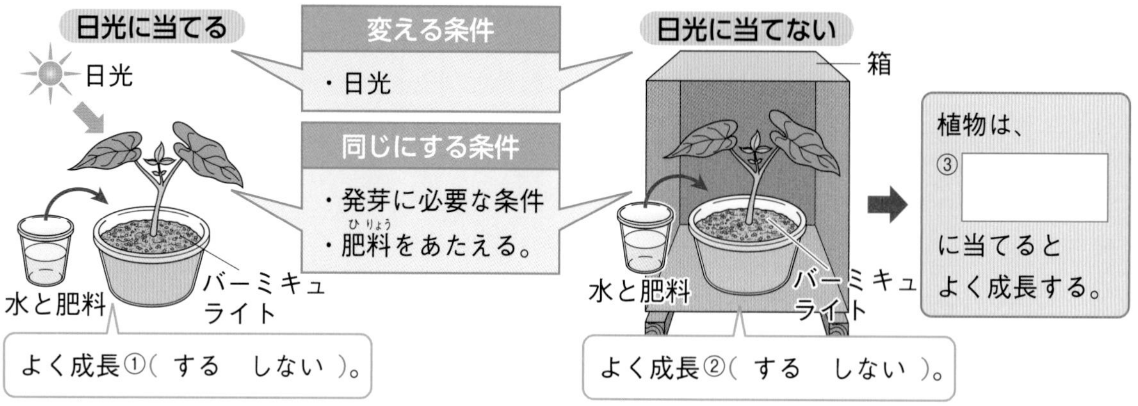

日光に当てる
日光
水と肥料
バーミキュライト
よく成長①（ する　しない ）。

変える条件
・日光

同じにする条件
・発芽に必要な条件
・肥料（ひりょう）をあたえる。

日光に当てない
箱
水と肥料
バーミキュライト
よく成長②（ する　しない ）。

植物は、③□に当てるとよく成長する。

(1) ①、②の（　）のうち、正しいほうを◯で囲みましょう。
(2) ③の□に当てはまる言葉を書きましょう。

2 成長に肥料は必要か

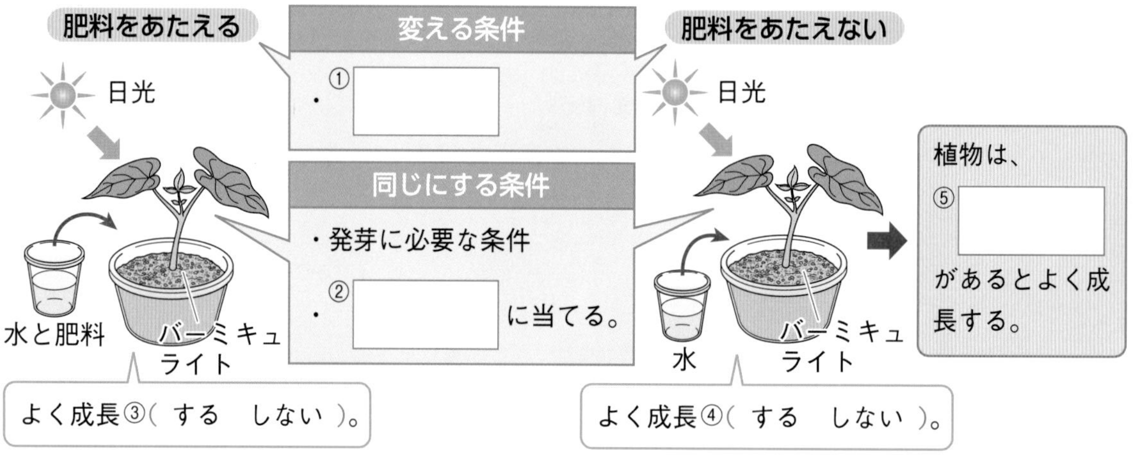

肥料をあたえる
日光
水と肥料
バーミキュライト
よく成長③（ する　しない ）。

変える条件
・①□

同じにする条件
・発芽に必要な条件
・②□に当てる。

肥料をあたえない
日光
水
バーミキュライト
よく成長④（ する　しない ）。

植物は、⑤□があるとよく成長する。

(1) 変える条件と同じにする条件は何ですか。下の〔　〕から選んで、①、②の□に書きましょう。　〔 日光　温度　肥料 〕
(2) ③、④の（　）のうち、正しいほうを◯で囲みましょう。
(3) ⑤の□に当てはまる言葉を書きましょう。

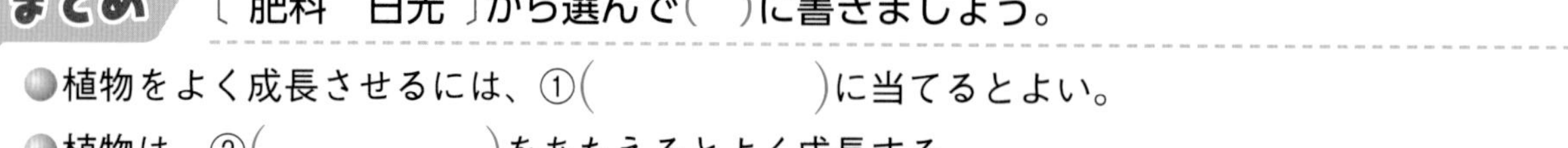

まとめ　〔 肥料　日光 〕から選んで（　）に書きましょう。

- 植物をよく成長させるには、①（　　　　　）に当てるとよい。
- 植物は、②（　　　　　）をあたえるとよく成長する。

植物は、太陽の光を受けて成長に必要な養分をつくり出します。光が当たっていない植物は、成長に必要な養分をつくり出せず、葉の色がうすくなって、育たなくなります。

練習のワーク

教科書 44～51ページ　答え 5ページ

1 次の図のように、同じくらいに育ったインゲンマメのなえを２つ用意し、㋐は日光に当て、㋑は日光に当てないで、２週間育てました。あとの問いに答えましょう。

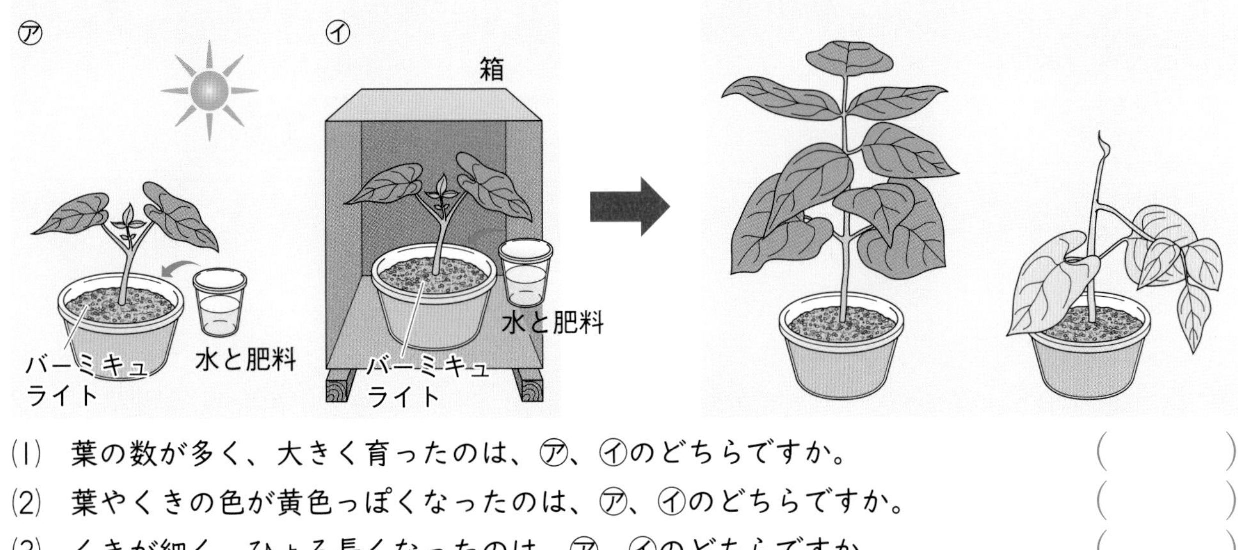

(1) 葉の数が多く、大きく育ったのは、㋐、㋑のどちらですか。（　　）

(2) 葉やくきの色が黄色っぽくなったのは、㋐、㋑のどちらですか。（　　）

(3) くきが細く、ひょろ長くなったのは、㋐、㋑のどちらですか。（　　）

(4) インゲンマメのなえの成長がよかったのは、㋐、㋑のどちらですか。（　　）

(5) この実験から、植物がよく成長するには何を当てるとよいでしょうか。（　　）

2 次の図のように、同じように育ったインゲンマメのなえを２つ用意し、㋐には肥料をあたえ、㋑には肥料をあたえないで、２週間育てました。あとの問いに答えましょう。

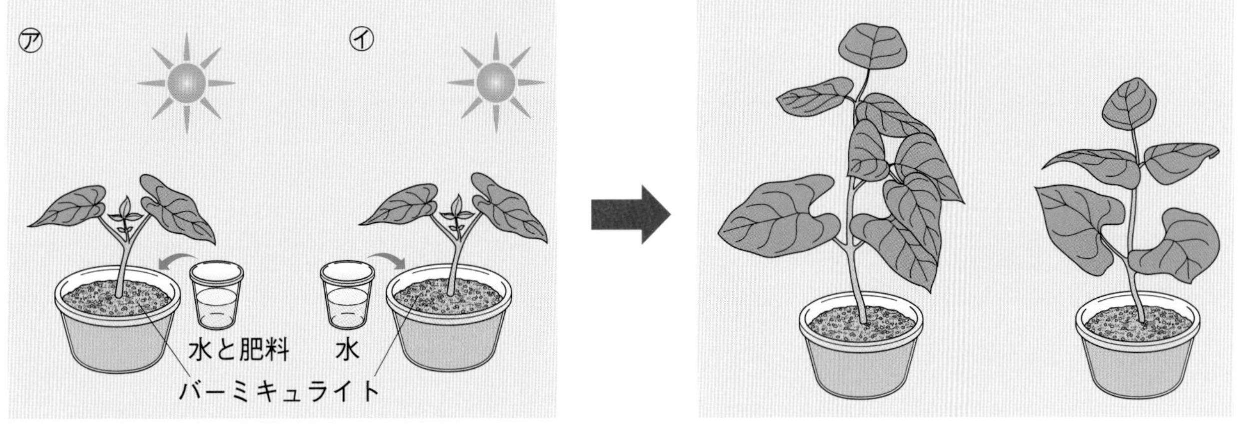

(1) 葉の数が少なく、大きさも小さかったのは、㋐、㋑のどちらですか。（　　）

(2) くきがより太く育ったのは、㋐、㋑のどちらですか。（　　）

(3) インゲンマメのなえの成長がよかったのは、㋐、㋑のどちらですか。（　　）

(4) この実験から、植物がよく成長するには、何が必要だとわかりますか。

（　　）

(5) この実験で、土にバーミキュライトを用いるのはなぜですか。次のア、イから選びましょう。（　　）

ア　肥料を多くふくむ土だから。　イ　肥料をふくまない土だから。

まとめのテスト②

2 植物の発芽と成長

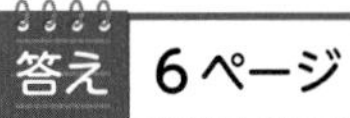

教科書 40〜51ページ　答え 6ページ

よく出る **1** **発芽と養分** 水にひたしておいた発芽前のインゲンマメの種子を、図1のように切りました。そして、図2のように、切り口にヨウ素液をつけて色の変化を観察しました。あとの問いに答えましょう。

1つ5〔25点〕

図1

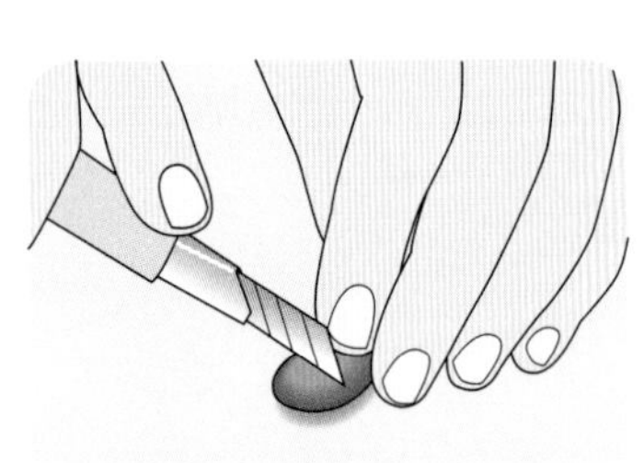

図2

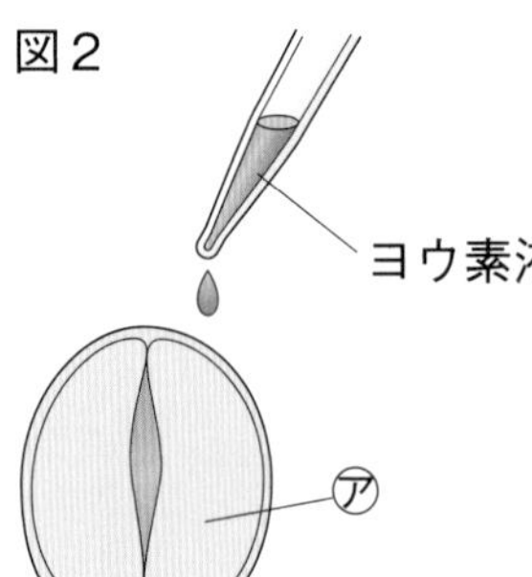

図3

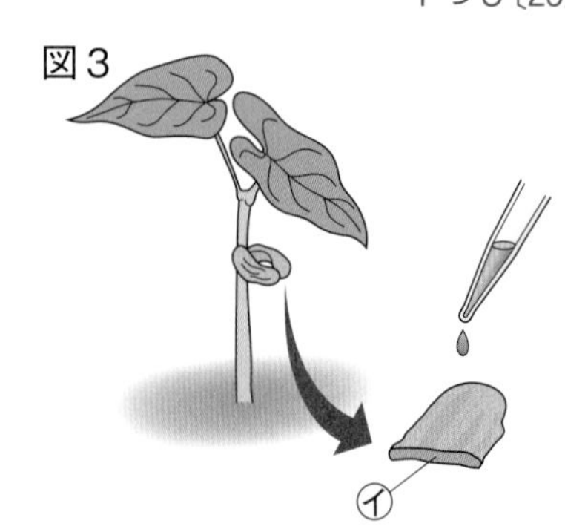

(1) でんぷんにヨウ素液をつけると、何色に変化しますか。
（　　　　　）

(2) インゲンマメの種子を横に切った切り口にヨウ素液をつけました。図2の㋐の部分の色はどのようになりますか。次のア、イから選びましょう。（　　）

ア ほとんど変化しない。

イ 切り口全体の色が変化する。

(3) 次に、図3のように発芽してしばらくたった子葉を横に切った切り口に、ヨウ素液をつけました。㋑の部分の色はどのようになりますか。(2)のア、イから選びましょう。（　　）

(4) 発芽前の種子の子葉と、発芽後の子葉では、どちらがでんぷんを多くふくみますか。
（　　　　　）

(5) 種子の子葉にふくまれているでんぷんは、何のために使われますか。
（　　　　　）

2 **養分をふくむ部分** 右の写真は、インゲンマメの種子のつくりです。次の問いに答えましょう。

1つ5〔20点〕

(1) 根・くき・葉になる部分は、㋐、㋑のどちらですか。
（　　）

(2) 発芽に必要な養分をふくむのは、㋐、㋑のどちらですか。
（　　）

(3) 種子にふくまれる養分として、でんぷんを多くふくむ植物を、次のア〜エから2つ選びましょう。（　　）（　　）

ア ゴマ

イ イネ(米)

ウ ムギ(小麦)

エ ダイズ

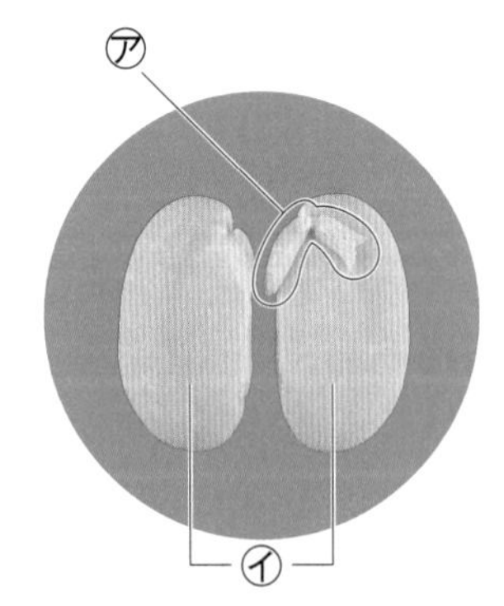

3 **日光と植物の成長** 右の図のように、カップにバーミキュライト(肥料をふくまない土)を入れ、２本のインゲンマメのなえを植えました。㋐には日光が当たるようにし、㋑には箱をかぶせました。次の問いに答えましょう。

1つ5〔30点〕

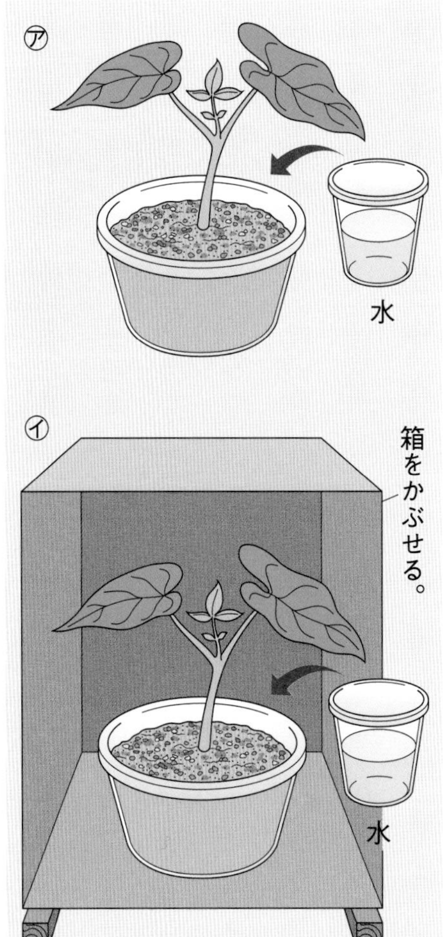

(1) インゲンマメのなえの選び方として正しいものを、次のア、イから選びましょう。（　　）

ア　大きいなえと、小さいなえを１本ずつ選ぶ。

イ　育ち方が同じくらいのなえを２本選ぶ。

記述 (2) ㋑で、箱をかぶせるのはなぜですか。

（　　　　　　　　　　）

(3) なえにあたえる水には、どちらもあるものをとかしています。それは何ですか。（　　）

(4) 次の①、②のように育つのは、㋐、㋑のどちらのなえですか。

① 葉が黄色っぽく、ひょろ長い。（　　）

② 葉はこい緑色で、じょうぶに育つ。（　　）

記述 (5) この実験から、インゲンマメがよく成長するための条件について、どのようなことがわかりますか。

（　　　　　　　　　　）

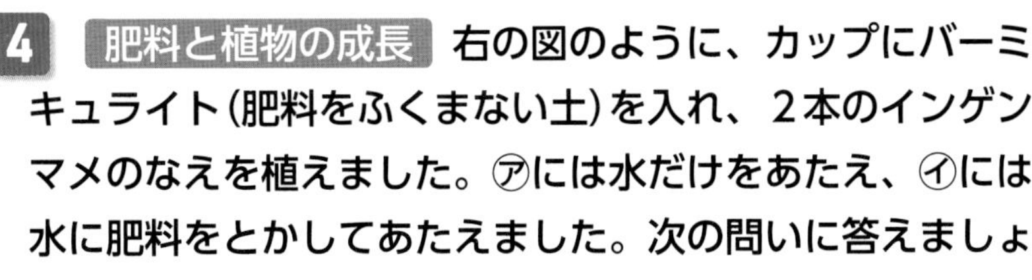

4 **肥料と植物の成長** 右の図のように、カップにバーミキュライト(肥料をふくまない土)を入れ、２本のインゲンマメのなえを植えました。㋐には水だけをあたえ、㋑には水に肥料をとかしてあたえました。次の問いに答えましょう。

1つ5〔25点〕

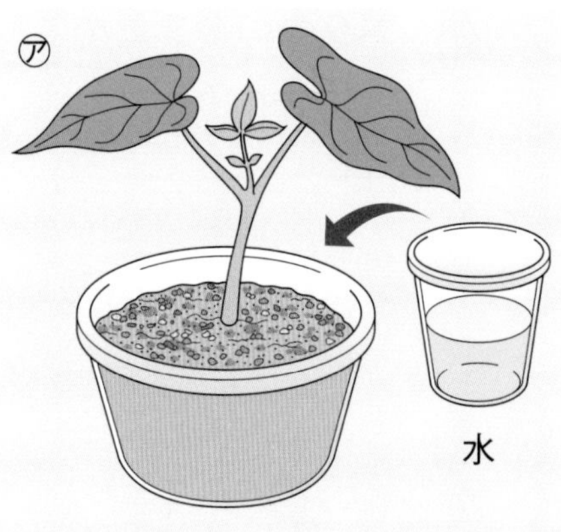

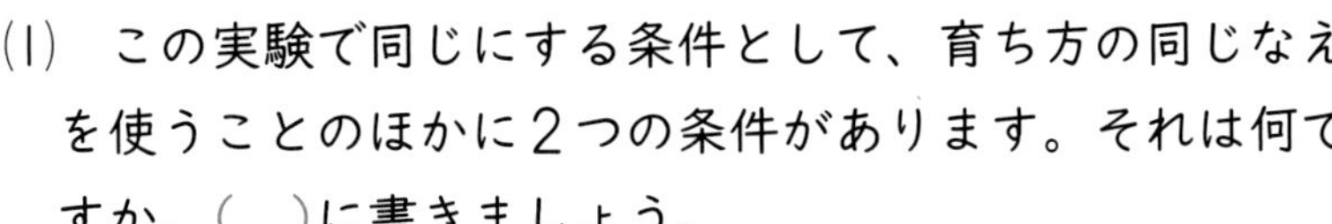

(1) この実験で同じにする条件として、育ち方の同じなえを使うことのほかに２つの条件があります。それは何ですか。（　）に書きましょう。

①（　　　　　）をあたえる。

②（　　　　　）に当てる。

(2) 次の①、②のように育つのは、㋐、㋑のどちらのなえですか。

① 葉の色はこい緑色で、じょうぶに育つ。

（　　）

② 葉の色はうすい緑色で、葉が少なく、全体的に小さい。（　　）

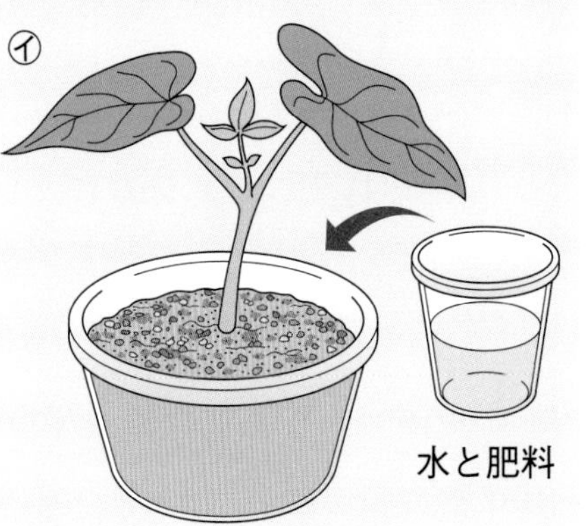

記述 (3) この実験から、インゲンマメがよく成長するための条件について、どのようなことがわかりますか。

（　　　　　　　　　　）

勉強した日　月　日

1　メダカのたまご①

基本のワーク

学習の目標・
メダカの飼い方や、おすとめすの見分け方を確かめよう。

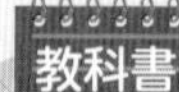 52〜54ページ　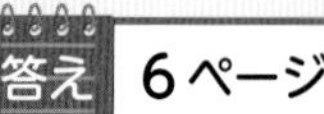 6ページ

図を見て、あとの問いに答えましょう。

1 メダカの飼（か）い方

水そうは、直接日光が①（ 当たらない　当たる ）明るいところに置く。

②（ 食べ残す　食べ残さない ）ぐらいの量のえさを、毎日１〜２回あたえる。

水がよごれたら、３分の１ぐらいを③（ くみたて　くみ置き ）の水と入れかえる。

(1)　水そうはどのようなところに置きますか。①の（　）のうち、正しいほうを◯で囲みましょう。

(2)　メダカの世話のしかたについて、②、③の（　）のうち、正しいほうを◯で囲みましょう。

2 メダカのおすとめすの見分け方

せびれに切れこみが①（ ある　ない ）。

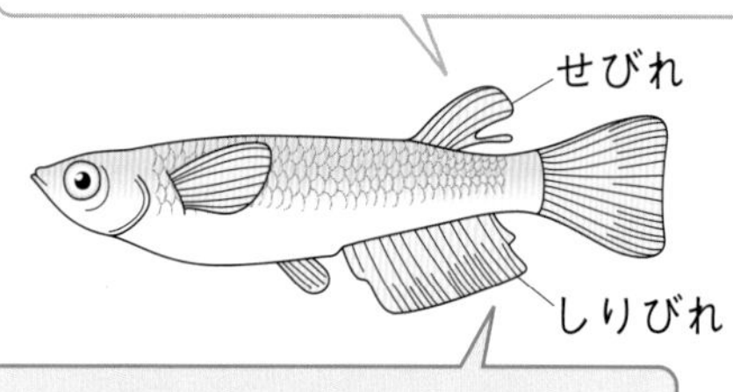

しりびれの後ろが③（ 長い　短い ）。

⑤［　　　］である。

せびれに切れこみが②（ ある　ない ）。

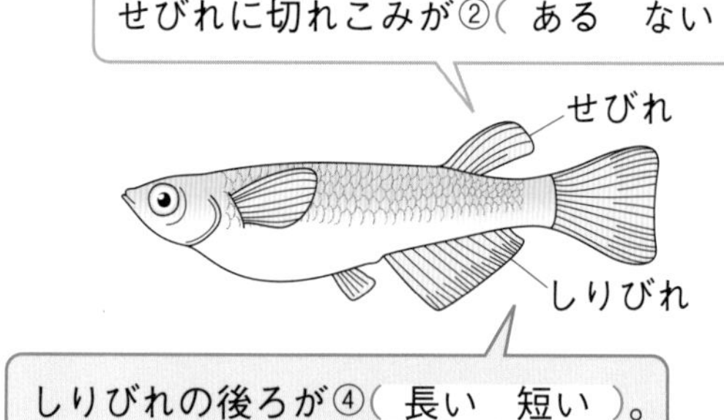

しりびれの後ろが④（ 長い　短い ）。

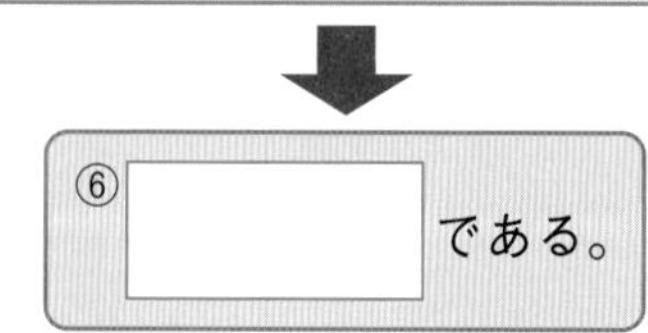

⑥［　　　］である。

(1)　それぞれのメダカについて、①〜④の（　）のうち、正しいほうを◯で囲みましょう。

(2)　⑤、⑥の［　］に、おすかめすかを書きましょう。

まとめ　〔 めす　おす 〕から選んで（　）に書きましょう。

- メダカの①（　　　　）のせびれには、切れこみがある。
- メダカの②（　　　　）のしりびれは、後ろが短い。

わくわくたんてい団　観察に使う、オレンジ色のメダカはヒメダカとよばれています。自然の川や池で見られる、黒っぽいメダカはクロメダカとよばれています。

練習のワーク

教科書 52～54ページ　答え 6ページ

1 **メダカを水そうで飼うとき、どのようにすればよいですか。次の文のうち、正しいものを4つ選び、○をつけましょう。**

①(　　)水そうは、日光がよく当たる明るいところに置く。
②(　　)水そうは、日光が直接当たらない明るいところに置く。
③(　　)水は、よごれたら、3分の1ぐらいをくみ置きの水と入れかえる。
④(　　)水は、よごれたら、3分の1ぐらいを新しい水道水と入れかえる。
⑤(　　)えさは、足りないとこまるので、できるだけ多くあたえる。
⑥(　　)えさは、食べ残さないぐらいの量をあたえる。
⑦(　　)たまごを産みつけるための水草を入れる。
⑧(　　)たまごを産みつけるための小石を入れる。

正しい飼い方は？

2 **メダカのおすとめすについて、あとの問いに答えましょう。**

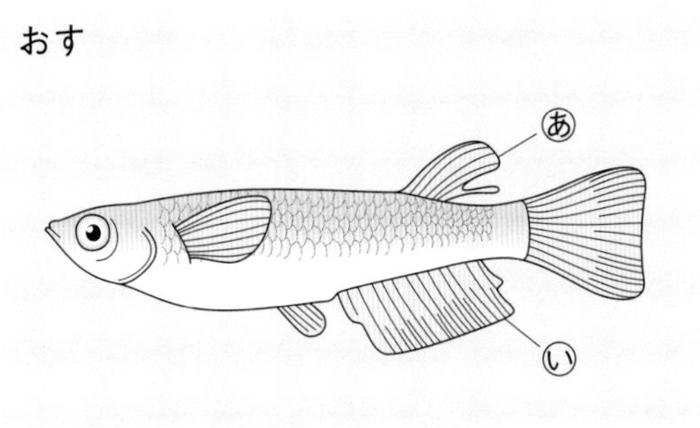

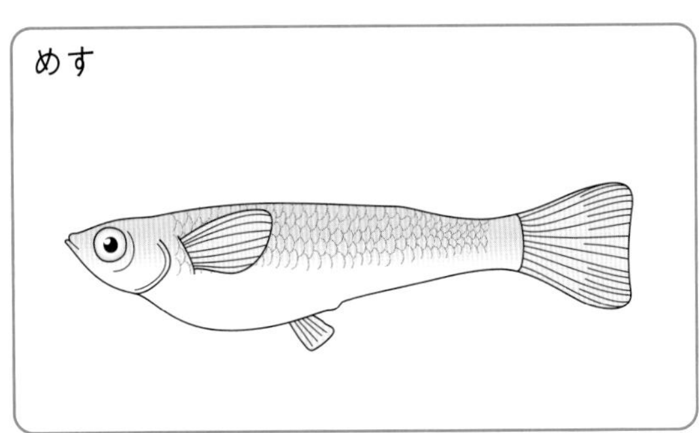

(1)　メダカのおすのせびれは、図のあ、いのどちらですか。

(　　　)

作図　(2)　メダカのめすのせびれとしりびれは、どのような形ですか。下の〔　〕から選んで、上の図にかき入れましょう。

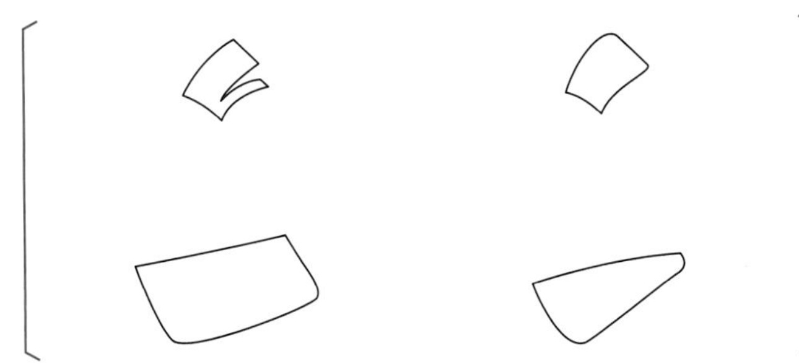

水温が25℃くらいのとき、メダカはたまごをよく産むようになるよ。

(3)　メダカにたまごを産ませるには、どのように飼えばよいですか。次のア～ウから選びましょう。

(　　　)

ア　おすとめすを、同じ水そうに入れて飼う。
イ　水そうに、おすだけを入れて飼う。
ウ　水そうに、めすだけを入れて飼う。

勉強した日　月　日

学習の目標
メダカの受精卵やその育ち方を確かめよう。

1　メダカのたまご②

基本のワーク

教科書 55～63ページ　答え 7ページ

図を見て、あとの問いに答えましょう。

1 メダカの産卵（さんらん）のようす

おすがめすの前で輪をえがくように泳いだ後、おすとめすがならんで泳ぐ。→

めすがたまご（卵（らん））を産み、おすが①□を出す。

たまごと①が結びつくことを②□という。

めすは、産んだたまごを水草につける。→ ③□

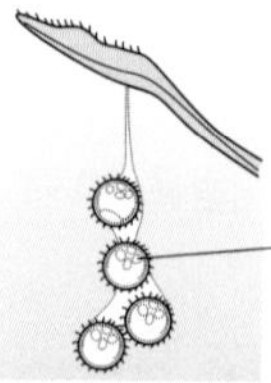

● ①～③の□に当てはまる言葉を、下の〔　〕から選んで書きましょう。

〔 受精卵（じゅせいらん）　精子（せいし）　受精（じゅせい） 〕

2 メダカのたまごの育ち

受精して12時間

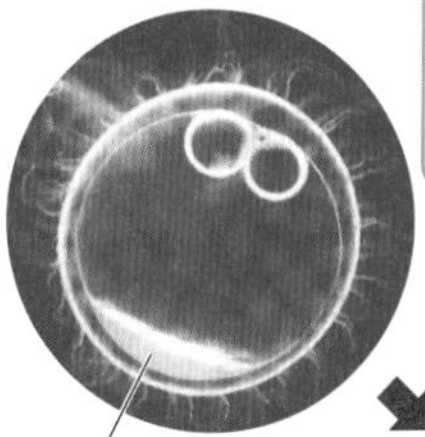

ふくらんだ部分

2日

子メダカの体の形がわかるようになる。

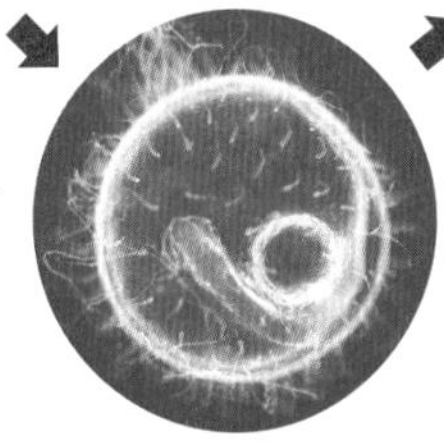

3日

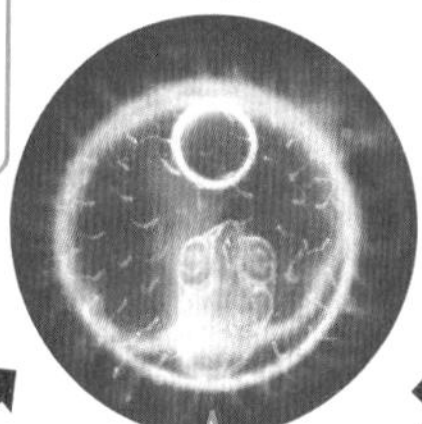

①□が目立つようになる。

6日

②□が流れているのがわかる。

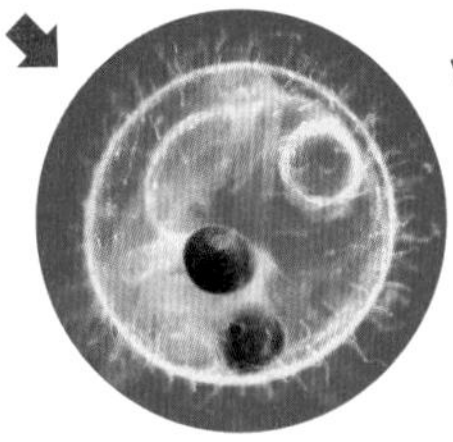

受精して約③（ 11日　30日 ）でたんじょうする。

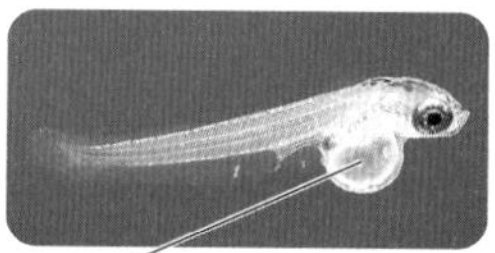

④□が入ったふくろ

※日数は目安

(1) ①、②の□に当てはまる言葉を、下の〔　〕から選んで書きましょう。

〔 口　目　ひれ　血液（けつえき） 〕

(2) 子メダカについて、③の（　）のうち、正しいほうを◯で囲みましょう。

(3) ふくろには何が入っていますか。④の□に当てはまる言葉を書きましょう。

まとめ　〔 受精卵　養分　受精 〕から選んで（　）に書きましょう。

● たまごと精子が①（　　　　）してできたたまごを②（　　　　）という。

● たんじょうした子メダカは、数日は、はらの中にある③（　　　　）を使って育つ。

<ワンド>川岸に、ワンドとよばれる、水があまり流れないところがあります。このワンドには、多くの魚などがすんでいて、産卵場所や子魚の生育場所、増水したときのにげ場になっています。

練習のワーク

教科書 55~63ページ　答え 7ページ

できた数　/12問中

1 メダカの産卵について、次の問いに答えましょう。

(1) 次の①~④の文は、メダカが産卵するときの行動です。正しい順になるように、(　)に1~4の数字を書きましょう。

①(　　)おすとめすがならんで泳ぐ。

②(　　)産卵の後、めすのはらには、たまごがついている。

③(　　)おすが、めすの前で輪をえがくように泳いだり、めすを追いかけたりする。

④(　　)体をすり合わせ、めすはたまごを産んで、おすは精子を出す。

(2) めすが産んだたまごが、おすが出した精子と結びつくことを何といいますか。
(　　　　)

(3) (2)のようにしてできたたまごを何といいますか。(　　　　)

2 右の図のように、メダカのたまごが産みつけられた水草を容器に入れて、観察しました。次の問いに答えましょう。

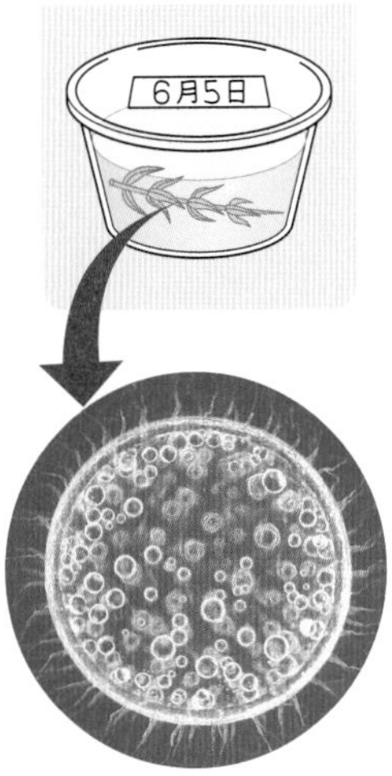

(1) 図の容器は、どのようなところに置きますか。次のア、イから選びましょう。(　　)

ア　日光が直接当たるところ。

イ　日光が直接当たらないところ。

(2) メダカのたまごが育つときの養分は何ですか。次のア~ウから選びましょう。(　　)

ア　水にとけた養分　　イ　親メダカがあたえるえさ

ウ　たまごの中にふくまれる養分

(3) たまごが育つ順に、㋐~㋓をならべましょう。(　　→　　→　　→　　)

㋐

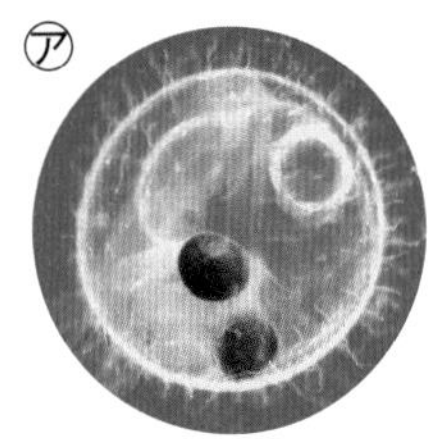

㋑

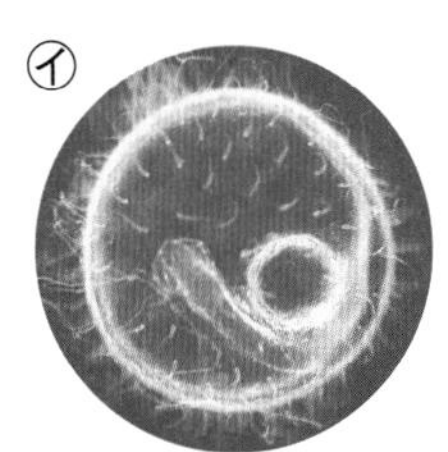

㋒

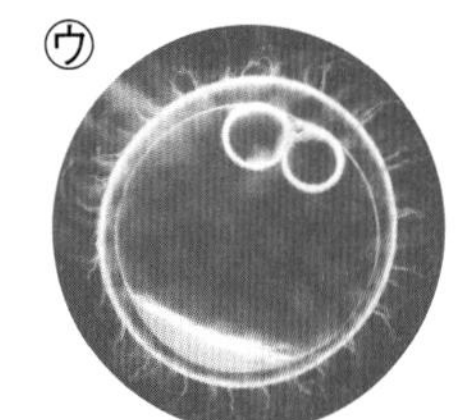

㋓

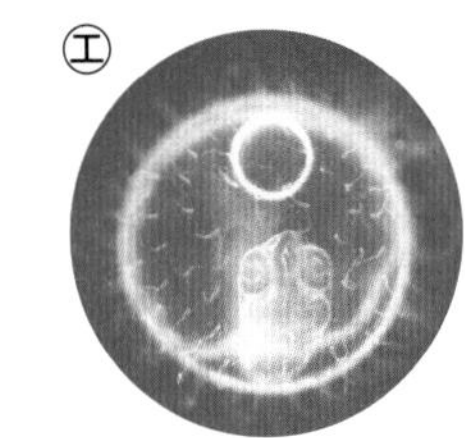

(4) 受精から子メダカがたんじょうするまで、どれぐらいかかりますか。次のア~ウから選びましょう。(　　)

ア　約7日　　イ　約11日　　ウ　約21日

(5) 子メダカは、どのようにして育てますか。次のア、イから選びましょう。(　　)

ア　親メダカとは別の水そうで育てる。

イ　親メダカと同じ水そうにもどして育てる。

(6) 右の写真のような子メダカのはらにあるふくろの中には何が入っていますか。(　　　　)

実際の大きさは約3.5 mm

勉強した日　月　日

かいぼうけんび鏡の使い方
そう眼実体けんび鏡の使い方
基本のワーク

学習の目標
さまざまなけんび鏡の使い方を確かめよう。

教科書 57ページ　答え 7ページ

図を見て、あとの問いに答えましょう。

1 かいぼうけんび鏡の使い方

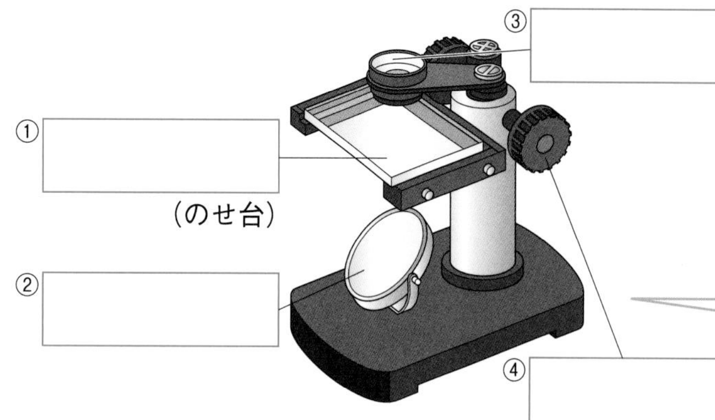

❶レンズをのぞきながら②を動かして、明るく見えるようにする。
❷観察するものを①に置き、④を回してピントを合わせる。

目をいためるため、日光が直接⑤(当たる　当たらない)場所では使わない。

(1) かいぼうけんび鏡の部分の名前を、下の〔　〕から選んで①～④の□に書きましょう。
〔 ステージ　反しゃ鏡　レンズ　調節ねじ 〕

(2) ⑤の(　)のうち、正しいほうを◯で囲みましょう。

2 そう眼(がん)実体けんび鏡の使い方

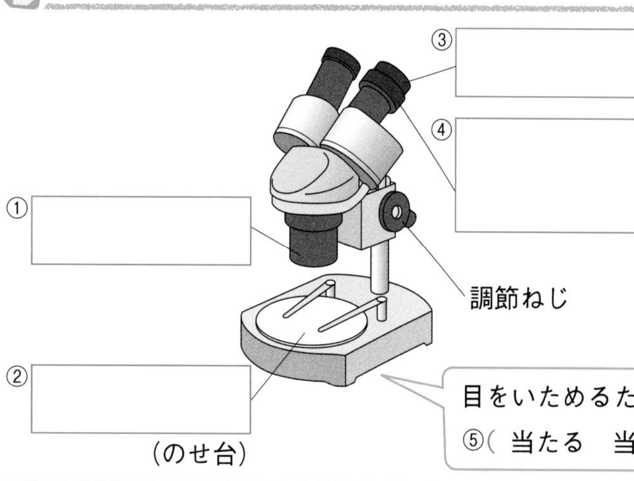

❶観察するものを②にのせる。
❷③を目のはばに合わせ、両目で見えるはんいが重なるようにする。
❸右目でのぞきながら調節ねじを回してピントを合わせる。
❹両目で見えにくいときは、左目でのぞきながら④を回してピントを合わせる。

目をいためるため、日光が直接⑤(当たる　当たらない)場所では使わない。

(1) そう眼実体けんび鏡の部分の名前を、下の〔　〕から選んで①～④の□に書きましょう。
〔 ステージ　接眼(せつがん)レンズ　反しゃ鏡　対物レンズ　視度(しど)調節リング 〕

(2) ⑤の(　)のうち、正しいほうを◯で囲みましょう。

まとめ　〔 調節ねじ　日光 〕から選んで(　)に書きましょう。

- 目をいためるため、①(　　　　)が直接当たらない場所で使う。
- ステージに観察するものを置き、②(　　　　)を回してピントを合わせる。

かいぼうけんび鏡の倍率(ばいりつ)は、10～20倍で虫眼鏡とほとんど同じです。そう眼実体けんび鏡の倍率は20～40倍で、ものを立体的に観察できます。

練習のワーク

できた数　/13問中

教科書　57ページ　答え　7ページ

1 かいぼうけんび鏡やそう眼実体けんび鏡を使うとき、どのようなことに注意しますか。(　) に当てはまる言葉を書きましょう。

目をいためるため、(　　　　　)が直接当たる場所では使わない。

2 右の図のようなけんび鏡を使って、メダカのたまごの観察を行いました。次の問いに答えましょう。

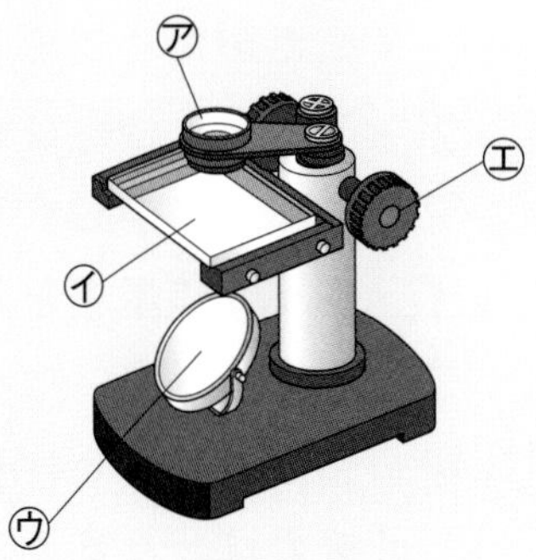

(1) 右の図のけんび鏡の名前を書きましょう。

(　　　　　　　　)

(2) ㋐～㋓の部分をそれぞれ何といいますか。

㋐(　　　　　　)
㋑(　　　　　　)

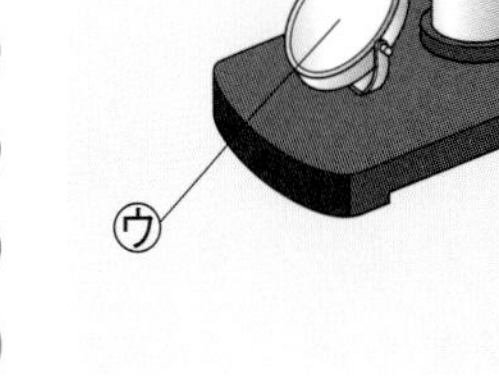

㋒(　　　　　　)
㋓(　　　　　　)

(3) 右の図のけんび鏡の使い方について、次のア～ウをそうさの順にならべましょう。

(　　　→　　　→　　　)

ア　観察するものを㋑に置く。
イ　㋐をのぞきながら、㋒を調節して明るく見えるようにする。
ウ　㋓を回して、ピントを合わせる。

3 右の図のようなけんび鏡を使って、メダカのたまごの観察を行いました。次の問いに答えましょう。

(1) 右の図のけんび鏡の名前を書きましょう。

(　　　　　　　　)

(2) ㋐～㋓の部分をそれぞれ何といいますか。

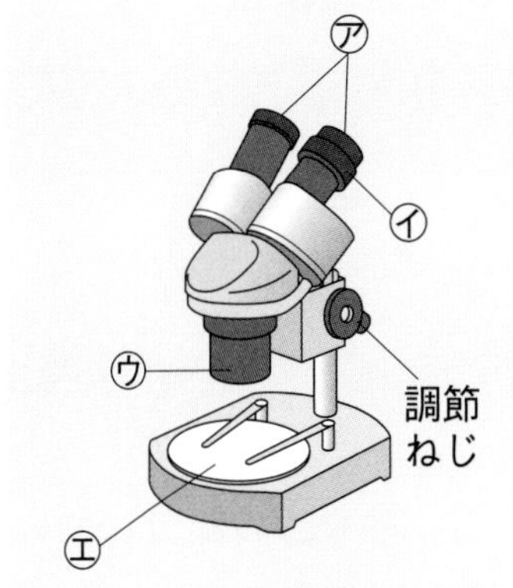

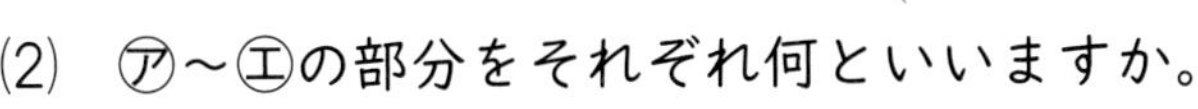

㋐(　　　　　　)
㋑(　　　　　　)

㋒(　　　　　　)
㋓(　　　　　　)

(3) 右の図のけんび鏡の使い方について、次のア～エをそうさの順にならべましょう。

(　　　→　　　→　　　→　　　)

ア　右目でのぞきながら、調節ねじを回してピントを合わせる。
イ　見えにくいときは左目でのぞきながら、㋑を回す。
ウ　㋐のはばを目のはばに合わせる。
エ　観察するものを㋓にのせる。

まとめのテスト

3　メダカのたんじょう

教科書　52〜63ページ　答え　8ページ

1 **メダカの飼い方** **右の図1はメダカを飼うための水そうで、図2はメダカのたまごを観察するときに使う器具です。次の問いに答えましょう。**

1つ4〔20点〕

(1)　水そうに入れる水は、どのようなものがよいですか。
（　　　　　　）

(2)　メダカがたまごを産むようにするには、どうしますか。
ア〜エから2つ選びましょう。（　　　）（　　　）
ア　水そうに小石やすなを入れる。
イ　水そうに水草を入れる。
ウ　温度が低い、暗い部屋に水そうを置く。
エ　おすとめすをいっしょに水そうに入れる。

(3)　メダカは、たまごをどのようなところに産みつけますか。
ア〜ウから選びましょう。（　　　）
ア　小石やすなの中に産む。
イ　めすのはらにずっとつけたままにする。
ウ　水草につける。

(4)　図2の器具を何といいますか。
（　　　　　　）

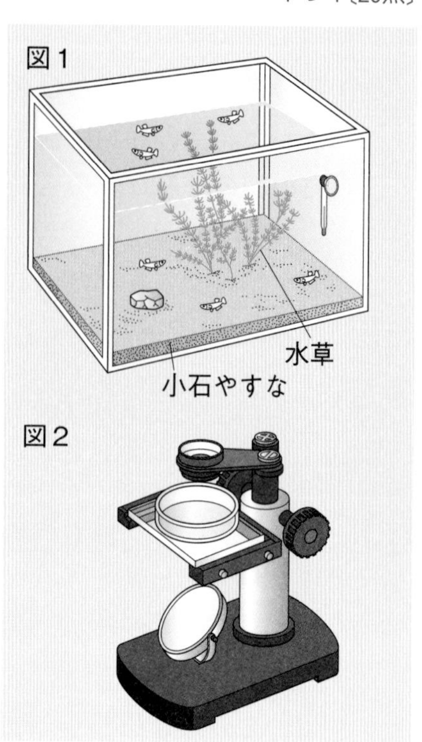

2 **メダカのおすとめす** **メダカの体のつくりと、おすとめすの見分け方について、あとの問いに答えましょう。**

1つ5〔35点〕

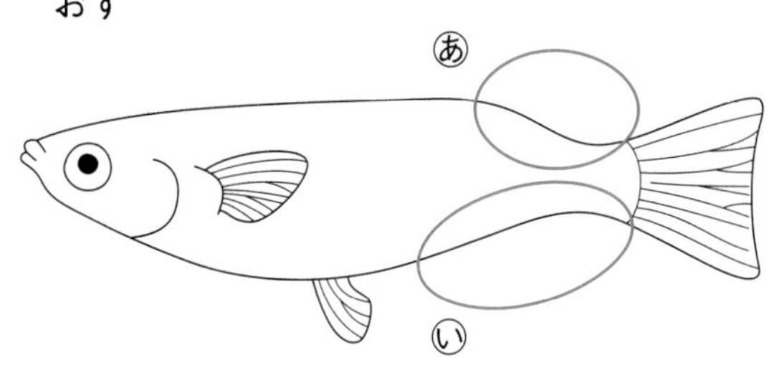

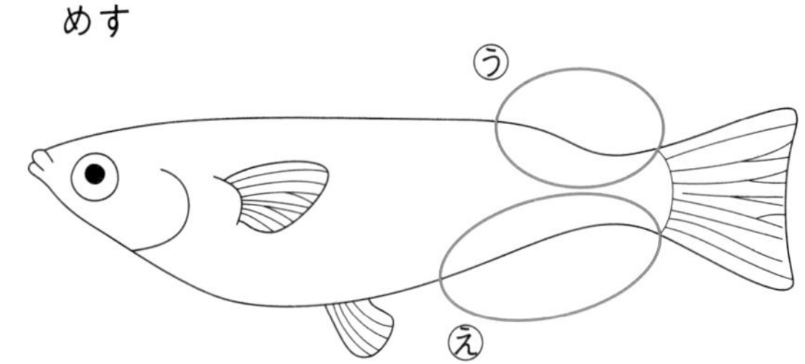

(1)　㋐や㋒の部分についているひれを何といいますか。（　　　）

(2)　㋑や㋓の部分についているひれを何といいますか。（　　　）

(3)　メダカのおすの㋐、㋑についているひれと、めすの㋒、㋓についているひれを、次の㋐〜㋓からそれぞれ選びましょう。

あ（　　）　い（　　）　う（　　）　え（　　）

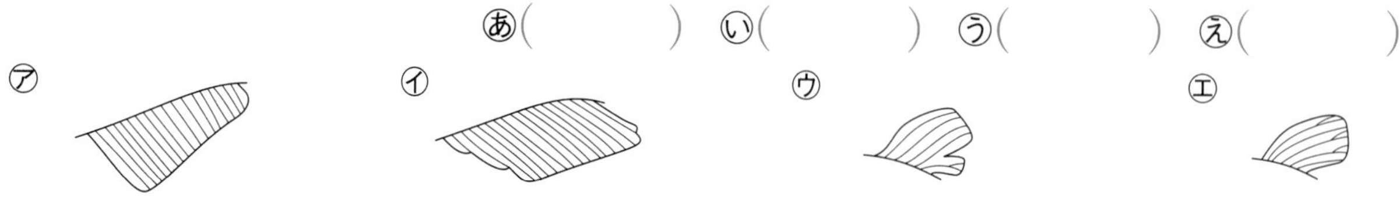

(4)　メダカのおすとめすで、たまごを産むのはどちらですか。（　　　）

3 メダカのたまご **次の写真は、メダカのたまごが変化していくようすを表したものです。あとの問いに答えましょう。**

1つ5〔30点〕

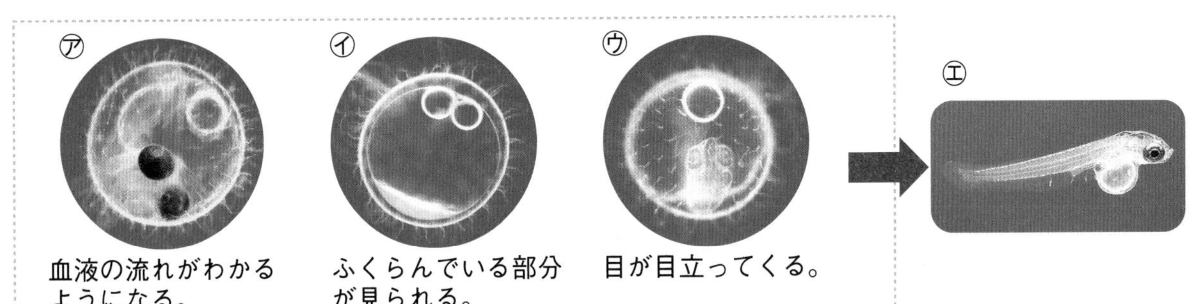

(1) メダカのたまごが成長するには、めすの産んだたまごが、おすの出した何と結びつくことが必要ですか。（　　　　）

(2) めすの産んだたまごと、おすの出した(1)が結びつくことを何といいますか。（　　　　）

(3) (2)の後、メダカのたまごはどこにある養分を使って成長しますか。（　　　　）

(4) メダカのたまごは、どのように成長して㋓のようになりますか。㋐～㋒をたまごが成長する順にならべましょう。（　　→　　→　　）

(5) メダカのたまごが成長するにしたがって、たまごの大きさはどうなりますか。次のア～ウから選びましょう。（　　）

ア　大きくなる。　　イ　小さくなる。　　ウ　変わらない。

(6) たまごからかえったばかりの㋓は、2～3日間はえさを食べません。食べなくても生きていられるのはなぜですか。

（　　　　　　　　）

4 そう眼実体けんび鏡の使い方 **右の図のようなそう眼実体けんび鏡を使って、メダカの受精卵の変化を観察しました。次の問いに答えましょう。**

1つ5〔15点〕

(1) かいぼうけんび鏡やそう眼実体けんび鏡を、どのような場所では使わないようにしますか。「日光」という言葉を使って答えましょう。

（　　　　　　　　）

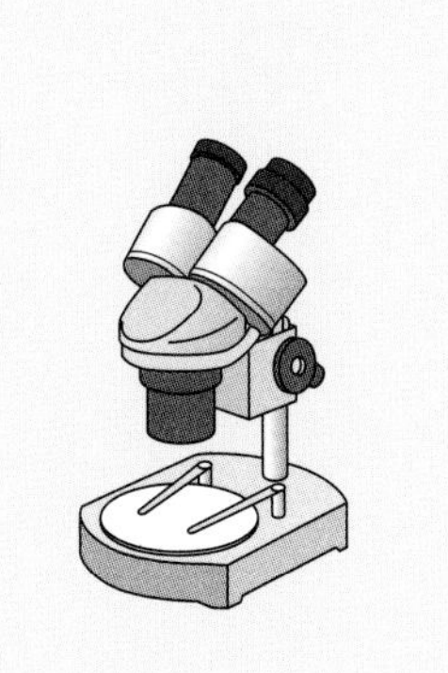

(2) (1)のような場所に置くのは、どのようなきけんがあるからですか。ア～エから選びましょう。（　　）

ア　レンズがよごれるから。

イ　目をいためるから。

ウ　けんび鏡がこわれるから。

エ　メダカのたまごが育たなくなるから。

(3) そう眼実体けんび鏡の使い方について、ア～ウをそうさの順にならべましょう。

（　　→　　→　　）

ア　左目でのぞきながら、視度調節リングを回してはっきり見えるようにする。

イ　観察するものをステージにのせた後、接眼レンズを目のはばに合わせる。

ウ　右目でのぞきながら、調節ねじを回してピントを合わせる。

台風と気象情報

基本のワーク

学習の目標
台風の動きと台風による災害、日頃からの備えを確かめよう。

教科書 64~69ページ　答え 8ページ

図を見て、あとの問いに答えましょう。

1 台風の動きと天気の変化

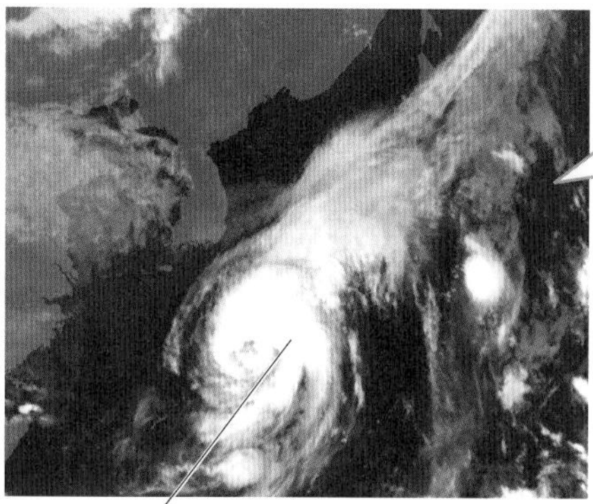

①は、夏から②□にかけて日本にやってくる。

台風は、日本の③□の海上で発生する。

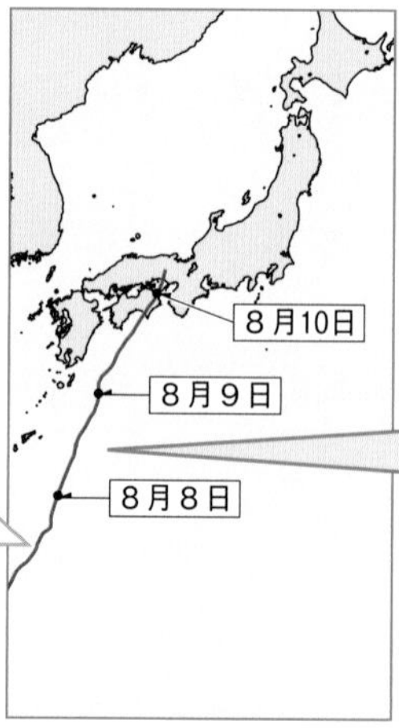

④□に向かって進む。

8月10日
8月9日
8月8日

①□

(1) ①の□に当てはまる言葉を書きましょう。

(2) ①はどの季節に日本にやってきますか。②の□に当てはまる言葉を書きましょう。

(3) 台風が発生する場所と移動する方位を、下の〔 〕から選んで③、④の□に書きましょう。

〔 東　西　南　北 〕

2 台風の情報

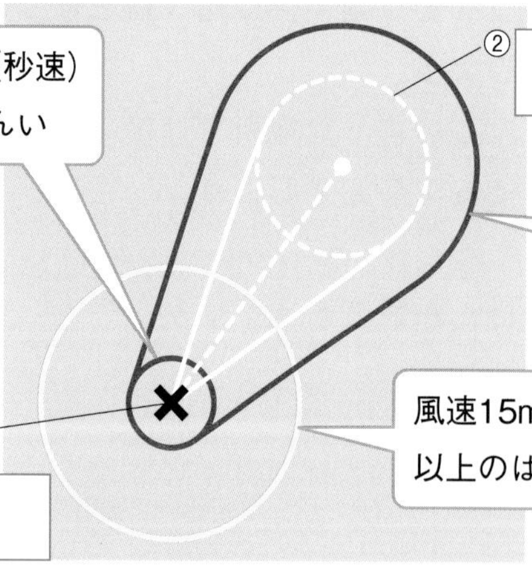

風速25m(秒速)以上のはんい

②□

台風が近づくと、強い風や大雨によって災害が起こることがある。

風速25m(秒速)以上になると考えられるはんい

台風の①□

風速15m(秒速)以上のはんい

大雨で、水不足が解消されることがあるよ。

● ①に当てはまる言葉と、②が示すはんいの名前を□に書きましょう。

まとめ 〔 災害　北　南 〕から選んで( )に書きましょう。

● 台風は、①(　　　)の海上で発生し、②(　　　)に向かって進むことが多い。

● 台風による強い風や大雨が、③(　　　)を引き起こすことがある。

日本の南のほうの赤道付近は、太陽から受け取る熱の量が多く、とても暑くなっています。台風は、太陽の熱を南から北へ運ぶはたらきもしています。

練習のワーク

教科書 64～69ページ　答え 8ページ

1 図1は、9月のある日の日本付近の雲画像で、Aは雲の大きな集まりです。図2は、図1のAのある時点の予想進路図です。あとの問いに答えましょう。

図1

図2

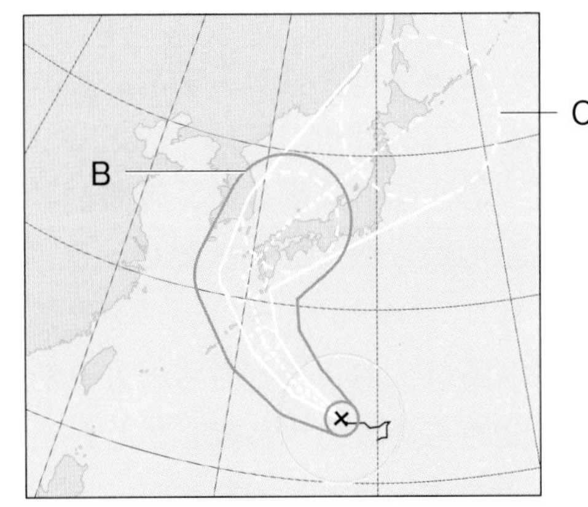

(1) 図1のAを何といいますか。（　　　　）

(2) 図2から、Aの動き方について、次の（　）に当てはまる方位を書きましょう。

Aは、①（　　　）の海上で発生して、②（　　　）に向かって進むことが多い。

(3) 図2のB、Cはそれぞれ何を表していますか。次のア～エから選びましょう。

B（　　　）　C（　　　）

ア　Aの大きさ
イ　Aの中心が動いてくると考えられるはんい。
ウ　風速25m以上になると考えられるはんい。
エ　雨がふると考えられるはんい。

予想進路を見て、備えをするよ。強い風で飛ばされそうなものはかたづけたり、みぞのそうじをしたりしよう。

2 次の写真のA、Bは、台風が日本に上陸したときに起こるひ害の例です。あとの問いに答えましょう。

A

B

(1) A、Bは、それぞれ、台風によって何が起こったためですか。次のア、イから選びましょう。

A（　　　）　B（　　　）

ア　強い風がふいたから。　　イ　大雨がふったから。

(2) 台風による雨は、めぐみの雨にもなります。次の（　）に当てはまる言葉を書きましょう。

台風が日本に上陸すると、大量の雨がふるため（　　　　）が解消（かいしょう）される。

まとめのテスト

勉強した日　　月　　日

台風と気象情報

時間 20分

得点 /100点

教科書 64～69ページ　答え 9ページ

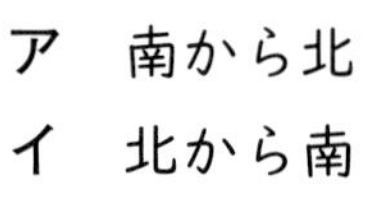

1 台風の動き　右の写真は、12時間ごとにさつえいされた雲画像です。次の問いに答えましょう。

1つ5〔30点〕

(1) 雲画像のⓐは何ですか。

（　　　）

(2) ㋐～㋓の雲画像を、時間が早いものから順にならべましょう。

（　　→　　→　　→　　）

(3) ⓐは、およそどちらの方位からどちらの方位へ移動しましたか。次のア～ウから選びましょう。

（　　　）

ア　南から北

イ　北から南

ウ　東から西

(4) ⓐが日本に近づくと、風や雨は強くなりますか、弱くなりますか。それぞれについて答えましょう。

風（　　　）　雨（　　　）

(5) 大阪で雨や風がはげしいのは、㋐～㋓のどの雲画像のときですか。（　　　）

㋐
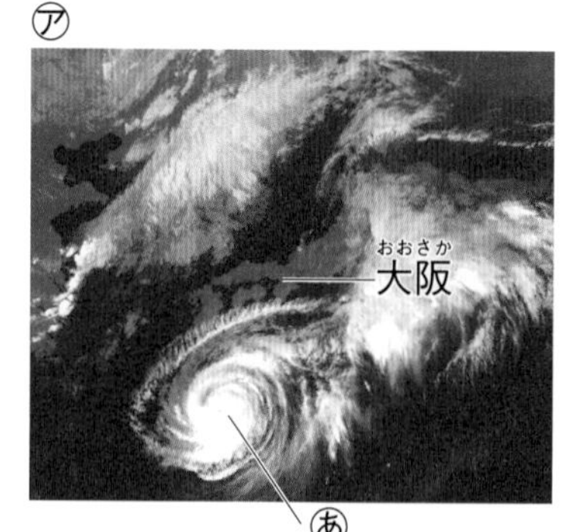

㋑

㋒

㋓

2 台風による災害とめぐみ　台風による災害やめぐみについて、あとの問いに答えましょう。

1つ5〔15点〕

(1) ㋐、㋑はどちらも台風による災害のようすです。それぞれおもに雨と風のどちらによる災害ですか。

㋐（　　　）　㋑（　　　）

(2) 次のア～ウのうち、台風によるめぐみはどれですか。（　　　）

ア　たくさんの雨で、山がくずれる。

イ　たくさんの雨で、水不足が解消される。

ウ　強い風で、鉄とうがたおれる。

3 台風と天気　次の画像や図は、ある台風の雲画像と、このときの降水量の情報を表したものです。あとの問いに答えましょう。　1つ5〔25点〕

雲画像

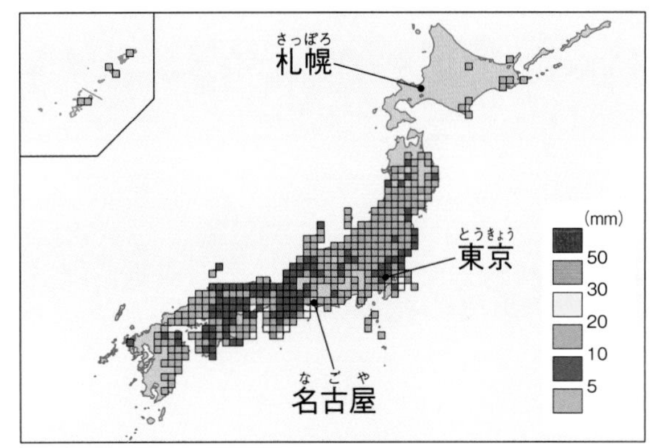

降水量の情報

(1) 台風はどこで発生して、いつごろ日本に近づいてきますか。次の(　)に下の〔　〕から選んで書きましょう。

台風は、日本のはるか①(　　　)の海上で発生し、②(　　　)から③(　　　)にかけて日本に近づいてくる。

〔 東　南　西　北　春　夏　秋　冬 〕

(2) 降水量の情報は、1時間にふった雨の量を表しています。この時間に雨がふっていなかったのは、次のア～ウのどこですか。　(　　　)

ア 札幌　イ 東京　ウ 名古屋

(3) このあと、東京の天気はどうなると考えられますか。次のア、イから選びましょう。　(　　　)

ア 晴れる。　イ 雨や風がひどくなる。

SDGs **4** 台風に備えるための情報　右の図は、台風のこれからの動きを予想した予想進路図です。次の問いに答えましょう。　1つ6〔30点〕

(1) 台風の中心を表しているのは、㋐～㋓のどれですか。　(　　　)

(2) 風速が25m(秒速)以上になっているはんいを表しているのは、㋐～㋓のどれですか。　(　　　)

(3) これから台風の中心が動いていくと考えられるはんいを表しているのは、㋐～㋓のどれですか。　(　　　)

(4) これから風速が25m(秒速)以上になる可能性があるはんいを表しているのは、㋐～㋓のどれですか。　(　　　)

(5) 風速15m(秒速)以上のはんいの広さは、台風の何を表していますか。次のア、イから選びましょう。　(　　　)

ア 台風の大きさ　イ 雨がふるはんい

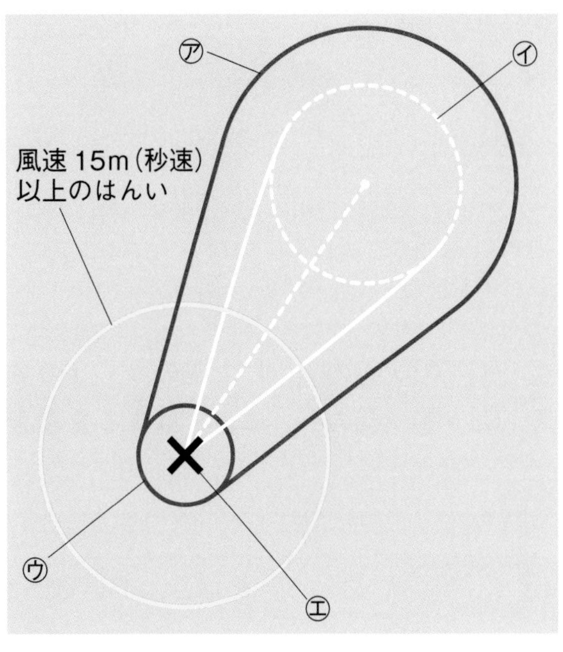

1 花のつくり①

基本のワーク

学習の目標
花は、種類によってつくりにちがいがあることを理解しよう。

教科書 72~75、78ページ　答え 9ページ

図を見て、あとの問いに答えましょう。

1 ヘチマの花のつくり

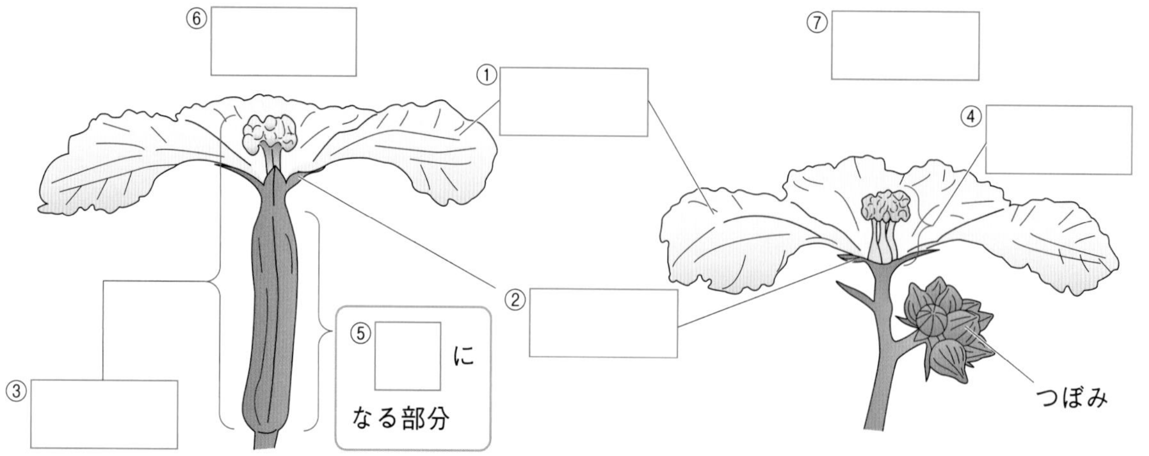

⑥□　⑦□　①□　④□　②□　③□　⑤□になる部分　つぼみ

(1) ①~④の□に、花のつくりの名前を書きましょう。

(2) ⑤~⑦の□に当てはまる言葉を、下の〔 〕から選んで書きましょう。

〔 実　おばな　めばな 〕

2 アサガオとオモチャカボチャの花のつくり

アサガオ　①□　②□　③□　④□

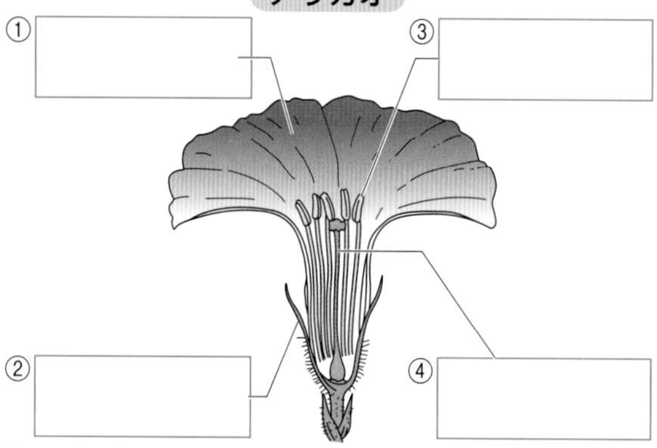

オモチャカボチャ　花びら　がく　めしべ　⑤□になる部分　おしべ　⑥□　⑦□

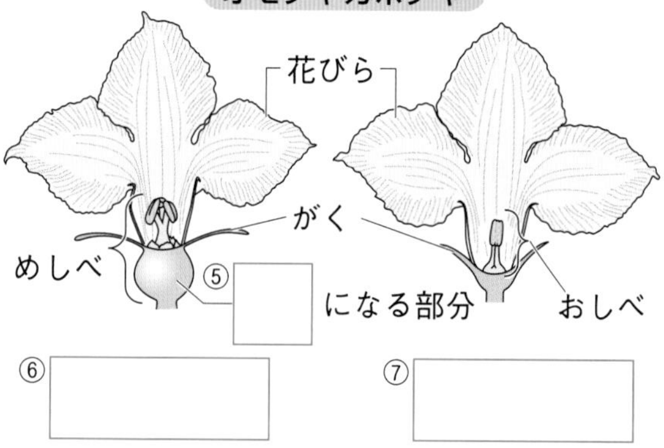

(1) ①~④の□に、花のつくりの名前を書きましょう。

(2) ⑤~⑦の□に当てはまる言葉を、下の〔 〕から選んで書きましょう。

〔 実　おばな　めばな 〕

まとめ 〔 めしべ　めばな　おばな 〕から選んで( )に書きましょう。

- ヘチマは、①(　　　　)にめしべが、②(　　　　)におしべがある。
- アサガオは、③(　　　　)とおしべが1つの花の中にある。

花にめばなとおばなの2種類がある植物には、ヘチマとオモチャカボチャのほかに、ヒョウタン、ツルレイシ(ニガウリ)、キュウリなどもあります。

練習のワーク

できた数　/13問中

教科書 72～75、78ページ　答え 9ページ

1 **右の図は、ヘチマとオモチャカボチャの花のつくりを表したものです。次の問いに答えましょう。**

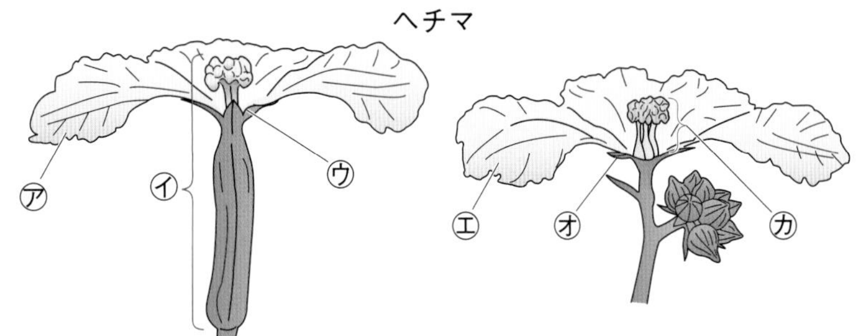

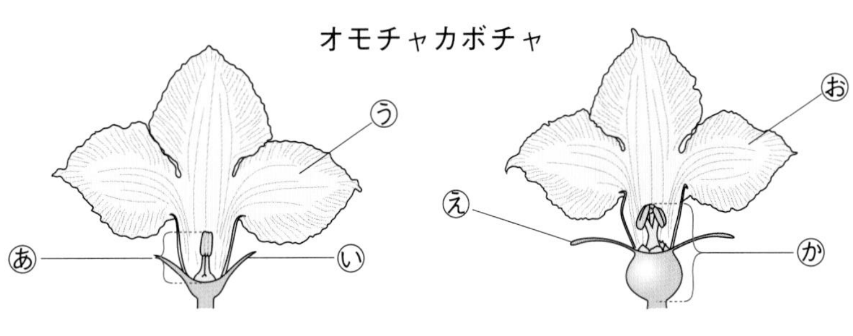

(1) めしべとおしべは、図の㋐～㋕、あ～かのどの部分ですか。それぞれについて答えましょう。

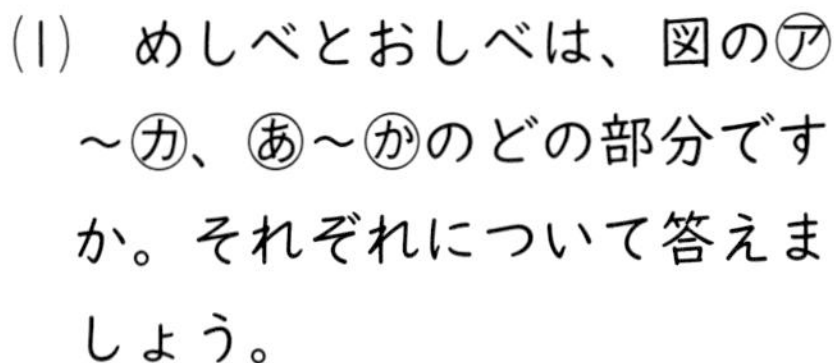

ヘチマ　めしべ(　　)　おしべ(　　)

オモチャカボチャ　めしべ(　　)　おしべ(　　)

(2) おばなとめばなの両方にあるつくりはどれですか。次のア～エからすべて選びましょう。(　　)

ア　おしべ　　イ　めしべ　　ウ　花びら　　エ　がく

(3) 実になる部分について、正しいものを次のア～ウから選びましょう。(　　)

ア　おばなにもめばなにも、実になる部分がある。

イ　おばなにだけ、実になる部分がある。

ウ　めばなにだけ、実になる部分がある。

2 **右の図は、アブラナとアサガオの花のつくりを表したものです。次の問いに答えましょう。**

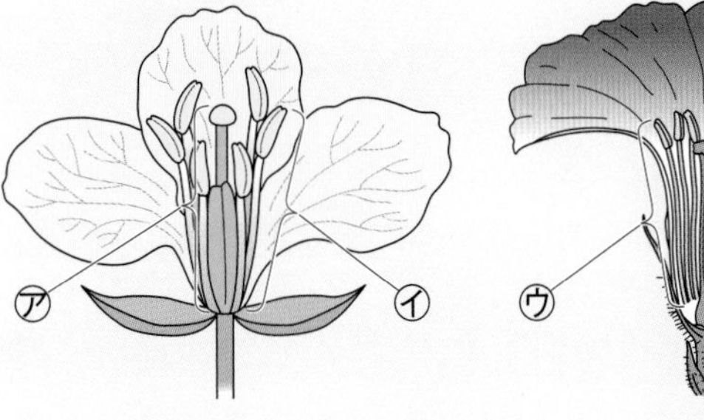

(1) アブラナの花の㋐、㋑のつくりを、それぞれ何といいますか。

㋐(　　)　㋑(　　)

(2) アサガオのおしべは、㋒、㋓のどちらですか。(　　)

(3) アブラナの㋐のもとの部分にはふくらみがあります。このふくらみは何になる部分ですか。(　　)

(4) 次の文は、アブラナやアサガオの花のつくりとオモチャカボチャの花のつくりについて書いたものです。(　)に当てはまる言葉を書きましょう。

アブラナやアサガオの花では、①(　　)の花に、めしべとおしべがそろっているが、オモチャカボチャは、めしべがある②(　　)と、おしべがある③(　　)の２種類の花がさく。

学習の目標
めしべとおしべのつくりと、花粉のはたらきを確かめよう。

1 花のつくり②
基本のワーク

教科書 75~79ページ　答え 10ページ

図を見て、あとの問いに答えましょう。

1 ヘチマのおしべとめしべ・花粉の観察

つぼみの中のめしべ　さいている花のめしべ　おしべ

④ □

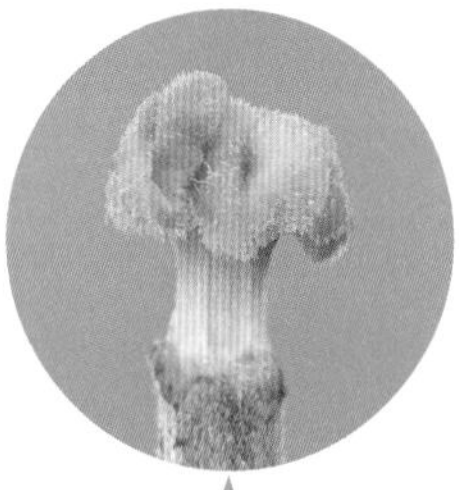

先に黄色い粉(こな)が ①（ついている / ついていない）。

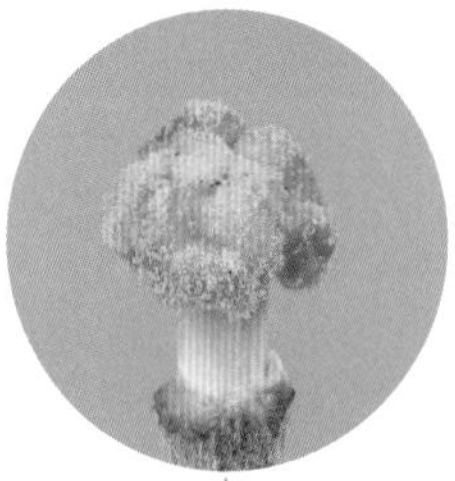

先に黄色い粉が ②（ついている / ついていない）。

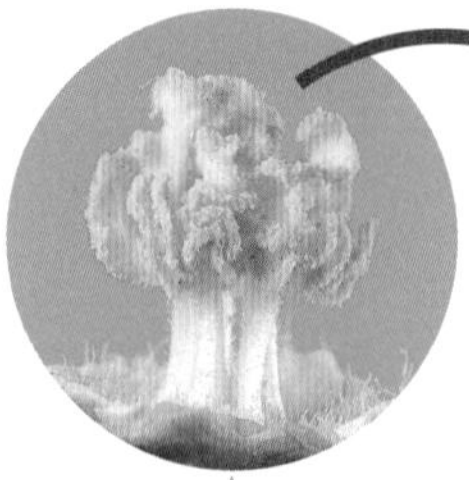

先に黄色い粉が ③（ついている / ついていない）。

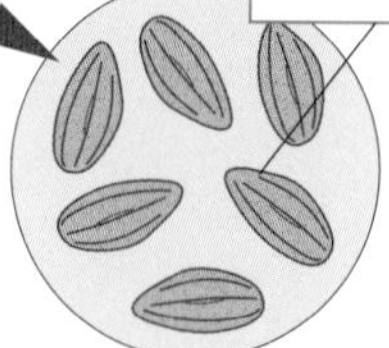

ヘチマでは、⑤ □ が花粉(かふん)をめしべに運ぶ。

(1) ①～③の（　）のうち、正しいほうを◯で囲みましょう。

(2) ④、⑤の□に当てはまる言葉を、下の〔　〕から選んで書きましょう。

〔 風　こん虫　花粉 〕

2 けんび鏡の使い方

① □　② □　③ □　④ □　⑤ □　⑥ □

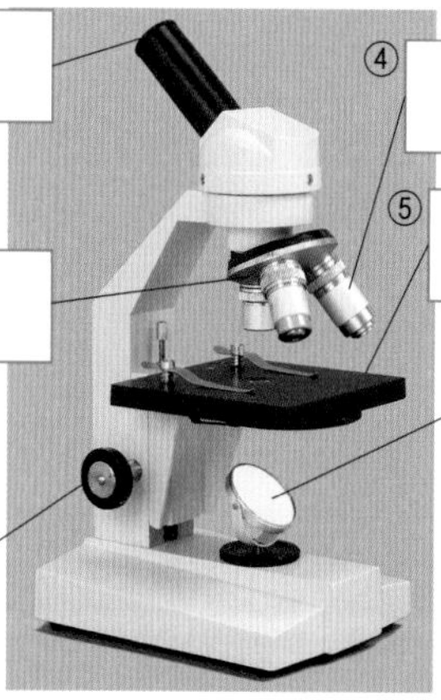

けんび鏡では、上下左右が逆(ぎゃく)に見えるよ。

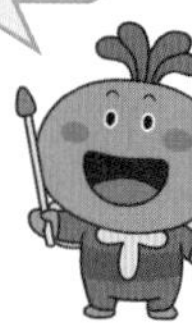

けんび鏡の倍率
＝接眼レンズの倍率 ⑦ □ 対物レンズの倍率

(1) ①～⑥の□に、けんび鏡の部分の名前を書きましょう。

(2) ⑦の□に、×か÷かを書きましょう。

まとめ 〔 接眼レンズ　花粉　対物レンズ 〕から選んで（　）に書きましょう。

●めしべの先についている①（　　　　）は、おしべから運ばれたと考えられる。

●けんび鏡の倍率は、②（　　　　）の倍率×③（　　　　）の倍率で求められる。

花は、花粉を体につけて運んでくれるこん虫を引きよせるため、目立つ花びらをつけたり、こん虫が好きなみつを出したりします。

練習のワーク

教科書 75～79ページ　答え 10ページ

できた数　/13問中

1 右の写真は、ヘチマとアサガオのおしべについている粉を、けんび鏡で観察したときのようすです。次の問いに答えましょう。

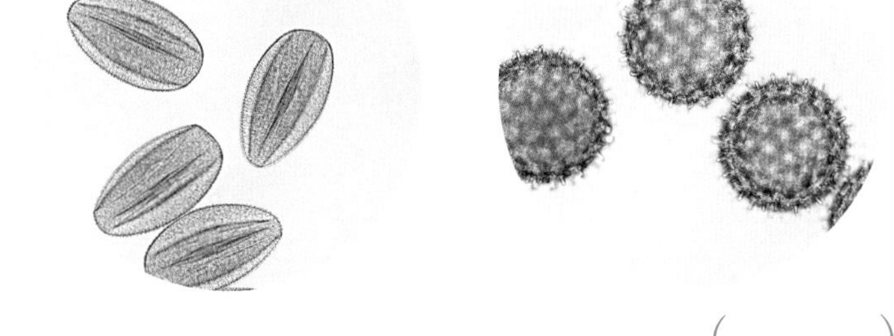

(1) この粉を何といいますか。

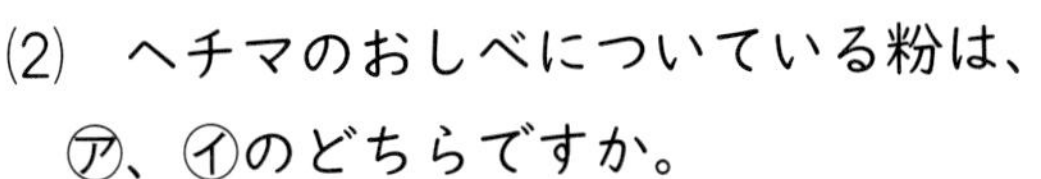

(2) ヘチマのおしべについている粉は、㋐、㋑のどちらですか。（　　）

(3) ヘチマのこの粉は、つぼみの中のめしべの先には見られませんでしたが、さいている花のめしべの先には観察できました。これはなぜですか。次のア～ウから選びましょう。（　　）

ア　花がさいた後、粉が風にのって、おしべからめしべに運ばれるから。
イ　花がさいた後、粉がハチなどのこん虫によって、おしべからめしべに運ばれるから。
ウ　花がさいた後、粉が流れる水によって、おしべからめしべに運ばれるから。

2 右の写真のけんび鏡について、次の問いに答えましょう。

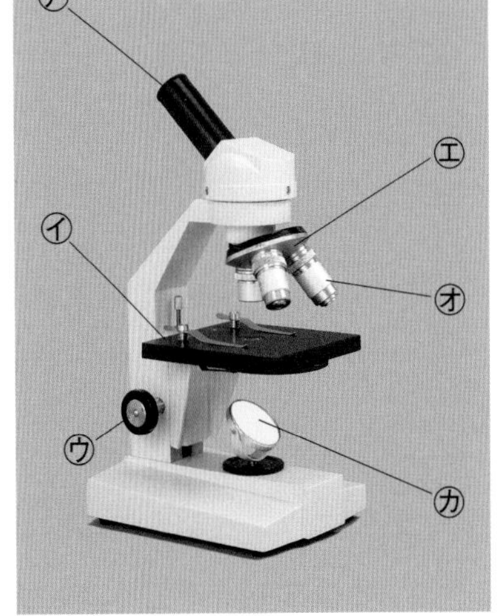

(1) ㋐～㋕の部分をそれぞれ何といいますか。

㋐（　　）　㋑（　　）
㋒（　　）　㋓（　　）
㋔（　　）　㋕（　　）

(2) ㋐の倍率が10倍、㋔の倍率が5倍のとき、けんび鏡の倍率は何倍ですか。（　　）

(3) けんび鏡の使い方について、次のア～エをそうさの順にならべましょう。（　→　→　→　）

ア　㋑にプレパラートを置いて、クリップで留（と）める。
イ　㋒を回して、プレパラートと㋔を近づける。
ウ　㋐をのぞきながら㋒を回し、プレパラートと㋔を遠ざけてピントを合わせる。
エ　㋐をのぞきながら㋕を動かして、明るく見えるようにする。

(4) (3)で、プレパラートと㋔を近づけるとき、どのようにしますか。次のア、イから選びましょう。（　　）

ア　㋐をのぞきながら㋒を回す。
イ　横から見ながら㋒を回す。

(5) 右の図は、けんび鏡で見たときの観察するもののようすです。観察するものを中央に動かしたいとき、プレパラートを㋐～㋓のどの方向に動かしますか。ただし、このけんび鏡は上下左右が逆に見えます。（　　）

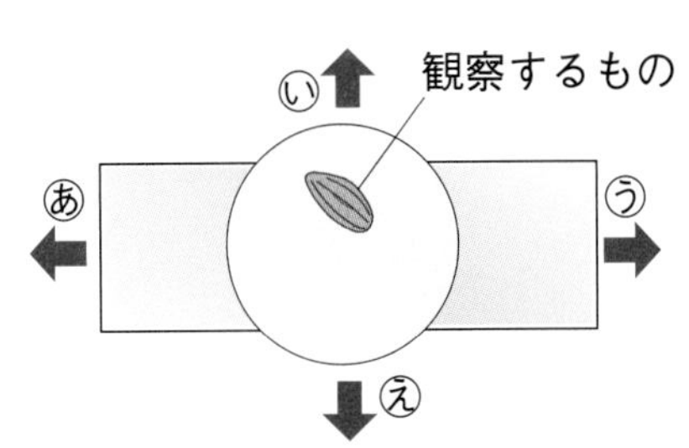

まとめのテスト①

4 花から実へ

時間 20分

得点 /100点

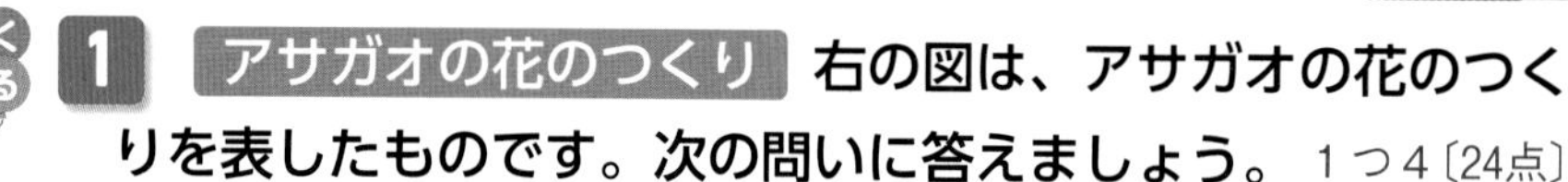

よく出る **1 アサガオの花のつくり** 右の図は、アサガオの花のつくりを表したものです。次の問いに答えましょう。 1つ4〔24点〕

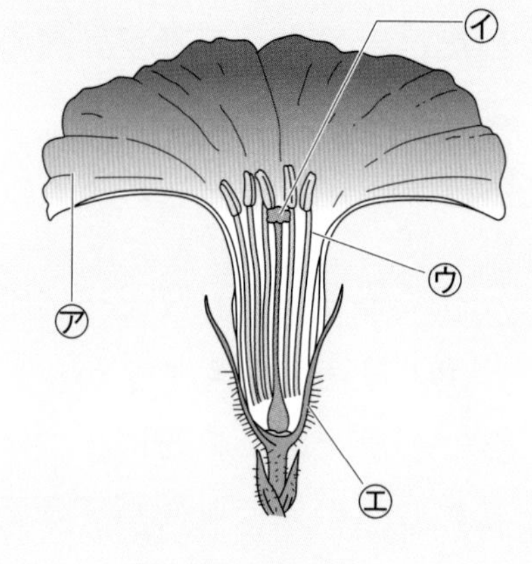

(1) ㋐〜㋓のつくりをそれぞれ何といいますか。

㋐(　　　)
㋑(　　　)
㋒(　　　)
㋓(　　　)

(2) 花粉は、どの部分にたくさんついていて、そこからどの部分につきますか。次の(　)に当てはまる記号を、㋐〜㋓から選んで書きましょう。

①(　　　)の先にたくさんついていた花粉が、②(　　　)の先につく。

よく出る **2 ヘチマの花のつくり** 次の図は、ヘチマの花のつくりを表したものです。あとの問いに答えましょう。 1つ5〔40点〕

㋐

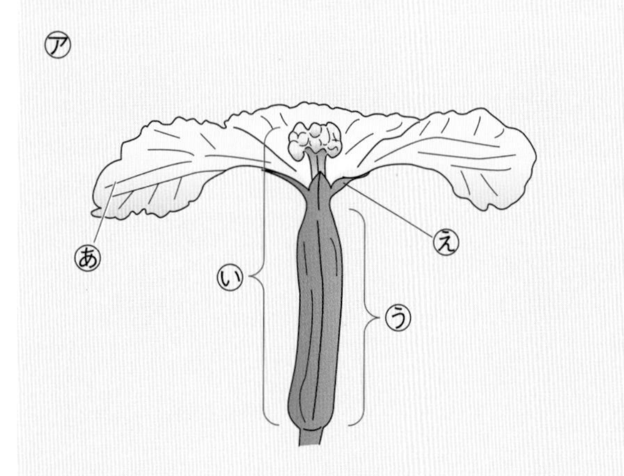

㋑

(1) めばなは、㋐、㋑のどちらですか。 (　　　)

(2) ㋑、㋔のつくりをそれぞれ何といいますか。

い(　　　)
お(　　　)

(3) ㋐がつぼみであったとき、㋑の先には花粉がついていますか。

(　　　)

(4) 花粉がたくさんついているのは、あ〜おのどのつくりの先ですか。 (　　　)

(5) ヘチマと同じように、オモチャカボチャの花には、おばなとめばながありますか。

(　　　)

記述 (6) ヘチマの場合、花粉は、何によってどこに運ばれますか。

(　　　)

(7) 花がさいた後、実になるのはあ〜おのどの部分ですか。 (　　　)

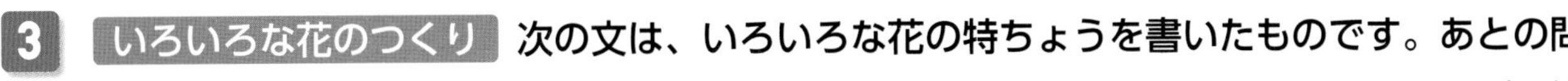

3 **いろいろな花のつくり** **次の文は、いろいろな花の特ちょうを書いたものです。あとの問いに答えましょう。**

1つ4〔16点〕

> ㋐ 花は、めばなとおばなに分かれている。
> ㋑ 1つの花に、めしべとおしべの両方がある。
> ㋒ 花びらの外側に、がくがある。
> ㋓ めしべのまわりにおしべがある。
> ㋔ おしべの先に花粉がたくさんついている。
> ㋕ めしべのもとの部分が実になる。

(1) ヘチマの花に当てはまる特ちょうを、㋐〜㋕からすべて選び、記号で答えましょう。
( )

(2) アサガオの花に当てはまる特ちょうを、㋐〜㋕からすべて選び、記号で答えましょう。
( )

(3) オモチャカボチャやツルレイシの花の特ちょうを㋐〜㋕からすべて選ぶと、ヘチマとアサガオのどちらと同じになりますか。 ( )

(4) アブラナの花の特ちょうを㋐〜㋕からすべて選ぶと、ヘチマとアサガオのどちらと同じになりますか。 ( )

4 **花粉の観察** **右の図1のようにしてヘチマのおしべの先にセロハンテープを軽く当てて、スライドガラスにはりつけ、図2のけんび鏡を使って観察しました。次の問いに答えましょう。** 1つ4〔20点〕

図1

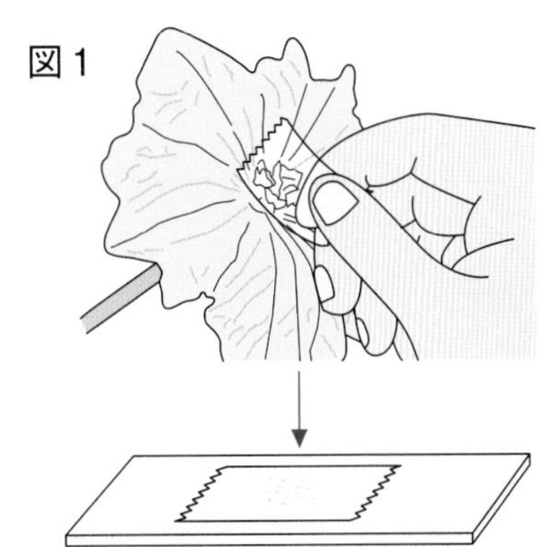

図2

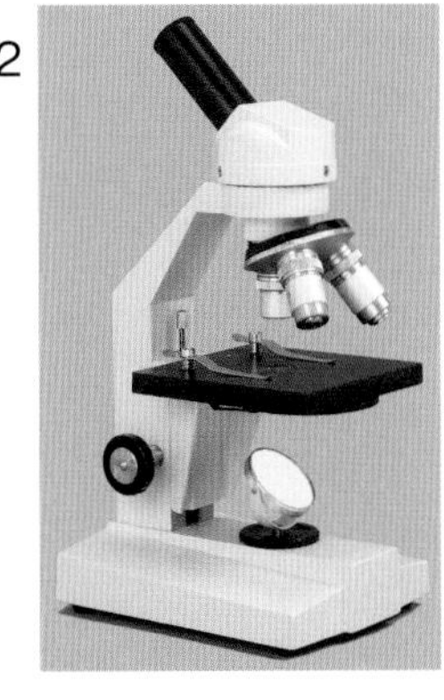

(1) 図1のようにすると、セロハンテープに粉がつきました。この粉を何といいますか。 ( )

記述 (2) けんび鏡はどのようなところで使いますか。「反しゃ鏡」という言葉を使って答えましょう。
( )

(3) 右の㋐〜㋒は、いろいろな花の(1)を観察したものです。ヘチマの(1)を表しているのはどれですか。 ( )

㋐

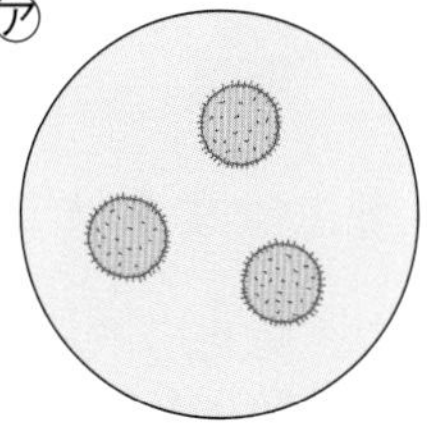

㋑

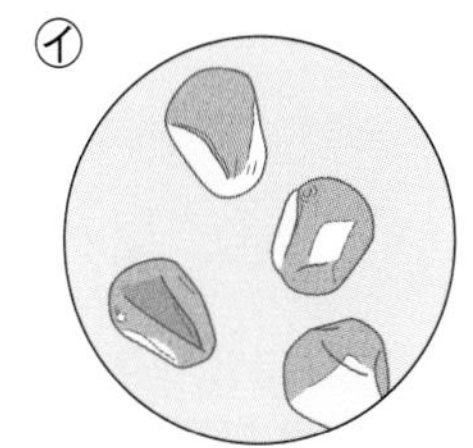

㋒

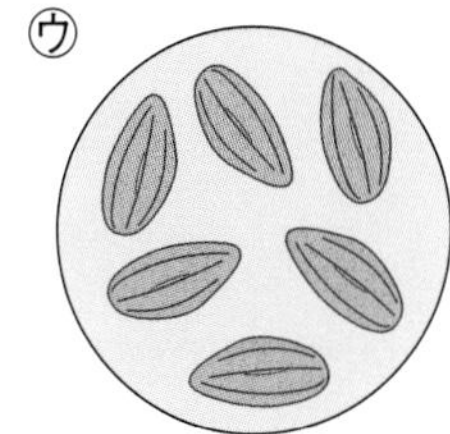

(4) (1)が、めしべにもついているかどうかを、さいている花とつぼみで調べました。次のア〜エから正しいものを2つ選びましょう。 ( )( )

ア つぼみの中のめしべにはついている。
イ つぼみの中のめしべにはついていない。
ウ さいている花のめしべにはついている。
エ さいている花のめしべにはついていない。

2　花粉のはたらき①

基本のワーク

学習の目標
実ができるためには、受粉が必要であることを確かめよう。

教科書　80～87ページ　答え　11ページ

図を見て、あとの問いに答えましょう。

1　ヘチマの受粉（じゅふん）と実のでき方

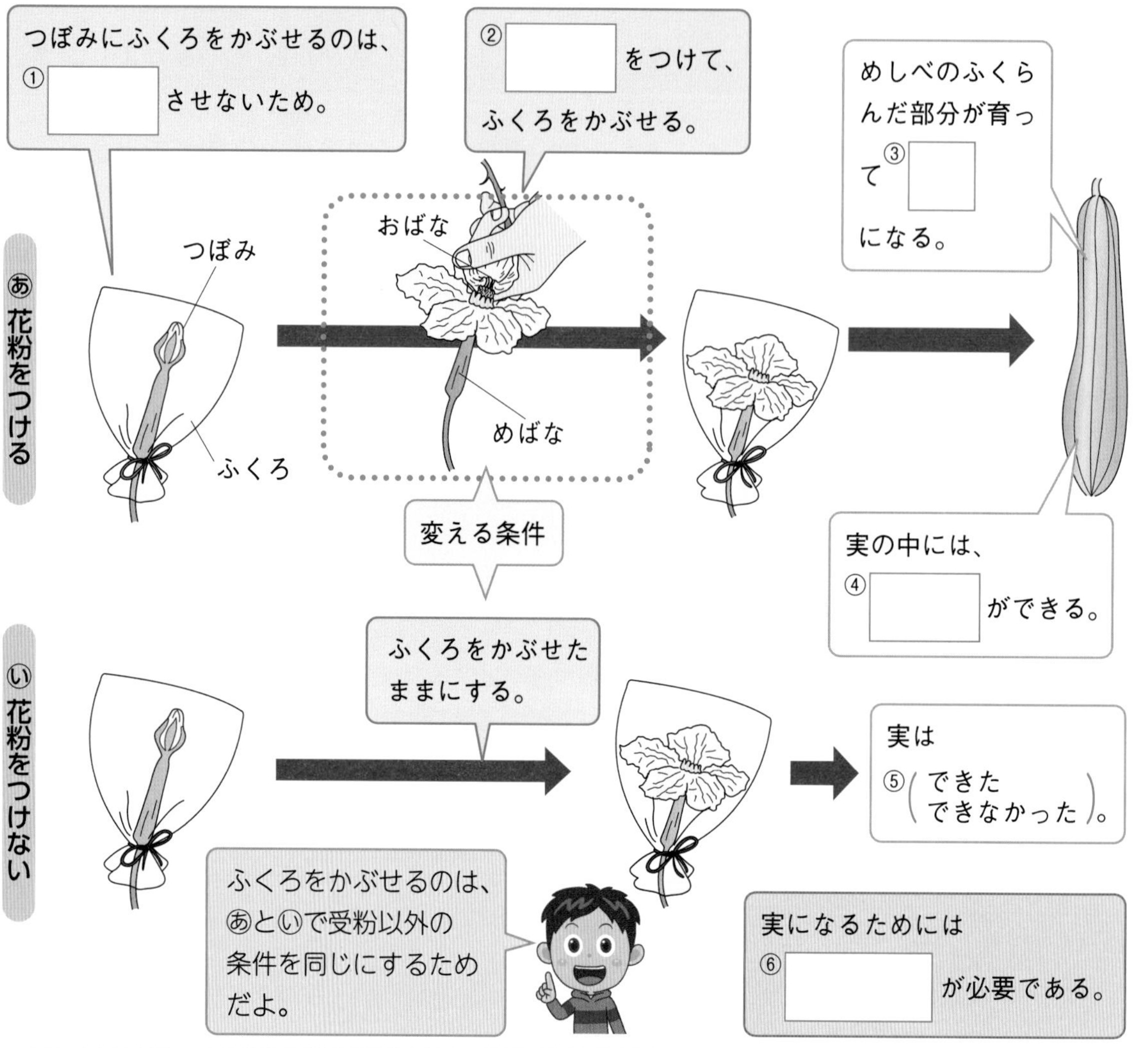

あ 花粉をつける

つぼみにふくろをかぶせるのは、①［　　］させないため。

つぼみ
ふくろ

②［　　］をつけて、ふくろをかぶせる。

おばな
めばな

めしべのふくらんだ部分が育って③［　　］になる。

実の中には、④［　　］ができる。

変える条件

い 花粉をつけない

ふくろをかぶせたままにする。

実は⑤（できた／できなかった）。

ふくろをかぶせるのは、あといで受粉以外の条件を同じにするためだよ。

実になるためには⑥［　　］が必要である。

(1)　あの実験について、①、②の［　　］に当てはまる言葉を、下の〔　〕から選んで書きましょう。
〔　受粉　　水　　かんそう　　花粉　〕

(2)　あの実験の結果、何ができますか。③、④の［　　］に書きましょう。

(3)　⑤の（　）のうち、正しいほうを◯で囲みましょう。

(4)　あ、いの実験によって、どのようなことがわかりますか。⑥の［　　］に書きましょう。

まとめ　〔 種子　受粉　実 〕から選んで（　）に書きましょう。

- ヘチマは、①（　　　　）すると、②（　　　　）ができる。
- 実の中には、③（　　　　）ができる。

花には、こん虫が花粉を運ぶものだけではなく、水や風が運ぶものもあります。例えば、水の中の植物であるクロモの花粉は水が運び、トウモロコシの花粉は風が運びます。

練習のワーク

教科書 80～87ページ 答え 11ページ

1 右の図のように、ヘチマのめばなのつぼみにふくろをかぶせました。次の問いに答えましょう。

(1) つぼみの中のめしべには、花粉がついていますか。
( )

(2) 次の日、ふくろの中で花がさきました。このとき、めしべに花粉はつきますか。
( )

(3) めしべに花粉がつくことを何といいますか。
( )

(4) ふくろをかぶせたままにしておくと、やがて実はできますか。 ( )

(5) (4)で答えた理由として、ア、イから正しいほうを選びましょう。 ( )

ア めばなでは、必ず実ができるから。

イ 花粉がつかないと、実ができないから。

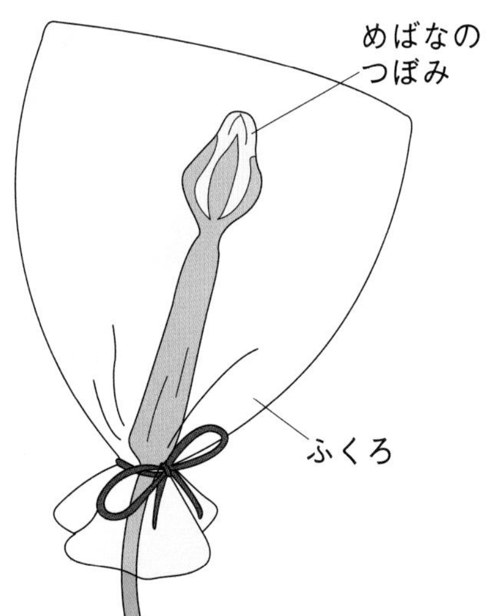

2 ヘチマのめばなのつぼみにふくろをかぶせました。次の日に花がさいたので、一度ふくろを外して、右の図のようにして花粉をつけました。次の問いに答えましょう。

(1) ㋐は、めばなとおばなのどちらですか。
( )

(2) 花粉をつけた後、再(ふたた)びふくろをかぶせておきました。やがてどの部分が育って実になりますか。
( )

(3) 実の中には何ができますか。 ( )

(4) ふくろをかぶせていないヘチマのめばなの中心付近にハチが来ていました。ハチをよく見ると、あしに黄色い粉がついていました。

① ハチのあしについている黄色い粉は何ですか。
( )

② ハチが去った後、めばなにふくろをかぶせました。やがてめばなに実はできますか。次のア、イから正しい説明を選びましょう。 ( )

ア ふくろをかぶせると受粉できないので、実はできないと考えられる。

イ ハチによって受粉が起こり、実ができると考えられる。

植物は花をさかせ、種子をつくることで生命を受けつぐんだね。

月　日

2 花粉のはたらき②

基本のワーク

学習の目標
受粉すると実ができることを、アサガオでも確かめよう。

教科書 83ページ　答え 11ページ

図を見て、あとの問いに答えましょう。

1 アサガオの受粉と実のでき方

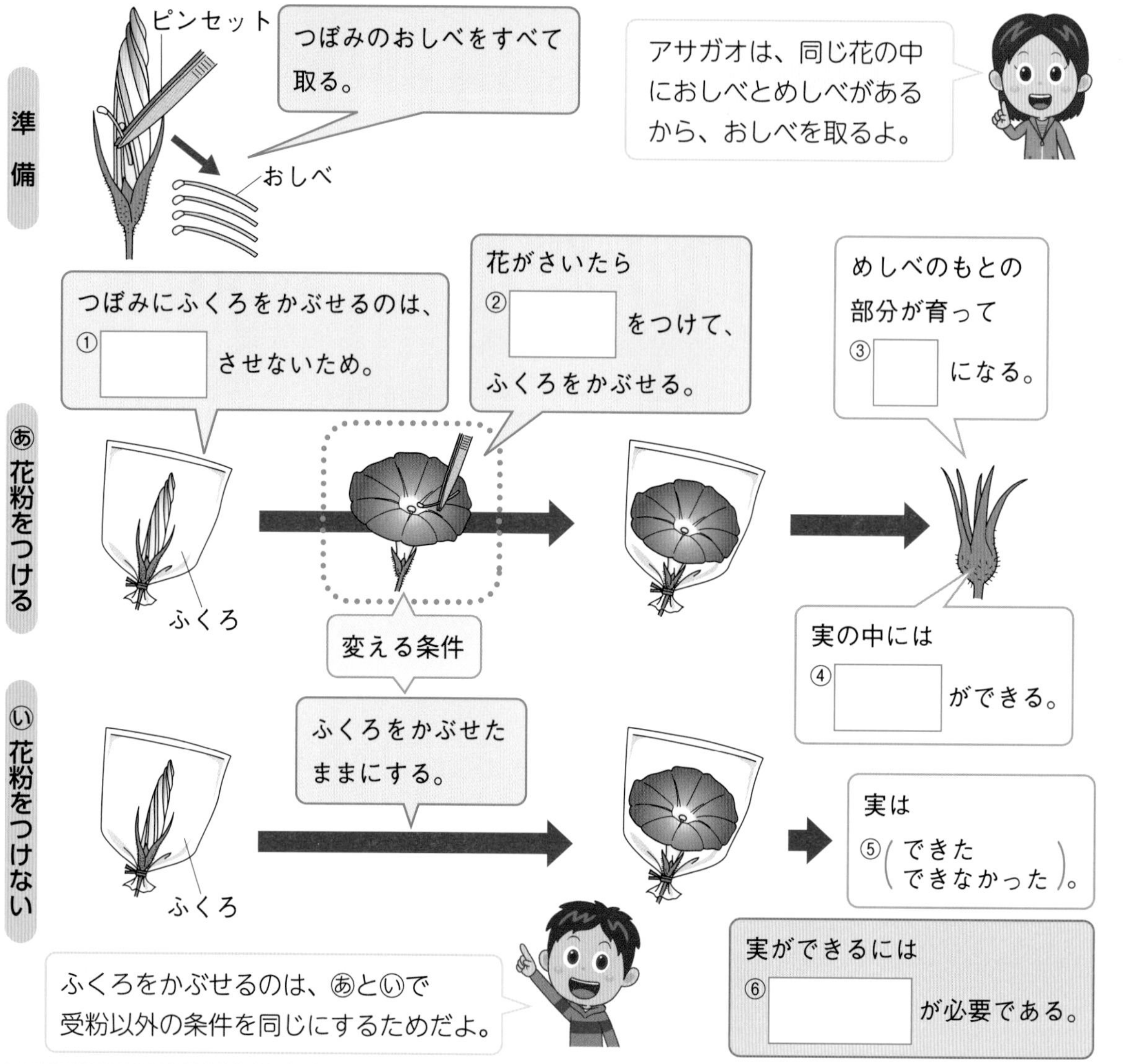

準備

ピンセット
つぼみのおしべをすべて取る。
おしべ

アサガオは、同じ花の中におしべとめしべがあるから、おしべを取るよ。

あ 花粉をつける

つぼみにふくろをかぶせるのは、①□させないため。
ふくろ

花がさいたら②□をつけて、ふくろをかぶせる。

めしべのもとの部分が育って③□になる。

実の中には④□ができる。

変える条件

い 花粉をつけない

ふくろをかぶせたままにする。
ふくろ

実は⑤（できた／できなかった）。

ふくろをかぶせるのは、あといで受粉以外の条件を同じにするためだよ。

実ができるには⑥□が必要である。

(1) ①～④の□に当てはまる言葉を、下の〔　〕から選んで書きましょう。

〔 受粉　種子　花粉　実 〕

(2) ⑤の（　）のうち、正しいほうを◯で囲みましょう。

(3) ⑥の□に当てはまる言葉を書きましょう。

〔 種子　受粉　実 〕から選んで（　）に書きましょう。

● アサガオは、①（　　　　）すると、②（　　　　）ができる。
● 実の中には、③（　　　　）ができる。

リンゴやイチゴなどの農作物をつくるとき、人間の手で受粉させることがあります。ただし、花の1つ1つに受粉させるのは大変です。そこで、ハチなどのこん虫に受粉作業をさせています。

教科書 83ページ　答え 11ページ

できた数　／7問中

1 次の図のようにして、実ができるための条件を調べる実験を行いました。あとの問いに答えましょう。

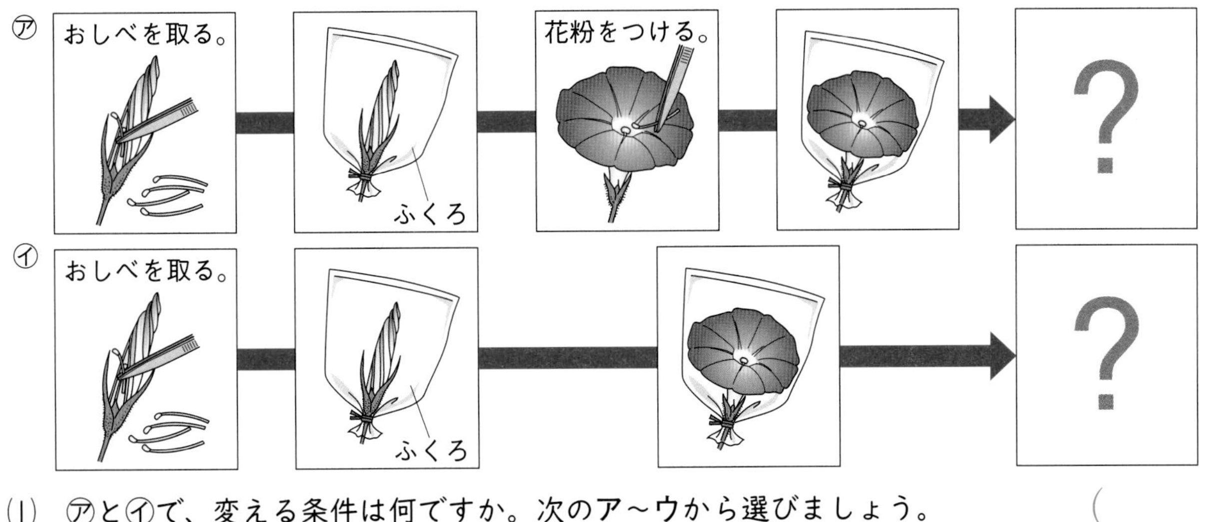

(1) ㋐と㋑で、変える条件は何ですか。次のア～ウから選びましょう。（　　）

ア　つぼみのうちに、おしべをすべて取りのぞくこと。

イ　ふくろをかぶせること。

ウ　めしべにおしべの花粉をつけること。

(2) めしべに花粉がつくことを何といいますか。（　　）

(3) 実ができるのは、㋐、㋑のどちらですか。（　　）

2 ヘチマとオモチャカボチャ、アサガオの花について調べました。あとの問いに答えましょう。

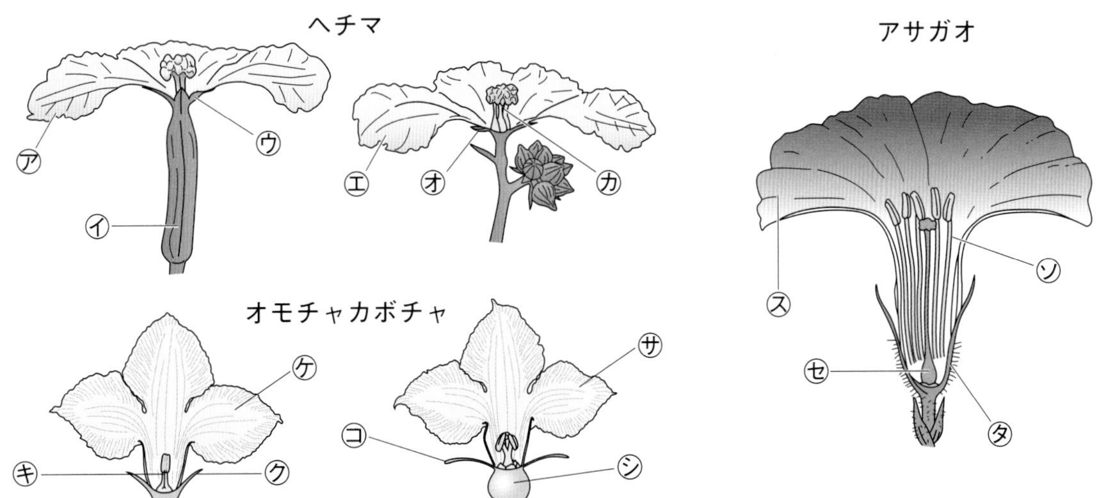

(1) ヘチマ、オモチャカボチャ、アサガオで実になるところを、㋐～㋟からそれぞれ選びましょう。　ヘチマ（　　）　オモチャカボチャ（　　）　アサガオ（　　）

(2) 次の文は、実ができるための条件について書いたものです。（　）に当てはまる言葉を書きましょう。

ヘチマやアサガオなどの植物は、（　　　）するとめしべのもとが育って実になる。

まとめのテスト②

4 花から実へ

教科書 80～87ページ

よく出る **1** **花粉のはたらき** **次の図のあ、いのように、ヘチマの花にふくろをかぶせ、花粉のはたらきを調べました。あとの問いに答えましょう。** 1つ7〔49点〕

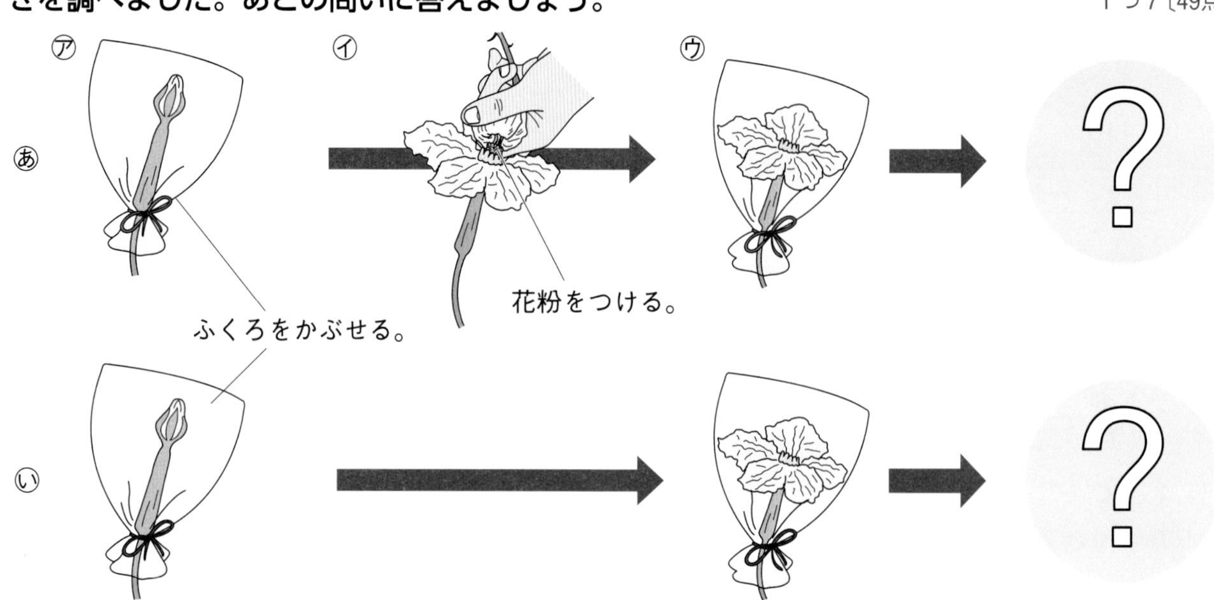

⑴ アの作業について、ふくろをかぶせるのは、めばなとおばなのどちらですか。（　　　）

⑵ アで、ふくろをかぶせるのはどのような花ですか。次のア～ウから選びましょう。（　　）

ア 次の日にさきそうなつぼみ
イ さいてから1日たった花
ウ さいた後、こん虫がとまっていた花

記述 ⑶ アで、花にふくろをかぶせるのは何のためですか。
（　　　　　　　　　　　　　　　　　　　　）

⑷ イの作業について、次のア～エから正しいものを選びましょう。（　　）

ア おしべの先の花粉をおしべの先につけている。
イ おしべの先の花粉をめしべの先につけている。
ウ めしべの先の花粉をおしべの先につけている。
エ めしべの先の花粉をめしべの先につけている。

⑸ めしべの先に花粉がつくことを何といいますか。（　　　）

⑹ ウで、花粉をつけた後にもふくろをかぶせるのはなぜですか。次のア～ウから選びましょう。（　　）

ア 日光でよくあたたまるようにするため。
イ 花に風が当たらないようにするため。
ウ ふくろをかぶせるという条件を、あといで同じにするため。

⑺ やがて、実ができるのは、あ、いのどちらですか。（　　）

2 花粉のはたらき 次の図1のようにして、受粉と実のでき方について調べる実験をしました。あとの問いに答えましょう。

1つ7〔35点〕

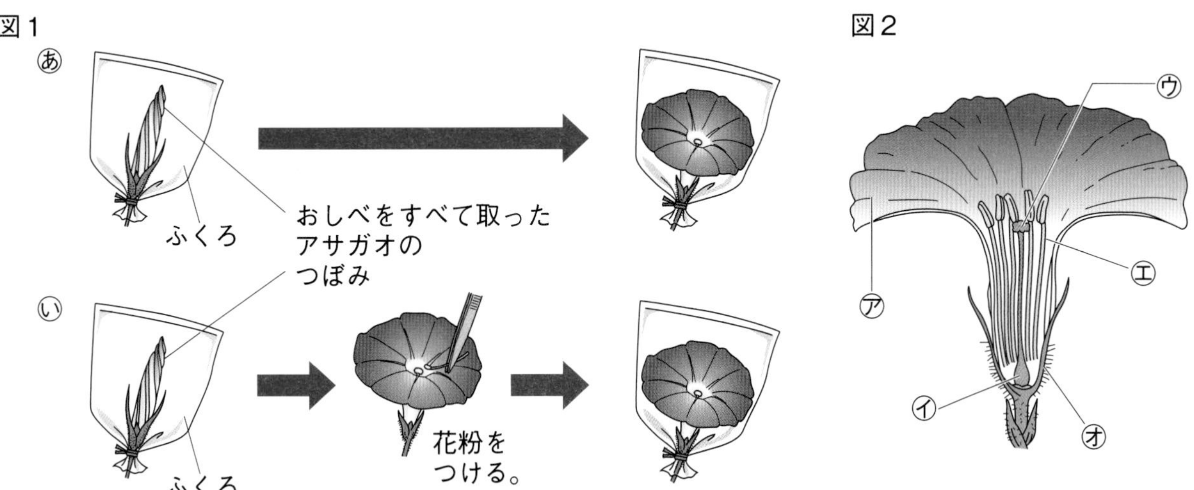

(1) この実験では、あとい で何の条件を変えていますか。次のア～ウから選びましょう。（　　）

ア 花にふくろをかぶせるかどうか。

イ めしべに花粉をつけるかどうか。

ウ 花を日光に当てるかどうか。

記述 (2) あの花がしおれると、やがてどのようになりますか。

（　　　　　　　　　　　　）

記述 (3) いの花がしおれると、やがてどのようになりますか。

（　　　　　　　　　　　　）

(4) この実験から、アサガオの実ができるためには、何が必要だとわかりますか。

（　　　　　　）

(5) 実になったのは、図2のア～オのどの部分ですか。（　　）

3 ヘチマの実 次の図のアとイは、花がさいた後のヘチマのめばなのようすを表したものです。あとの問いに答えましょう。

1つ8〔16点〕

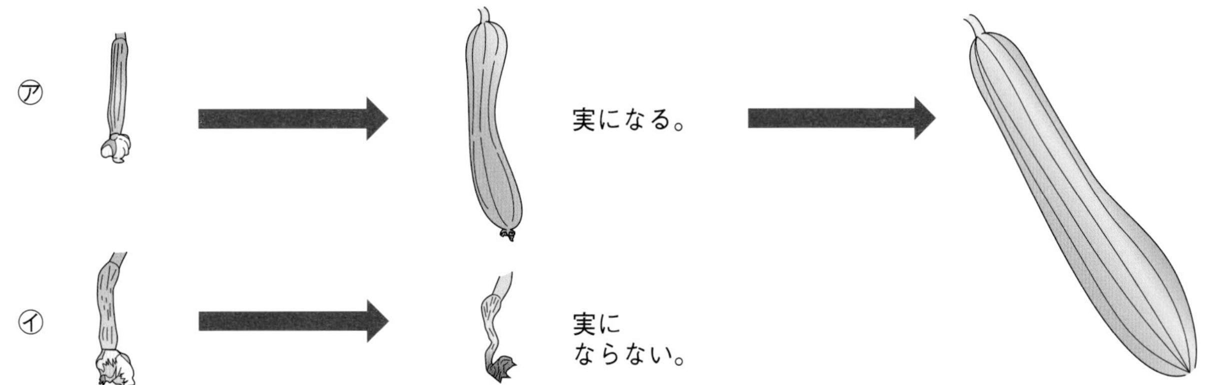

(1) アだけが大きく育ったのは、なぜですか。（　）に当てはまる言葉を書きましょう。

アのめばなは、（　　　　　　）したが、イのめばなはしなかったから。

(2) 実の中には、何ができていますか。（　　　　）

勉強した日　月　日

1 ヒトの受精卵

基本のワーク

学習の目標・ヒトの受精卵が育つようすを確かめよう。

教科書 88～101ページ　答え 12ページ

図を見て、あとの問いに答えましょう。

1 ヒトの受精卵の育ち

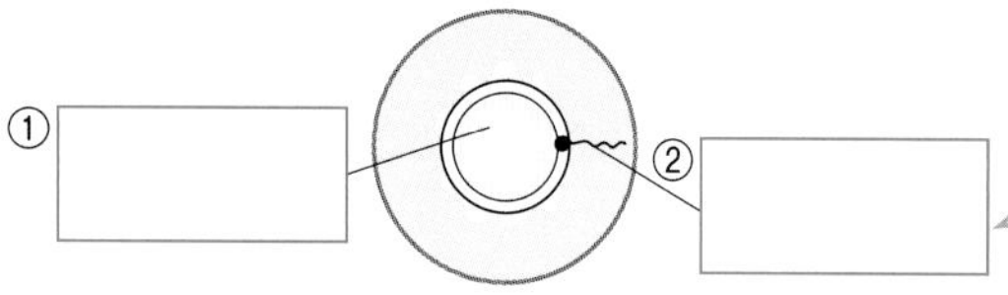

①［　］　②［　］

①と②が結びつくことを③［　］といい、③した卵を④［　］という。

受精後 約4週（約0.4cm）　子宮（しきゅう）
心ぞうが動くようになる。

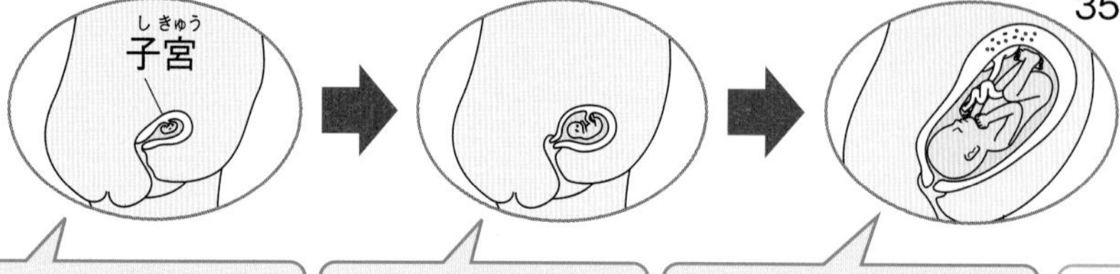

約10週（約9cm）
手や足の形がはっきりわかる。

約26週（約35cm）
ほねやきん肉が発達して、活発に動く。

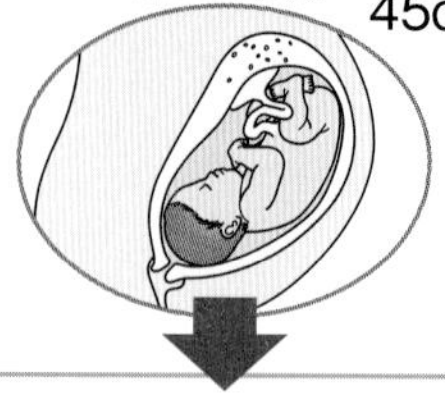

約34週（約45cm）
約⑤（ 38　90 ）週間でたんじょうする。
身長　約50cm
体重　約⑥（ 300　3000 ）g

(1) ①～④の□に当てはまる言葉を、下の〔　〕から選んで書きましょう。

〔 卵　受精　受精卵　精子 〕

(2) ⑤、⑥の（　）のうち、正しいほうを◯で囲みましょう。

2 子宮の中のようす

母親の体内で子が育つところ…①［　］

たいばんにつながり、養分などが通るところ…②［　］

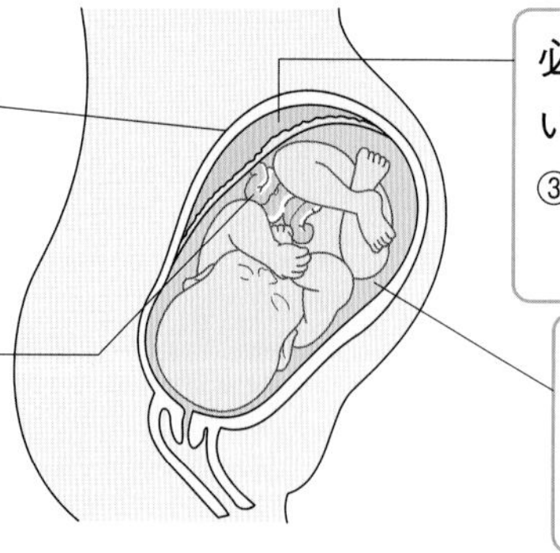

必要な養分などを母親からもらい、いらないものをわたすところ…③［　］

子どもを守る液体（えきたい）…④［　］

● ①～③の部分と④の液体の名前を□に書きましょう。

まとめ〔 たいばん　へそのお　子宮 〕から選んで（　）に書きましょう。

● ヒトは①（　　　）の中でだんだん大きく育ち、受精後約38週間でたんじょうする。

● 子宮の中の子は②（　　　）から③（　　　）を通して養分を受け取る。

動物によって、母親から生まれる赤ちゃんの数がちがいます。例えば、ハムスターは1ぴきの母親から、多いときは約10ぴきもの赤ちゃんが一度に生まれます。

練習のワーク

教科書 88〜101ページ　答え 12ページ

1 **右の図は母親の体内で育つヒトの子どものようすを表したものです。次の問いに答えましょう。**

(1) 卵(卵子)と精子が結びつくことを何といいますか。

（　　　　）

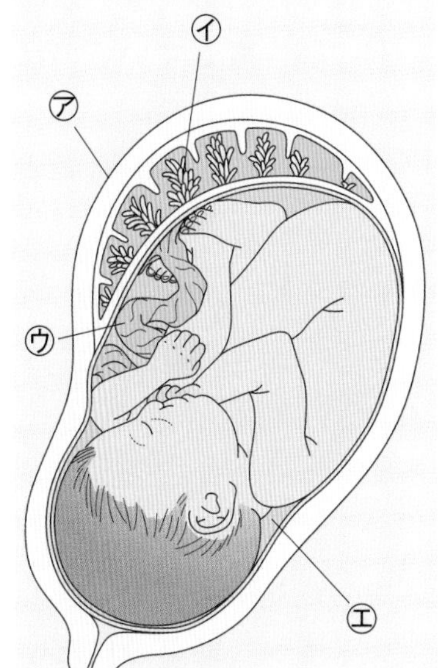

(2) 次の①の液体と②〜④の部分を、図のア〜エから選びましょう。また、①〜④について説明しているものを、下のア〜エからそれぞれ選びましょう。

① 羊水　記号（　　）　説明（　　）
② たいばん　記号（　　）　説明（　　）
③ 子宮　記号（　　）　説明（　　）
④ へそのお　記号（　　）　説明（　　）

ア　母親の体内で子どもが育つところ。
イ　母親の体内で子どもを守っている液体。
ウ　養分やいらなくなったものなどが通るところ。
エ　養分などの必要なものを母親からもらい、いらないものを母親にわたすところ。

(3) たんじょうした後のヒトの子どもは、しばらくは何を飲んで育ちますか。

（　　　　）

2 **ヒトの受精卵が育っていくようすについて、次の問いに答えましょう。**

(1) 次の①〜④の文は、受精卵が育つようすについて書いたものです。それぞれ受精後約何週のようすですか。あとの〔　〕から選んで書きましょう。

① 手や足の形が、はっきりわかるようになり、ヒトらしい形になってくる。（　　）
② 体重が増えて、体に丸みが出てくる。（　　）
③ 心ぞうが動き始める。（　　）
④ ほねやきん肉が発達して、活発に動く。（　　）

〔　4週　10週　26週　34週　〕

(2) 受精して約何週で子どもがたんじょうしますか。次の〔　〕から選んで書きましょう。

（　　　　）

〔　約12週　約18週　約38週　約50週　〕

(3) ヒトの子どもがたんじょうするまでの養分について、次のア〜ウから正しいものを選びましょう。（　　）

ア　卵の中にふくまれている。
イ　子どもが食べるものにふくまれている。
ウ　母親の体から受け取る。

まとめのテスト

5　ヒトのたんじょう

教科書　88～101ページ　答え　13ページ

1　**ヒトの卵と精子**　**右の図は、ヒトの卵と精子のようすを表したものです。次の問いに答えましょう。**　1つ4〔28点〕

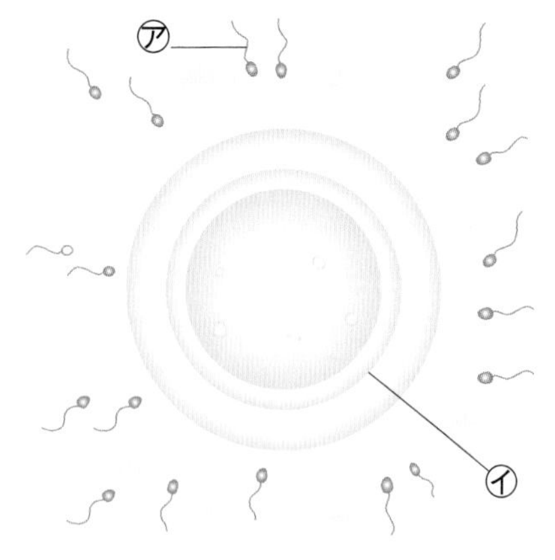

(1)　卵を表しているのは、㋐、㋑のどちらですか。
（　　）

(2)　卵の直径はどれぐらいですか。次のア～ウから選びましょう。（　　）

ア　約0.14mm

イ　約1.4mm

ウ　約14mm

(3)　男性の体内でつくられるのは、卵と精子のどちらですか。（　　）

(4)　女性の体内でつくられるのは、卵と精子のどちらですか。（　　）

(5)　卵と精子が結びつくことを何といいますか。（　　）

(6)　精子と結びついた卵を何といいますか。（　　）

(7)　(6)は、母親の体内の何という部分の中で育ちますか。（　　）

2　**ヒトが育つところ**　**右の図は、母親の体内で育つヒトの子どものようすを表したものです。次の問いに答えましょう。**　1つ4〔32点〕

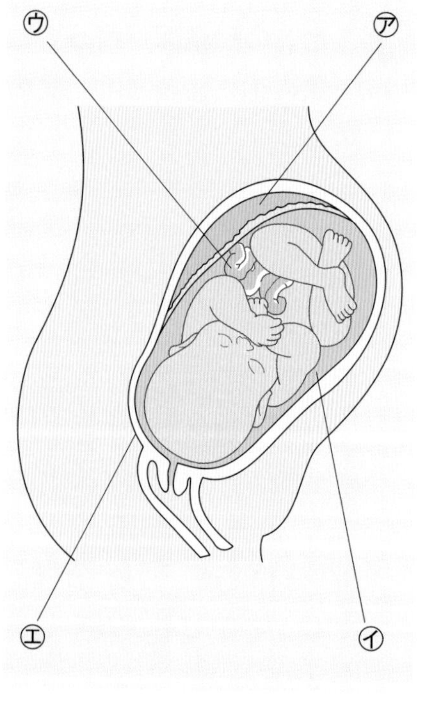

(1)　子宮を表しているのは、㋐～㋓のどの部分ですか。
（　　）

(2)　子宮の中の子どもと母親との間で、養分をもらったり、いらなくなったものをわたしたりしているのは、㋐～㋓のどの部分ですか。また、その部分の名前も答えましょう。

記号（　　）

名前（　　）

(3)　(2)で答えた部分と子どもをつないで、養分やいらなくなったものの通り道になっているのは、㋐～㋓のどの部分ですか。また、その部分の名前も答えましょう。

記号（　　）

名前（　　）

(4)　子宮の中を満たして、子どもを守っている液体は、㋐～㋓のどれですか。また、その液体の名前も答えましょう。

記号（　　）

名前（　　）

記述　(5)　母親の体内で、子どもはどのようにして養分を取り入れていますか。

（　　）

3 ヒトの育ち方 次の図は、受精後約４週、10週、26週、34週のヒトの子どものようすを表したものです。ただし、成長する順にはならべられていません。あとの問いに答えましょう。

1つ4〔20点〕

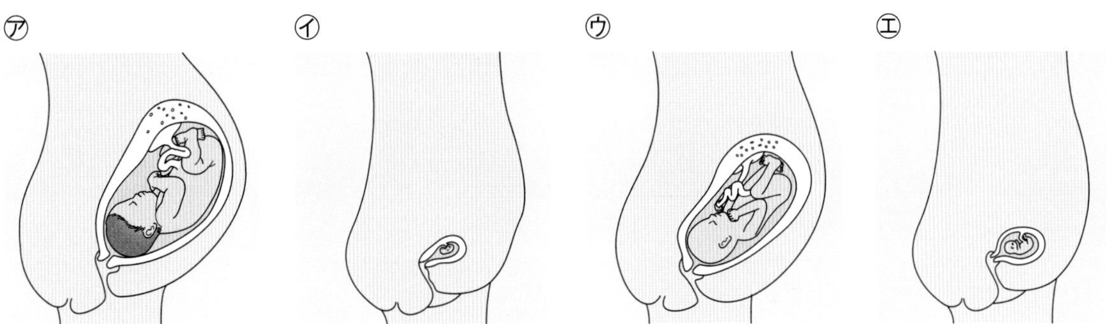

(1) ㋐～㋓を、ヒトの子どもが成長する順にならべましょう。

（　　→　　→　　→　　）

(2) 心ぞうが動き始めるのは、㋐～㋓のどのころですか。（　　）

(3) 手や足の形がはっきりわかるようになり、ヒトらしい形になるのは、㋐～㋓のどのころですか。（　　）

(4) ヒトの子どもがたんじょうするのは、受精して約何週ですか。次のア～ウから選びましょう。（　　）

ア 約38週　イ 約58週　ウ 約98週

(5) ヒトの子どもがたんじょうするときの身長と体重は、およそどのぐらいですか。次のア～ウから選びましょう。（　　）

ア 身長約5cm、体重約0.3kg

イ 身長約50cm、体重約3kg

ウ 身長約100cm、体重約10kg

4 動物のたんじょう ヒトやほかの動物のたんじょうについて、あとの問いに答えましょう。

1つ4〔20点〕

(1) ヒトと同じように、受精卵が母親の体内で育って子どもになる動物を、㋐～㋓から２つ選びましょう。（　　）（　　）

(2) ヒトの卵とメダカのたまごの大きさを比べたとき、大きいのはどちらですか。また、育つための養分が卵(たまご)にたくわえられているのはどちらですか。

大きい（　　）

養分（　　）

(3) ヒトの子どもは生まれた後、しばらくは母親の乳(ちち)を飲んで育ちます。パンダの子どもは生まれた後、どのようにして育ちますか。（　　）

1　地面を流れる水

基本のワーク

学習の目標：流れる水のはたらきについて、理解しよう。

教科書 102〜106ページ　答え 14ページ

図を見て、あとの問いに答えましょう。

1 かたむけた地面に水を流したときのようす

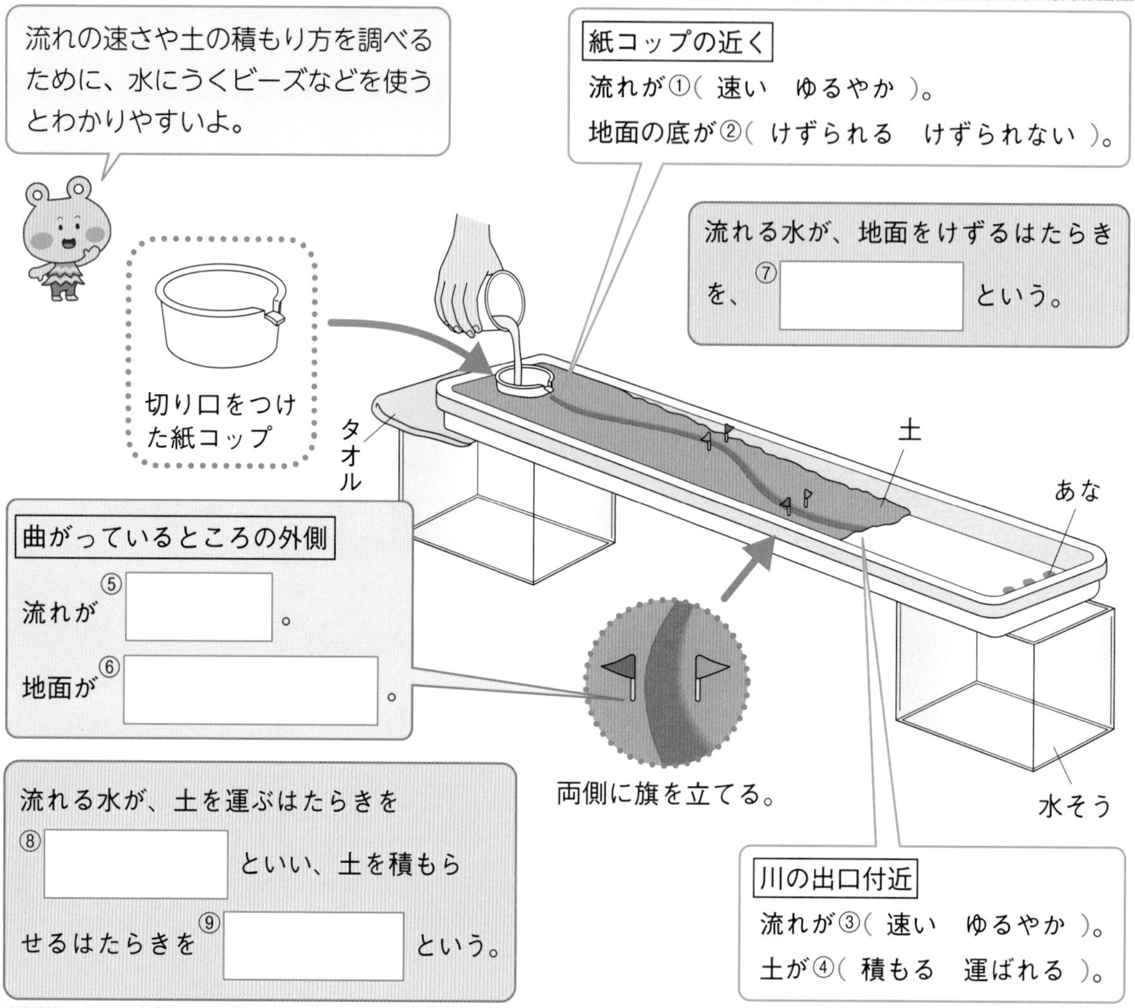

流れの速さや土の積もり方を調べるために、水にうくビーズなどを使うとわかりやすいよ。

紙コップの近く
流れが①（ 速い　ゆるやか ）。
地面の底が②（ けずられる　けずられない ）。

流れる水が、地面をけずるはたらきを、⑦［　　　］という。

切り口をつけた紙コップ

タオル　土　あな　水そう

曲がっているところの外側
流れが⑤［　　　］。
地面が⑥［　　　］。

両側に旗を立てる。

流れる水が、土を運ぶはたらきを⑧［　　　］といい、土を積もらせるはたらきを⑨［　　　］という。

川の出口付近
流れが③（ 速い　ゆるやか ）。
土が④（ 積もる　運ばれる ）。

(1) かたむけた地面に水を流しました。紙コップの近くと川の出口付近では、それぞれどのようになりますか。①〜④の（　）のうち、正しいほうを◯で囲みましょう。

(2) 曲がっているところの外側のようすについて、下の〔　〕から選んで⑤、⑥の□に書きましょう。〔 速い　ゆるやか　積もる　けずられる 〕

(3) 流れる水のはたらきには、どのようなものがありますか。下の〔　〕から選んで⑦〜⑨の□に書きましょう。〔 たい積（せき）　しん食（しょく）　運（うん）ぱん 〕

まとめ　〔 運ぱん　たい積　しん食 〕から選んで（　）に書きましょう。

●流れる水が地面をけずるはたらきを①（　　　）という。流れる水が土を運ぶはたらきを②（　　　）、土を積もらせるはたらきを③（　　　）という。

山の中を流れる川には、たきが見られます。たきの水が落ちる場所をたきつぼといい、とても深くなっています。これは、たきの水のはたらきによって土地がけずられるためです。

練習のワーク

できた数　/13問中

教科書 102〜106ページ　答え 14ページ

1 **右の図のように、プランターの受け皿に土をしいて、高いほうから水を流す実験を行いました。次の問いに答えましょう。**

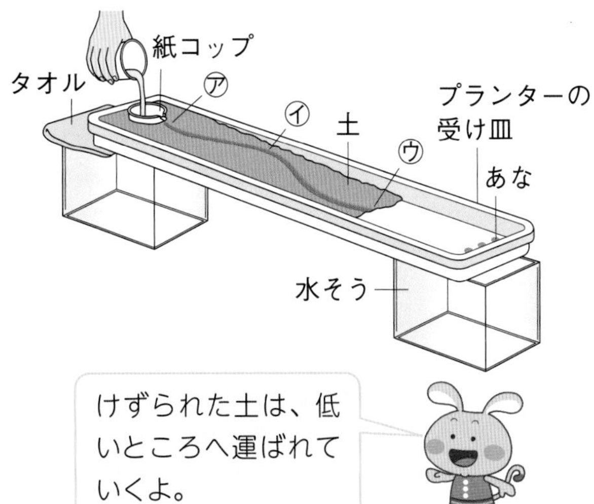

(1) ㋐と㋒で、水の流れる速さが速いところはどちらですか。（　　）

(2) ㋐と㋒で、土をけずるはたらきが大きいところはどちらですか。（　　）

(3) 流れる水のはたらきのうち、土をけずるはたらきを何といいますか。（　　）

けずられた土は、低いところへ運ばれていくよ。

(4) ㋑では、水が茶色くにごっていました。これはなぜですか。「土」という言葉を使って書きましょう。
（　　）

(5) 流れる水のはたらきのうち、土を運ぶはたらきを何といいますか。（　　）

(6) ㋐と㋒で、土を積もらせるはたらきが大きいところはどちらですか。（　　）

(7) 流れる水のはたらきのうち、土を積もらせるはたらきを何といいますか。（　　）

(8) この実験の結果から、流れる水の速さとはたらきに、どのような関係があるとわかりますか。（　）に当てはまる、流れる水のはたらきを書きましょう。

流れの速いところでは、地面が①（　　）される。一方、流れがゆるやかなところでは、土が②（　　）する。

2 **右の図のように、土の山に水を流し、曲がって流れているところに㋐と㋑の旗を立てました。次の問いに答えましょう。**

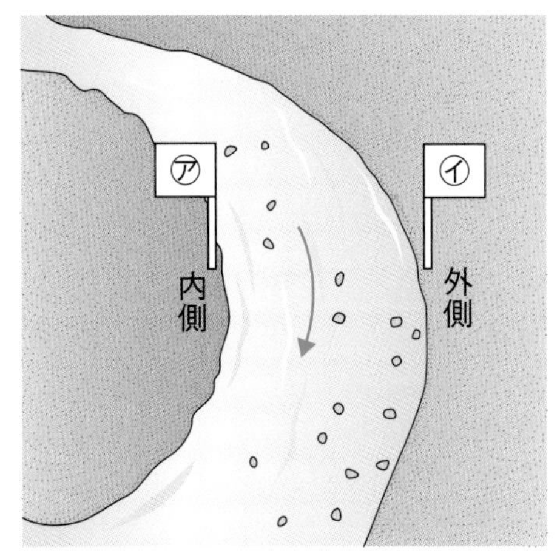

(1) 曲がって流れているところの内側と外側で、流れが速いのはどちらですか。（　　）

(2) 曲がって流れているところの内側と外側で、地面がけずられているのはどちらですか。（　　）

(3) しばらくするとたおれるのは、㋐、㋑のどちらの旗ですか。（　　）

(4) (1)〜(3)のことから、曲がって流れているところの外側では、流れる水の何というはたらきが大きいと考えられますか。（　　）

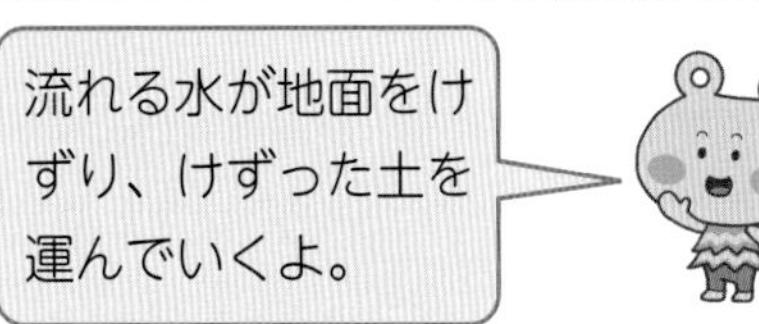

2 川の流れとそのはたらき

基本のワーク

学習の目標
流れる場所による川のようす、川岸や川原のようすを理解しよう。

教科書 107～111ページ　答え 14ページ

図を見て、あとの問いに答えましょう。

1 流れる場所による川のようす

流れが①(速く　ゆるやかで)、川のはばは②(せまく　広く)、大きくて③(角ばった　丸みのある)石が多い。

流れが④(速く　ゆるやかで)、川のはばは⑤(せまく　広く)、小さくて⑥(角ばった　丸みのある)石やすなが多い。

● ①～⑥の(　)のうち、正しいほうを◯で囲みましょう。

2 川の曲がって流れているところ

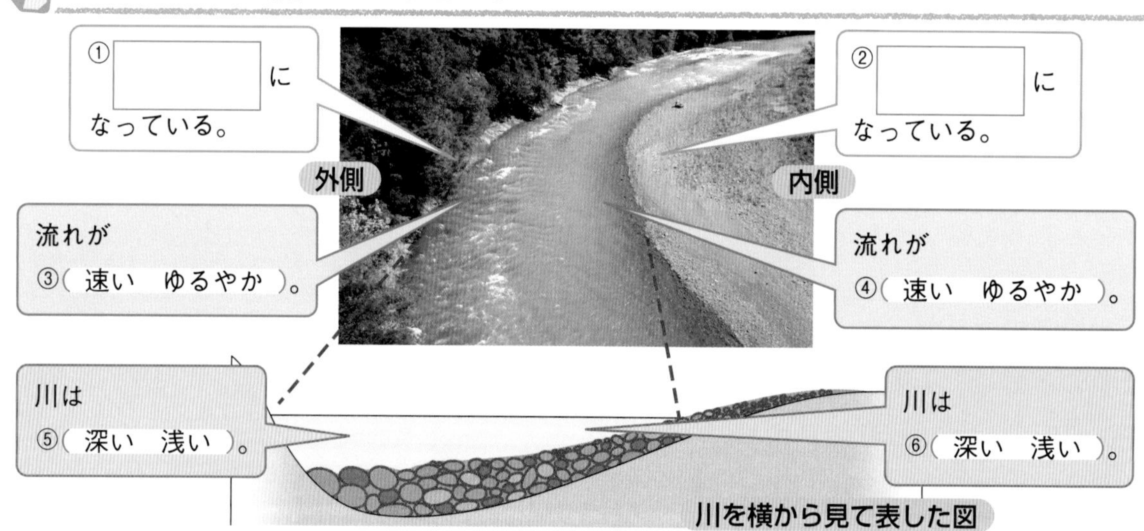

(1) ①、②の□に当てはまる言葉を下の〔　〕から選んで書きましょう。

〔 がけ　川原（かわら） 〕

(2) ③～⑥の(　)のうち、正しいほうを◯で囲みましょう。

まとめ 〔 深い　速く　ゆるやかで　丸みのある 〕から選んで(　)に書きましょう。

●川の曲がって流れているところの外側の流れは①(　　　)、深さは②(　　　)。内側の流れは③(　　　)、④(　　　)石やすなが積もっている。

エジプトを流れるナイル川は、昔たびたびはんらんしました。しかし、上流から養分をふくむ土砂（どしゃ）を運んで農地を豊かにし、多くの人々が移り住むことでエジプトは発展しました。

練習のワーク

できた数 /14問中

教科書 107～111ページ　答え 14ページ

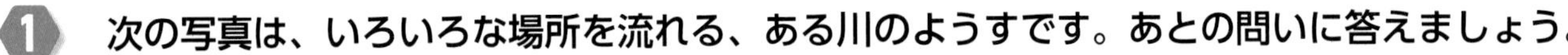

1 次の写真は、いろいろな場所を流れる、ある川のようすです。あとの問いに答えましょう。

㋐  ㋑  ㋒ 

(1) ㋐～㋒は、それぞれ山の中、平地、海の近くのどこを流れる川のようすですか。

㋐(　　　) ㋑(　　　) ㋒(　　　)

(2) 次の表は、山の中、平地や海の近くを流れる川のようすをまとめたものです。表の①～⑥に入る言葉を、下のア～カから選び、記号を書きましょう。

	水の流れる速さ	川のはば	石の形や大きさ
山の中	①	③	⑤
平地や海の近く	②	④	⑥

ア 速い。　イ ゆるやか。　ウ 広い。　エ せまい。
オ 丸みのある小さな石やすなが多い。
カ 角ばってごつごつした大きな石が多い。

2 右の図は、川の曲がって流れているところを表したものです。次の問いに答えましょう。

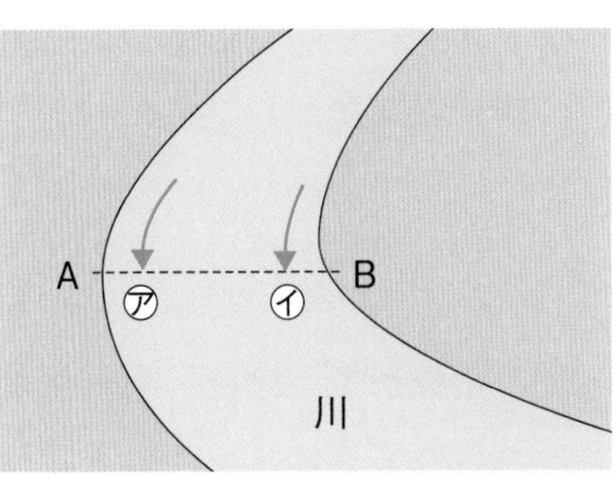

(1) ㋐、㋑で、水の流れが速いのはどちらですか。(　　　)

(2) 川岸ががけになっているのは、A、Bのどちらですか。(　　　)

(3) A---------Bのところの川の深さはどのようになっていますか。横から見た川の深さを、次のア～ウから選びましょう。(　　　)

ア 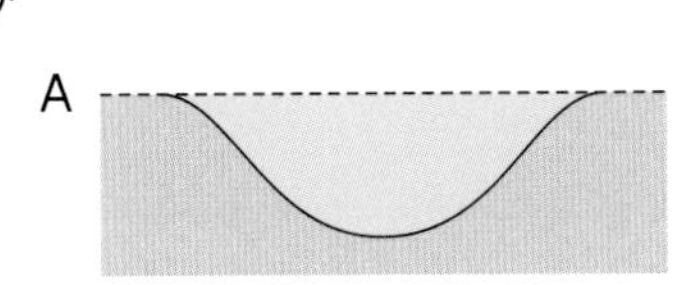

イ 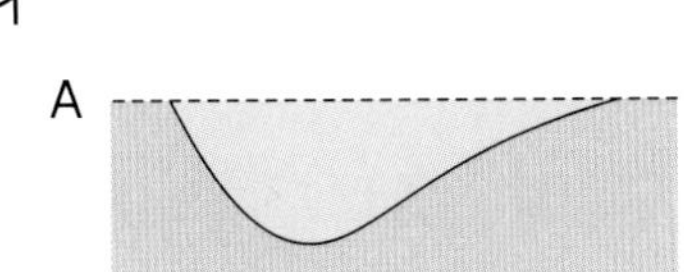

ウ 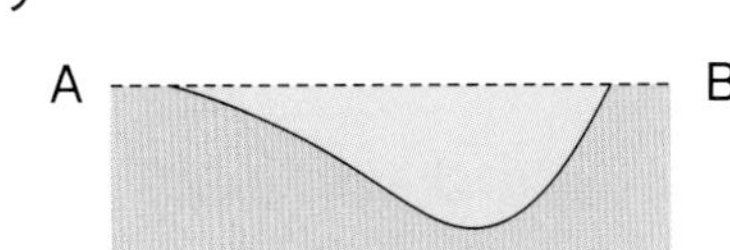

(4) 川岸が川原になっているのは、A、Bのどちらですか。(　　　)

(5) 川原に見られる石は、どのような形のものが多いですか。次のア、イから選びましょう。(　　　)

ア 丸みがあり、手に持てそうな大きさの石。
イ ごつごつしていて、大きい石。

まとめのテスト①

勉強した日　月　日

6　流れる水のはたらき

得点　/100点

教科書　102～111ページ　答え　15ページ

よく出る **1**　**地面を流れる水**　右の図のように、土で山をつくり、水を流すみぞをつけて、高いほうから水を流しました。次の問いに答えましょう。　1つ4〔24点〕

(1)　㋐と㋒を比べたとき、流れが速いのはどちらですか。　(　　)

(2)　㋐と㋒を比べたとき、流れる水による土をけずるはたらきが大きいのはどちらですか。　(　　)

(3)　㋐と㋒を比べたとき、流れる水による土を積もらせるはたらきが大きいのはどちらですか。　(　　)

(4)　㋑の部分で水の流れが速いのは、内側、外側のどちらですか。　(　　)

(5)　㋑の部分で、土が積もっているのは、内側、外側のどちらですか。　(　　)

(6)　㋑の部分で、土がけずられているのは、内側、外側のどちらですか。　(　　)

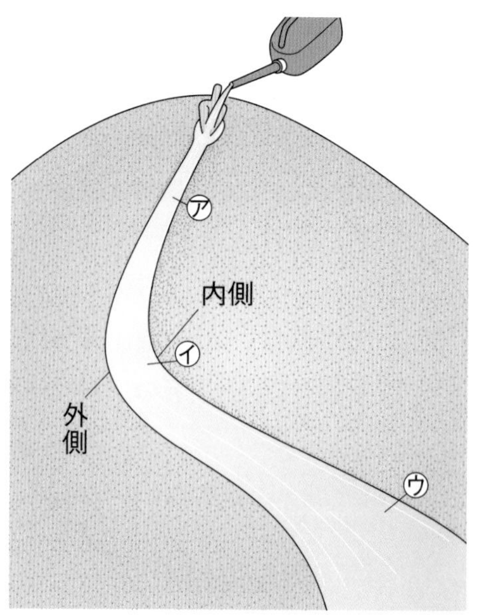

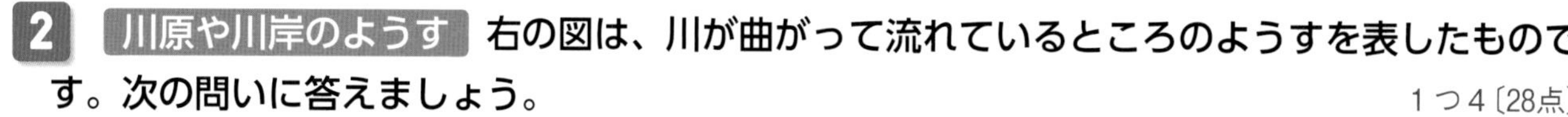

よく出る **2**　**川原や川岸のようす**　右の図は、川が曲がって流れているところのようすを表したものです。次の問いに答えましょう。　1つ4〔28点〕

(1)　川岸が川原になっているのは、㋐、㋑のどちらですか。　(　　)

記述 (2)　川原になっていないほうの川岸は、どのようになっていますか。
(　　　　)

(3)　川の流れが速いのは、㋒、㋓のどちらですか。　(　　)

(4)　川岸の㋐、㋑は、それぞれおもに流れる水の何というはたらきによってできたものですか。
㋐(　　)
㋑(　　)

(5)　水の流れによる石やすなを運ぶはたらきは、㋒、㋓のどちらが大きいですか。　(　　)

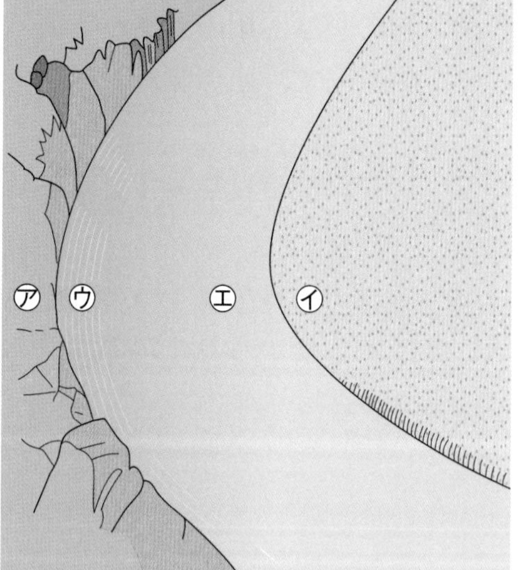

(6)　㋒から㋓にかけての川の深さについて、次のア～ウから正しいものを選びましょう。　(　　)

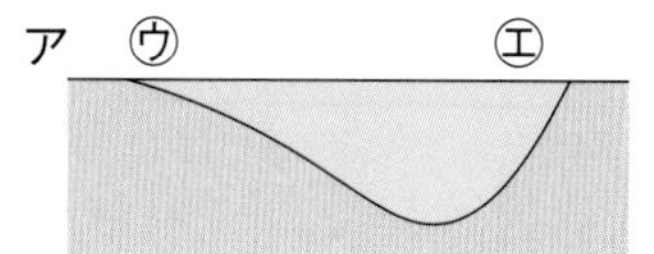

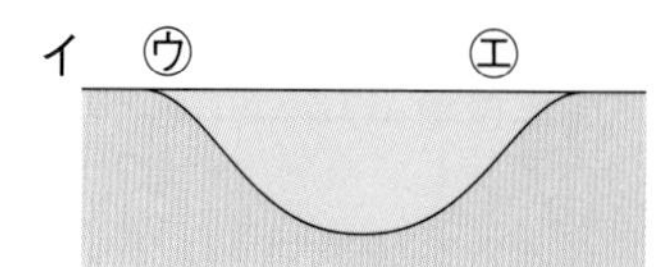

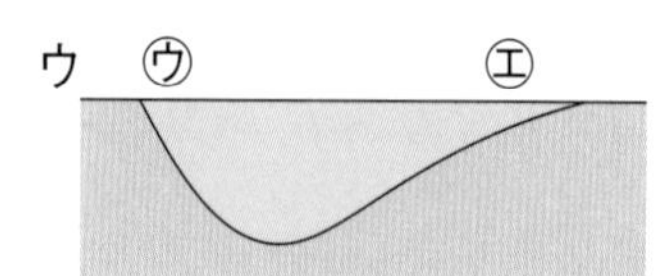

よく出る **3** **川の流れと地形** 図1の写真は、ある川の、山の中、平地、海の近くのどこかを流れるようすを表したものです。あとの問いに答えましょう。

1つ4〔48点〕

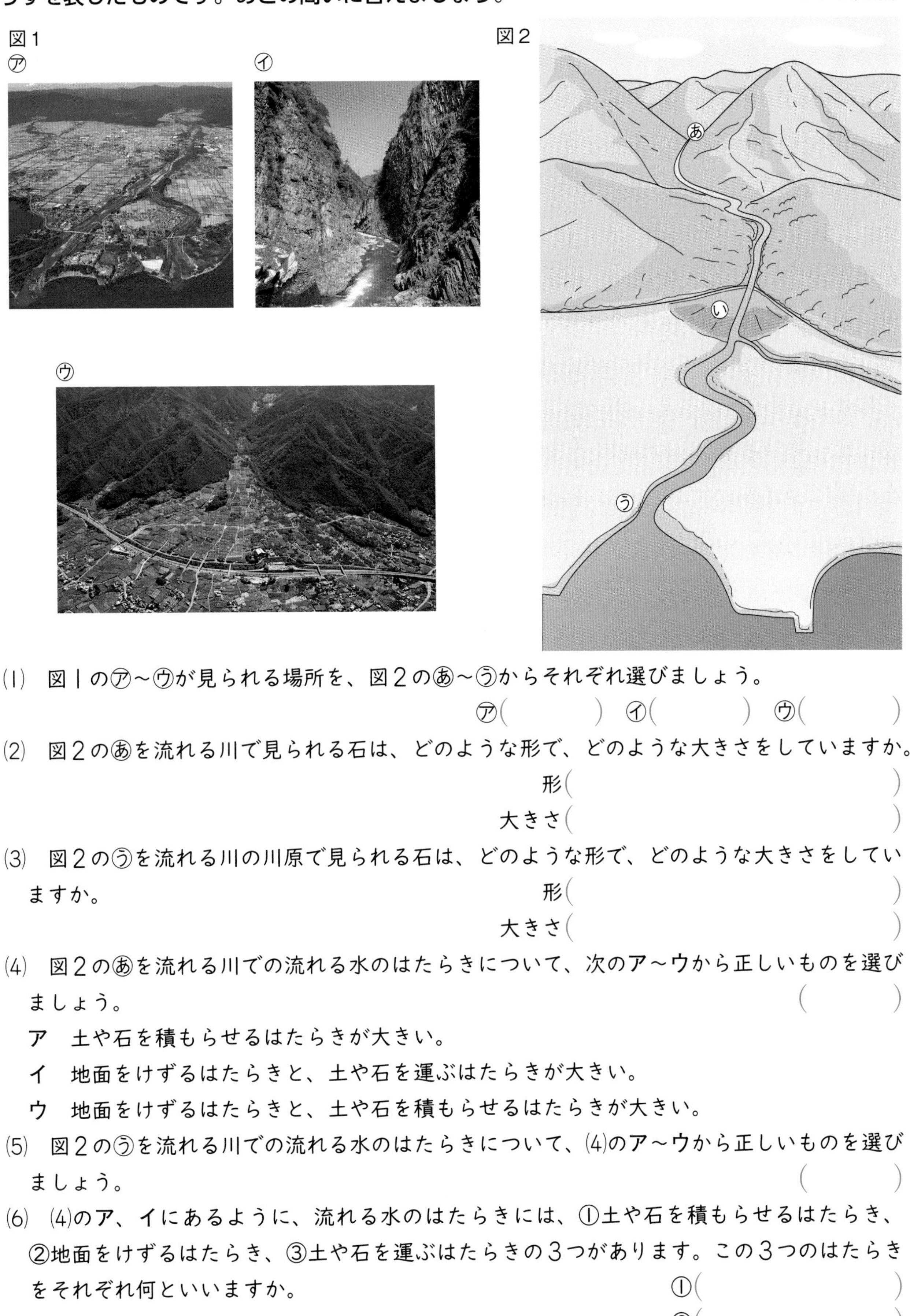

(1) 図1の㋐～㋒が見られる場所を、図2のあ～うからそれぞれ選びましょう。

㋐(　　　)　㋑(　　　)　㋒(　　　)

(2) 図2のあを流れる川で見られる石は、どのような形で、どのような大きさをしていますか。

形(　　　)

大きさ(　　　)

(3) 図2のうを流れる川の川原で見られる石は、どのような形で、どのような大きさをしていますか。

形(　　　)

大きさ(　　　)

(4) 図2のあを流れる川での流れる水のはたらきについて、次のア～ウから正しいものを選びましょう。(　　　)

ア　土や石を積もらせるはたらきが大きい。

イ　地面をけずるはたらきと、土や石を運ぶはたらきが大きい。

ウ　地面をけずるはたらきと、土や石を積もらせるはたらきが大きい。

(5) 図2のうを流れる川での流れる水のはたらきについて、(4)のア～ウから正しいものを選びましょう。(　　　)

(6) (4)のア、イにあるように、流れる水のはたらきには、①土や石を積もらせるはたらき、②地面をけずるはたらき、③土や石を運ぶはたらきの3つがあります。この3つのはたらきをそれぞれ何といいますか。

①(　　　)

②(　　　)

③(　　　)

勉強した日　月　日

3　流れる水の量が変わるとき

基本のワーク

学習の目標
水の量が変化したときの流れる水のはたらきについて理解しよう。

教科書 112~121ページ　答え 15ページ

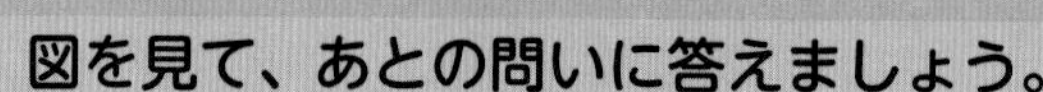

図を見て、あとの問いに答えましょう。

1 水の量が変化したときのはたらきのちがい

水の量が少ないとき　水の量が多いとき

曲がったところの①（ 外側　内側 ）が、大きくけずられている。

運ばれる土の量が②（ 増えた　減った ）。

水の量が増えると、しん食・運ぱんのはたらきが③（ 大きく　小さく ）なる。

● 水の量が多くなったときのようすはどうなりますか。①~③の（　）のうち、正しいほうを◯で囲みましょう。

2 川による災害（さいがい）を防ぐくふう

川岸がけずられるのを防ぐための護岸（ごがん）

石やすなをためて、水の勢い（いきお）を①（ 強く　弱く ）するための②［　　　］

川の水が増えたとき、一時的に水をためる③［　　　］

(1) ①の（　）のうち、正しいほうを◯で囲みましょう。

(2) ②、③の［　］に当てはまる言葉を、下の〔　〕から選んで書きましょう。

〔 護岸　遊水地　砂防（さぼう）ダム 〕

まとめ　〔 大きくなる　外側 〕から選んで（　）に書きましょう。

● 流れる水の量が増えると、曲がって流れる川の①（　　　　）が大きくけずられる。

● 流れる水の量が増えると、しん食、運ぱんのはたらきが②（　　　　）。

<生物を守るくふう>魚などの生物が川ですみやすくなるように植物を植えたり、魚道とよばれる水路をつくったりするなど、災害を防ぐとともに生物を守るくふうもしています。

練習のワーク

教科書 112〜121ページ　答え 15ページ

できた数　/10問中

1 かたむけたプランターの受け皿に土を入れ、右の図のようにすじをつけました。これに、下のあ、いのように紙コップに大小の切り口をつけたものを使って水を流し、水の量を変えて土のけずられ方や運ばれる土の量を調べました。あとの問いに答えましょう。

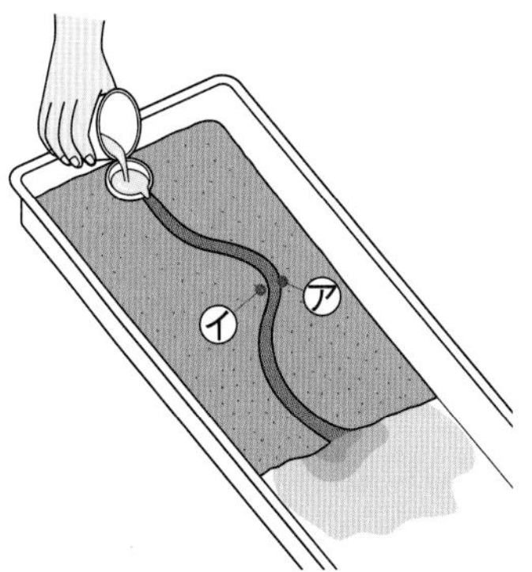

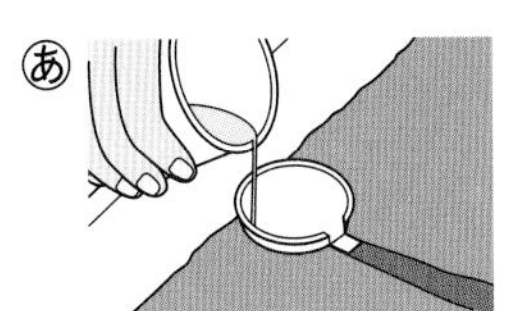

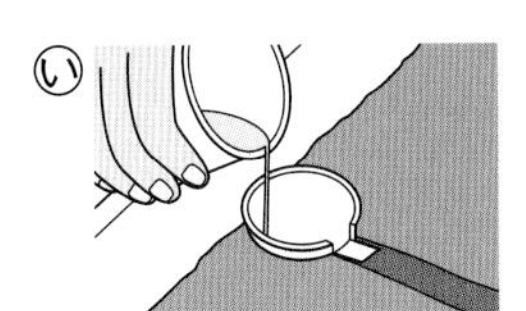

(1) 流れ出る水の量を多くするには、あ、いのどちらを使いますか。（　　）

(2) 水の量を多くすると、曲がったところで大きくけずられた部分がありました。大きくけずられたのは、図のア、イのどちらですか。（　　）

(3) 水の量を多くすると、運ばれる土の量はどうなりますか。（　　）

(4) 水の量を多くしたときの、流れる水のはたらきはどうなりますか。（　）に当てはまる言葉を書きましょう。

流れる水の量が多くなると、流れる水のしん食・運ぱんのはたらきが（　　　）なる。

2 川の水の量が増えたときについて、次の問いに答えましょう。

(1) 次のア、イの写真は、大雨の前と大雨のときの川を観察したときのようすです。大雨の前の川のようすはア、イのどちらですか。（　　）

ア

イ

(2) 大雨がふって水が増えたときのようすと、水害に備えた取り組みについて、（　）に当てはまる言葉を、あとの〔　〕から選んで書きましょう。

大雨がふると、川の水の量が①（　　　）、流れる水の速さが②（　　　）なる。すると、川岸をけずる③（　　　）のはたらきが大きくなり、災害を起こすことがある。

災害を防ぐために石やすなをためて水の勢いを弱くする④（　　　）をつくったり、川岸がけずられることを防ぐために、コンクリートで護岸をしたり、人が住むところに水があふれないように河川（かせん）じきや⑤（　　　）を設置（せっち）したりしている。

〔増え　減り　速く　ゆるやかに　遊水地
砂防ダム　しん食　たい積　運ぱん〕

まとめのテスト②

勉強した日　月　日

6　流れる水のはたらき

時間 20分

得点　/100点

教科書 112〜121ページ　答え 16ページ

1 流す水の量を増やしたときのちがい　右の図のように、かたむけたプランターの受け皿に土をしいて地面をつくり、曲がったところがあるみぞをつけて、高いほうから水を流し、川のモデルにしました。次に、流す水の量を増やして流れの速さや地面のけずれ方の変化を調べました。次の問いに答えましょう。　1つ4〔20点〕

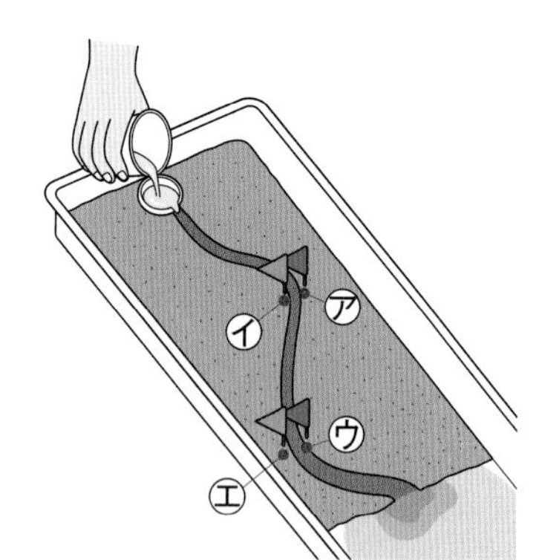

(1) 流す水の量を増やすと、水の流れの速さはどのようになりますか。（　　　　）

(2) 流す水の量を増やすと、水が曲がって流れているところの地面のけずられ方は大きくなりますか、小さくなりますか。（　　　　）

(3) 流す水の量を増やしたとき、しばらくすると２つの旗がたおれました。たおれた旗を、図の㋐〜㋓から２つ選びましょう。（　　）（　　）

(4) 流す水の量を増やすと、川の出口にたまる土の量は多くなりますか、少なくなりますか。（　　　　）

2 大雨の前後の川のようす　右の写真は、大雨のときと、大雨の後の川のようすです。次の問いに答えましょう。　1つ4〔20点〕

大雨のとき

大雨の後

(1) 大雨のときの川のようすとして正しいものを３つ選んで、○をつけましょう。

①（　　）川の水の量が減っている。

②（　　）川の水の量が増えている。

③（　　）川の水の色はとうめいである。

④（　　）川の水の色は茶色くにごっている。

⑤（　　）川の水の流れが速い。

⑥（　　）川の水の流れがおそい。

(2) 大雨の後、川のようすはどうなりますか。当てはまるものを、次のア〜エから２つ選びましょう。（　　）（　　）

ア　川岸がけずれていることがある。

イ　川の水の量が増えたままになる。

ウ　大雨がふる前にはなかった岩や木が見られることがある。

エ　大雨がふる前とまったく変わらない。

3 **川の流れと災害** **次の写真は、大雨のときに川による災害を防ぐくふうの例です。あとの問いに答えましょう。** 1つ6〔36点〕

㋐

㋑

㋒

(1) 大雨がふると、川の水の量や水の流れの速さはどのようになりますか。

水の量(　　　　　　　　　　)

流れの速さ(　　　　　　　　　　)

(2) (1)で答えたようになると、しん食や運ぱんのはたらきはどのようになりますか。

(　　　　　　　　　　　　　　　　　　　　)

(3) 川岸がけずられるのを防ぐためのくふうを、写真の㋐～㋒から選びましょう。(　　　　)

(4) 石やすなが一度に下流へ流れるのを防ぎ、水の流れの勢いを弱くするためのくふうを、写真の㋐～㋒から選びましょう。また、その名前を書きましょう。

写真(　　　　)　名前(　　　　　　　　　　)

SDGs **4** **災害を防ぐくふう** **次の㋐～㋓の写真について、あとの問いに答えましょう。** 1つ6〔24点〕

㋐

㋑

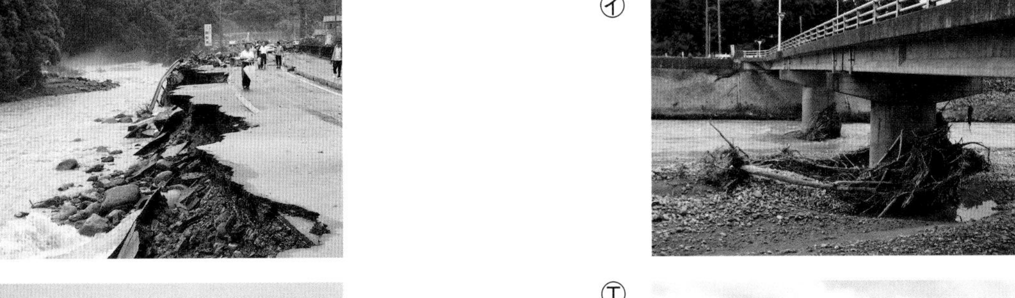

㋒

㋓

(1) 次の文の①、②に当てはまる、流れる水のはたらきを書きましょう。

　㋐、㋑は大雨によって川の水が増えて、流れる水のはたらきが大きくなったため、起こった災害の写真である。㋐は、大きくなった①(　　　　　　　)のはたらきで、道路がけずられたようすで、㋑は、大きくなった②(　　　　　　　)のはたらきで、大きな木が流されたようすである。

(2) ㋒のような護岸は、川の曲がったところの内側と外側のどちらにしますか。　(　　　　)

(3) 川の水が増えたとき、一時的に水をたくわえる㋓のようなし設を何といいますか。

(　　　　　　　　　　)

勉強した日　月　日

学習の目標
ふりこと、ふりこが1往復する時間の求め方を理解しよう。

1　ふりこが1往復する時間①

基本のワーク

教科書 122~126ページ　答え 17ページ

図を見て、あとの問いに答えましょう。

1　ふりことは

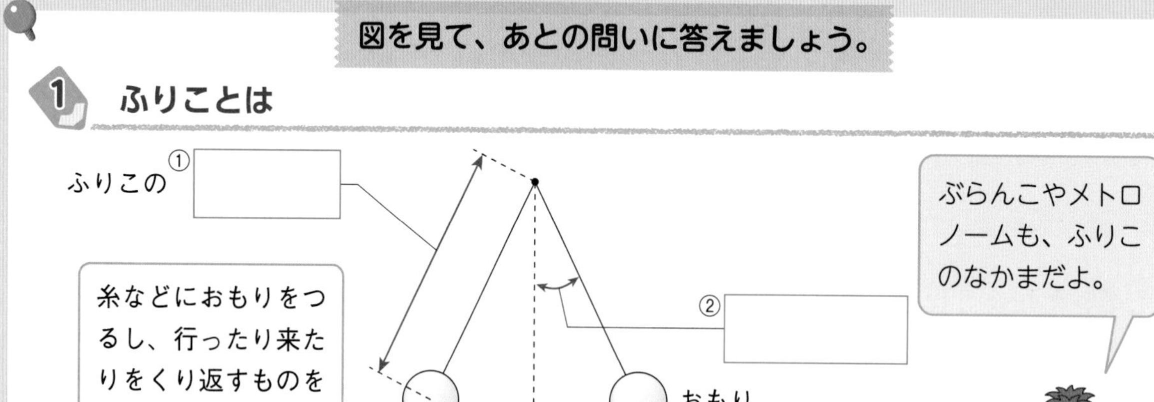

ぶらんこやメトロノームも、ふりこのなかまだよ。

(1)　①~③の□に当てはまる言葉を、下の〔　〕から選んで書きましょう。

〔　ふれはば　長さ　1往復（おうふく）　〕

(2)　④の□に当てはまる言葉を書きましょう。

2　ふりこが1往復する時間の求め方

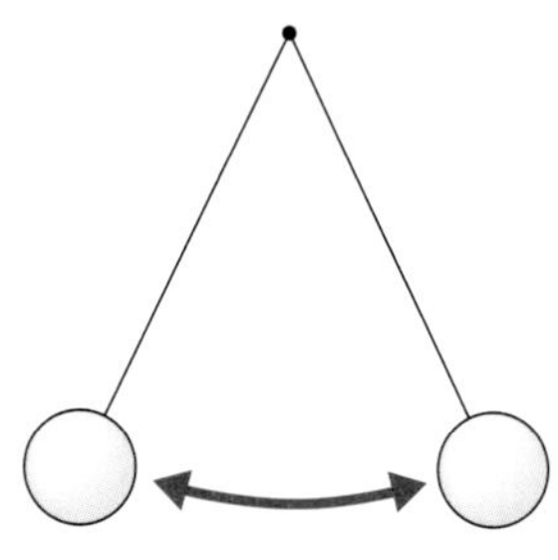

1　ふりこが10往復する時間を3回調べる。

1回め	2回め	3回め
20.1秒	19.3秒	21.2秒

2　ふりこが10往復する時間を合計する。

3　ふりこが10往復する時間の平均（へいきん）を計算する。
①÷3＝(10往復する時間の平均)

小数第2位を四捨五入（ししゃごにゅう）して小数第1位まで求めよう。

4　ふりこが1往復する時間を求める。
(10往復する時間)÷10＝(1往復する時間)

②÷10＝③　秒

● ①~③の□に当てはまる数字を書きましょう。

まとめ　〔 平均　ふりこ 〕から選んで(　)に書きましょう。

● 糸におもりをつるしてふれるようにしたものを①(　　　)という。
● ふりこが1往復する時間は、何回か調べた結果を②(　　　)して求める。

およその数を「がい数」といいます。東京ドームに入る人数(野球の試合の時)は43500人です。百の位を四捨五入した数で表示（ひょうじ）すると、およそ44000人となります。

練習のワーク

教科書 122〜126ページ　答え 17ページ

できた数　／7問中

1 ふりこについて、あとの問いに答えましょう。

図1
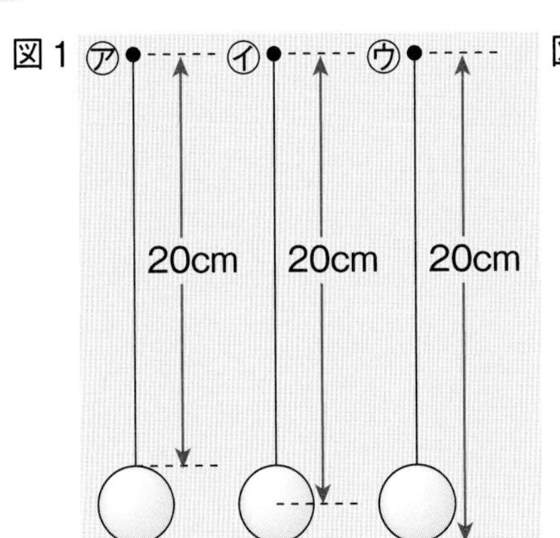

図2
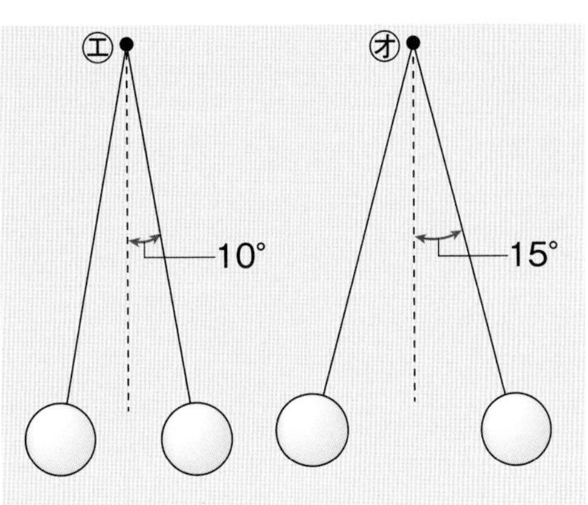

図3
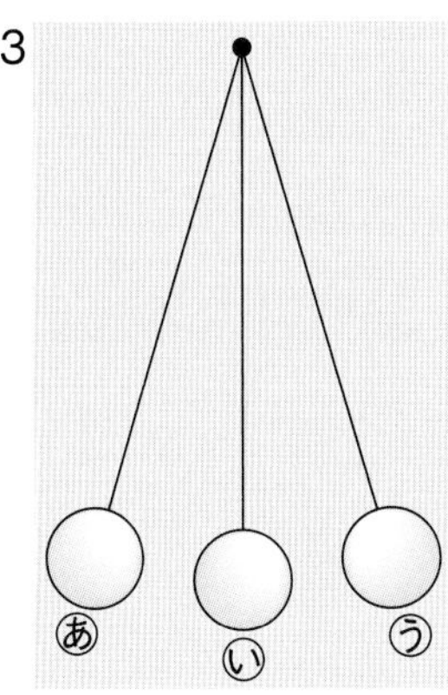

(1) 図1の㋐〜㋒のうち、ふりこの長さが20cmなのはどれですか。
（　　　）

(2) 図2の㋓、㋔のうち、ふりこのふれはばが大きいのはどちらですか。
（　　　）

(3) 図3で、ふりこの1往復とはおもりがどのように動いたときですか。次のア〜エから選びましょう。（　　　）

ア　あ → い
イ　あ → い → う
ウ　あ → い → う → い
エ　あ → い → う → い → あ

(4) ふりこが1往復する時間を調べる方法として正しいものを、次のア〜エから選びましょう。
（　　　）

ア　1往復する時間を3回はかって、合計する。
イ　1往復する時間を3回はかって、合計を3でわり、さらに10でわる。
ウ　10往復する時間を3回はかって、合計を3でわる。
エ　10往復する時間を3回はかって、合計を3でわり、さらに10でわる。

2 右の表は、ふりこが10往復するのにかかった時間を3回はかったものです。次の問いに答えましょう。

10往復する時間(秒)

1回め	2回め	3回め
16.3	16.5	16.7

(1) 3回分の10往復する時間の合計は何秒ですか。
（　　　）

(2) 1回あたりの10往復する時間は平均何秒ですか。
（　　　）

(3) 1往復する時間は何秒ですか。答えは小数第2位を四捨五入して、小数第1位まで求めましょう。
（　　　）

勉強した日　月　日

1　ふりこが１往復する時間②

基本のワーク

教科書　125〜132ページ　答え　17ページ

学習の目標
ふれはばやおもりの重さを変えたときの１往復する時間を調べよう。

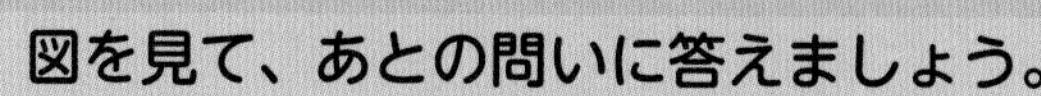

図を見て、あとの問いに答えましょう。

1 ふれはばを変えたときのふりこが１往復する時間

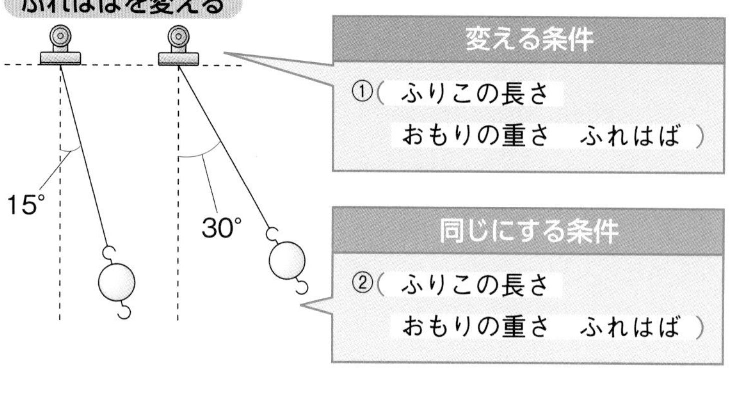

実験結果

ふれはば	１往復する時間
15°	1.4秒
30°	1.4秒

ふれはばを変えても、１往復する時間は③［　　　］。

(1)　①、②の（　）のうち、当てはまるものすべてを◯で囲みましょう。
(2)　１往復する時間はどのようになりますか。③の□に書きましょう。

2 おもりの重さを変えたときのふりこが１往復する時間

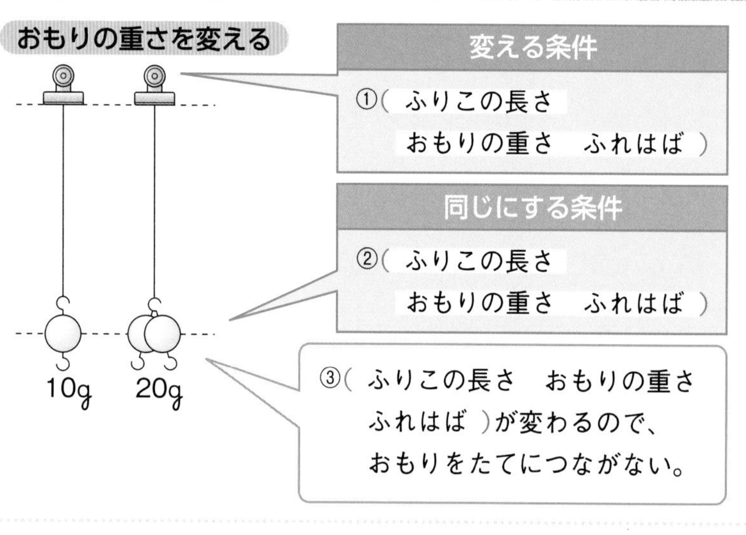

実験結果

おもりの重さ	１往復する時間
10g	1.4秒
20g	1.4秒

おもりの重さを変えても、１往復する時間は④［　　　］。

(1)　①〜③の（　）のうち、当てはまるものすべてを◯で囲みましょう。
(2)　１往復する時間はどのようになりますか。④の□に書きましょう。

まとめ　〔 重さ　変わらない 〕から選んで（　）に書きましょう。

- ふりこが１往復する時間は、ふりこのふれはばを変えても①（　　　　）。
- ふりこが１往復する時間は、おもりの②（　　　　）を変えても変わらない。

ふりこのきまりを発見したのは、イタリアのガリレオ・ガリレイという人物です。ガリレイは、地球は動いているという、地動説もとなえました。

練習のワーク

教科書 125～132ページ　答え 17ページ

1 右の図のようにして、㋐、㋑のふりこをふらせて、1往復する時間を比べました。次の問いに答えましょう。

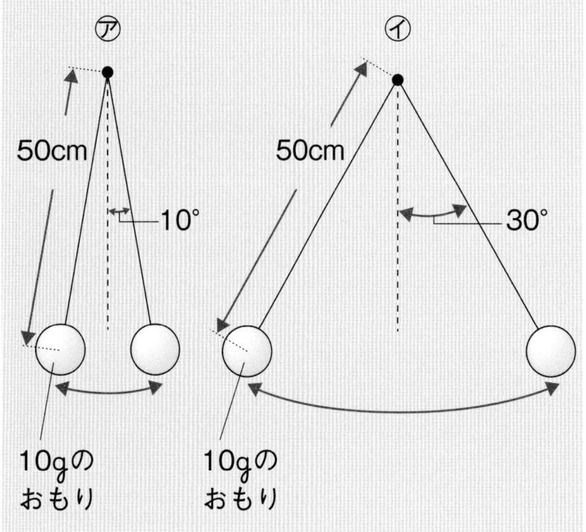

(1) ㋐と㋑で変えている条件を、次のア～ウから選びましょう。（　　）

ア　ふりこの長さ

イ　おもりの重さ

ウ　ふれはば

(2) ㋐と㋑で同じにしている条件を、(1)のア～ウからすべて選びましょう。（　　）

(3) 1往復する時間は㋐、㋑のどちらが長いですか。次のア～ウから選びましょう。（　　）

ア　㋐のほうが長い。

イ　㋑のほうが長い。

ウ　㋐と㋑で同じ時間になる。

2 図1のような、㋐、㋑の2つのふりこがあります。次の問いに答えましょう。

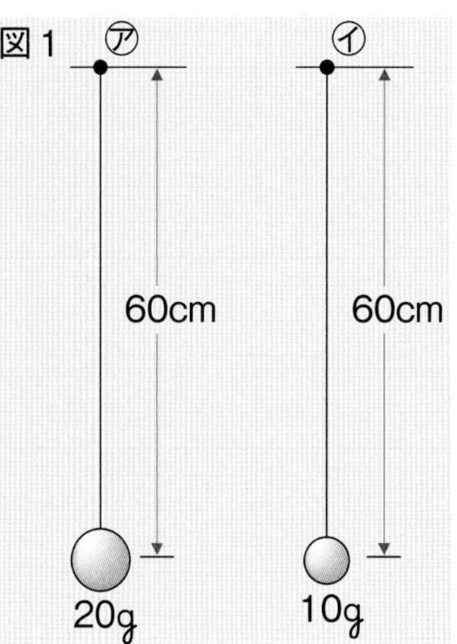

(1) ㋐と㋑を同じふれはばでふらせて、1往復する時間を比べました。このとき、㋐と㋑で変えている条件を、次のア～ウから選びましょう。（　　）

ア　ふりこの長さ

イ　おもりの重さ

ウ　ふれはば

(2) (1)のとき、㋐と㋑で同じにしている条件を、(1)のア～ウからすべて選びましょう。（　　）

(3) (1)のとき、1往復する時間は㋐、㋑のどちらが長いですか。次のア～ウから選びましょう。（　　）

ア　㋐のほうが長い。

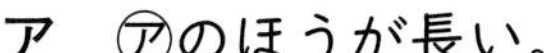

イ　㋑のほうが長い。

ウ　㋐と㋑で同じ時間になる。

(4) おもりの重さの条件だけを変えようとして、図2のように、もとの10gのおもりの下に、新たに10gのおもりをつなぎました。しかし、これではおもりの重さ以外の条件も変わってしまうことがわかりました。何の条件が変わってしまいますか。次のア、イから選びましょう。（　　）

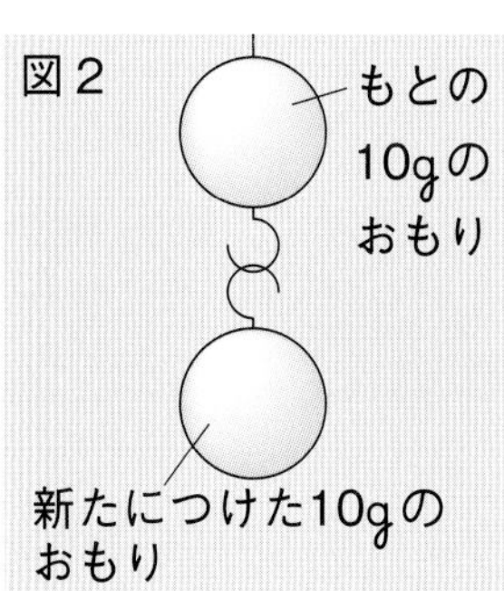

ア　ふれはば

イ　ふりこの長さ

勉強した日 月 日

1 ふりこが１往復する時間③

基本のワーク

学習の目標
ふりこが１往復する時間を、ふりこの長さを変えて調べよう。

教科書 129～135ページ 答え 18ページ

図を見て、あとの問いに答えましょう。

1 ふりこの長さを変えたときのふりこが１往復する時間

ふりこの長さを変える

50cm

1ｍ

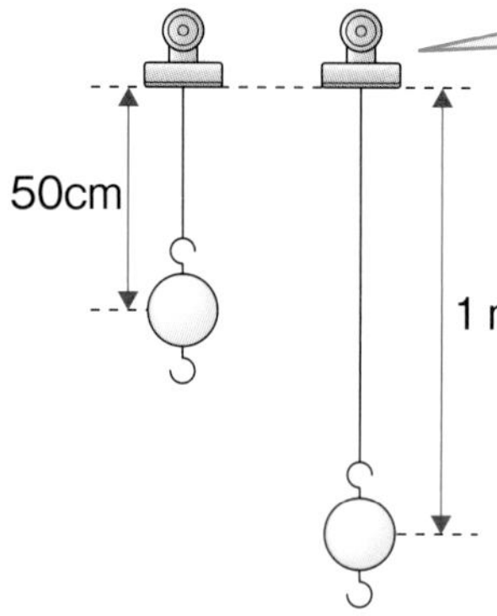

変える条件
①（ ふりこの長さ おもりの重さ ふれはば ）

同じにする条件
②（ ふりこの長さ おもりの重さ ふれはば ）

ふりこの長さを長くすると、１往復する時間は ⑨[ ] なる。

実験結果

ふりこの長さ	10往復する時間 1回め	2回め	3回め	合計	10往復する時間の平均	1往復する時間
50cm	14.0秒	14.1秒	13.9秒	③ 秒	④ 秒	⑤ 秒
1ｍ	20.1秒	19.8秒	20.1秒	⑥ 秒	⑦ 秒	⑧ 秒

(1) ①、②の（ ）のうち、当てはまるものすべてを◯で囲みましょう。
(2) 実験結果から、１往復する時間を求めます。表の③～⑧に当てはまる数字を書きましょう。
(3) １往復する時間はどのようになりますか。⑨の[ ]に書きましょう。

2 ふりこのきまり

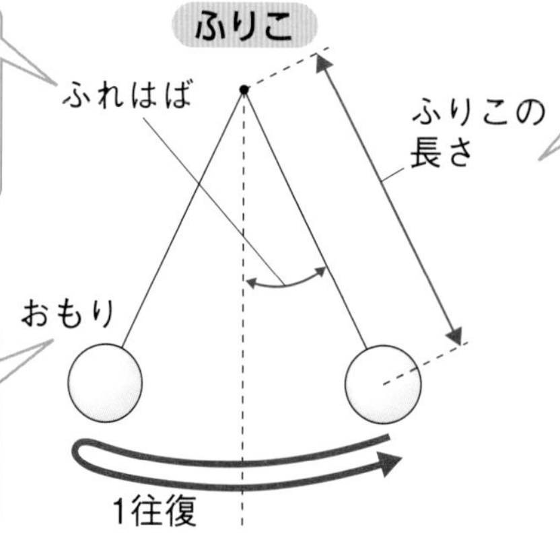

ふりこ

ふれはば　ふりこの長さ　おもり　1往復

ふれはばを変えても、１往復する時間は①（ 変わる 変わらない ）。

おもりの重さを変えても、１往復する時間は②（ 変わる 変わらない ）。

ふりこの長さを変えると、１往復する時間は③（ 変わる 変わらない ）。

ふりこの長さを長くすると、１往復する時間は長くなる。

● ①～③の（ ）のうち、正しいほうを◯で囲みましょう。

まとめ 〔 ふりこの長さ 変わらない 〕から選んで（ ）に書きましょう。

● ふりこが１往復する時間は、①（ ）によって決まる。
● ふりこが１往復する時間は、ふれはばやおもりの重さを変えても②（ ）。

わくわくたんてい団
国立科学博物館（東京都）には、長さ19.5ｍのふりこがあります。ふりこの長さがとても長いため、ふりこが１往復する時間も約９秒という長さです。

練習のワーク

教科書 129～135ページ　答え 18ページ

できた数　／7問中

1 右の図のような㋐、㋑のふりこがあります。次の問いに答えましょう。

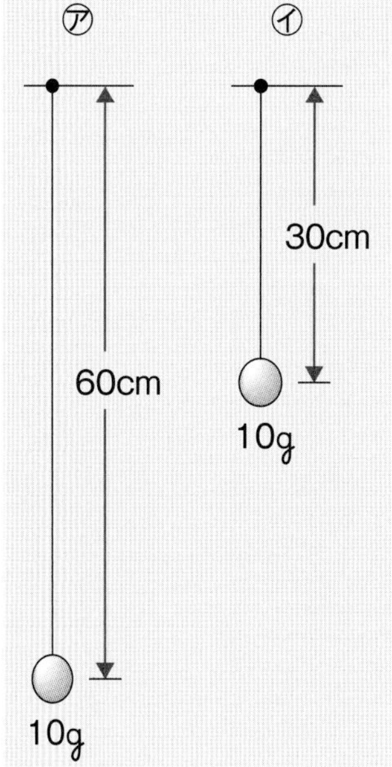

(1) ㋐と㋑を同じふれはばでふらせて、1往復する時間を比べました。このとき、㋐と㋑で変えている条件を、次のア～ウから選びましょう。（　　）

ア　ふりこの長さ　　イ　おもりの重さ　　ウ　ふれはば

(2) (1)のとき、㋐と㋑で同じにしている条件を、(1)のア～ウからすべて選びましょう。（　　）

(3) (1)のとき、1往復する時間は㋐、㋑のどちらが長いですか。次のア～ウから選びましょう。（　　）

ア　㋐のほうが長い。

イ　㋑のほうが長い。

ウ　㋐と㋑で同じ時間になる。

(4) ふりこが1往復する時間は、何によって決まりますか。

（　　）

2 図1の①～③のふりこを、それぞれ図2のように15°と30°のふれはばでふらせて、1往復する時間を比べました。あとの問いに答えましょう。

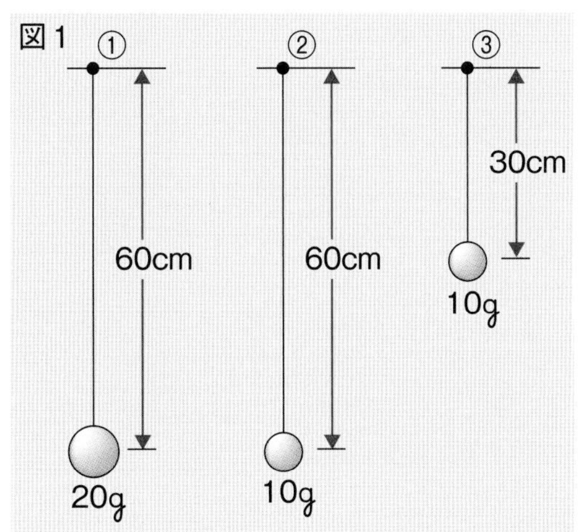

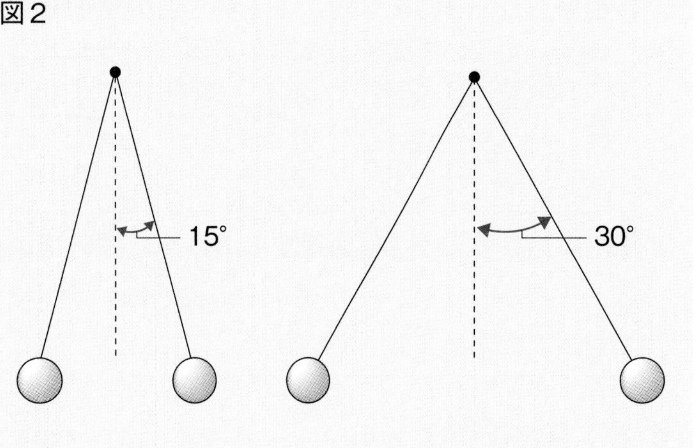

(1) ①を15°と30°のふれはばでふらせて比べました。ふりこが1往復する時間はどちらが長くなりますか。ア～ウから選びましょう。（　　）

ア　15°の場合が長い。　　イ　30°の場合が長い。　　ウ　どちらも同じ。

(2) ①と②を15°のふれはばでふらせて比べました。ふりこが1往復する時間はどちらが長くなりますか。ア～ウから選びましょう。（　　）

ア　①の場合が長い。　　イ　②の場合が長い。　　ウ　どちらも同じ。

(3) ②と③を30°のふれはばでふらせて比べました。ふりこが1往復する時間はどちらが長くなりますか。ア～ウから選びましょう。（　　）

ア　②の場合が長い。　　イ　③の場合が長い。　　ウ　どちらも同じ。

勉強した日　月　日

まとめのテスト

7 ふりこのきまり

時間 20分

得点 /100点

教科書 122～135ページ　答え 18ページ

よく出る **1** ふりこ　ふりこが1往復する時間を調べます。あとの問いに答えましょう。　1つ5〔25点〕

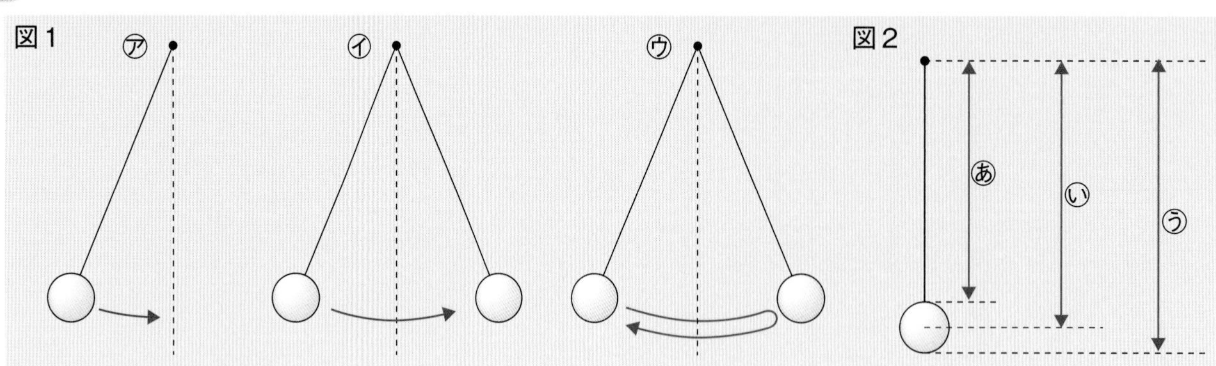

(1) ふりこの1往復を表しているのは、図1の㋐～㋒のどの動きですか。　(　　)

(2) ふりこの長さを表しているのは、図2のあ～うのどの長さですか。　(　　)

(3) ふりこが1往復する時間の求め方を、次のア～ウから選びましょう。　(　　)

ア　ふりこが1往復する時間を1回だけはかる。

イ　ふりこが1往復する時間を3回はかってその平均を求める。

ウ　ふりこが10往復する時間を3回はかり、合計を3でわって10往復する時間の平均を求め、それを10でわって1往復する時間とする。

(4) ふりこが10往復する時間を3回はかったところ、次のような結果になりました。

1回め	2回め	3回め
18.1秒	18.2秒	18.3秒

① このふりこが10往復するのにかかる時間の平均は何秒ですか。　(　　)

② このふりこは、1往復するのに何秒かかりますか。小数第2位を四捨五入して、小数第1位まで求めましょう。　(　　)

2 ふりこの利用　次の㋐～㋒のうち、ふりこを利用したものには○、利用していないものには×をつけましょう。　1つ5〔15点〕

㋐(　　)　㋑(　　)　㋒(　　)

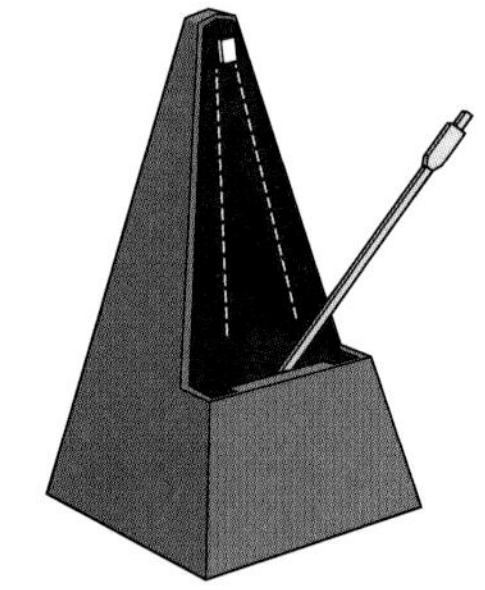

3 **ふりこのきまり** ふりこが１往復する時間は何によって変わるのかを調べるため、次の表の㋐～㋒のようにおもりの重さ、ふれはば、ふりこの長さを変えて、それぞれのふりこが10往復する時間を３回ずつはかりました。あとの問いに答えましょう。 １つ４〔60点〕

		同じにする条件	おもりの重さ	１回め(秒)	２回め(秒)	３回め(秒)	10往復の平均(秒)	１往復の平均(秒)
㋐おもりの重さ	おもりの重さを10g、20g、30gと変える。	①(　　)	10g	20.0	20.1	19.9	20.0	2.0
		②(　　)	20g	20.0	20.1	20.2	20.1	⑦
			30g	19.9	20.1	20.0	20.0	⑧

		同じにする条件	ふれはば	１回め(秒)	２回め(秒)	３回め(秒)	10往復の平均(秒)	１往復の平均(秒)
㋑ふれはば	10° 30° 20° ふれはばを10°、20°、30°と変える。	③(　　)	10°	20.1	20.0	19.9	20.0	2.0
		④(　　)	20°	19.9	19.9	20.2	20.0	⑨
			30°	20.2	20.0	20.1	20.1	⑩

		同じにする条件	ふりこの長さ	１回め(秒)	２回め(秒)	３回め(秒)	10往復の平均(秒)	１往復の平均(秒)
㋒ふりこの長さ	40cm 70cm 1m ふりこの長さを40cm、70cm、1mと変える。	⑤(　　)	40cm	11.1	11.9	13.0	12.0	1.2
		⑥(　　)	70cm	16.5	17.1	17.3	17.0	⑪
			1m	20.2	20.0	19.8	20.0	⑫

(1) ㋐～㋒の実験をするときに、同じにする条件は何ですか。次のア～ウからそれぞれ選んで、①～⑥の(　)に書きましょう。

ア　おもりの重さ　　イ　ふれはば　　ウ　ふりこの長さ

(2) ㋐～㋒の実験で、それぞれの条件のときに１往復する時間の平均は何秒ですか。表の⑦～⑫に、小数第２位を四捨五入して、小数第１位まで書きましょう。

(3) この実験からわかることは何ですか。次のア～カから３つ選びましょう。

(　　　)(　　　)(　　　)

ア　ふりこが１往復する時間は、おもりの重さを変えても変わらない。
イ　ふりこが１往復する時間は、おもりの重さが重くなるほど長くなる。
ウ　ふりこが１往復する時間は、ふれはばを変えても変わらない。
エ　ふりこが１往復する時間は、ふれはばが大きくなるほど長くなる。
オ　ふりこが１往復する時間は、ふりこの長さを変えても変わらない。
カ　ふりこが１往復する時間は、ふりこの長さが長くなるほど長くなる。

1 とけたもののゆくえ

基本のワーク

学習の目標
水よう液とは何か、とけたものがどこにいくかを確かめよう。

教科書 139～144ページ　答え 19ページ

図を見て、あとの問いに答えましょう。

1 とけたもののゆくえ

ものをとかす前と後で重さを比べる

条件を同じにするため、容器やふた、薬包紙をいっしょにのせて重さをはかる。

とかすもの（食塩やミョウバン）　容器　水100g　ふた　薬包紙
水にとかす。
ふたをした容器　薬包紙

全体の重さは①（ 増えた　減った　変わらない ）。

ものが水にとけた…水の中でものが均一に広がり、②（ にごった　すき通った ）液体になること。

ものが水にとけた液を④［　　］という。

水の重さ③（ ＋　－　×　÷ ）とかすものの重さ ＝ 水よう液の重さ

水をじょう発させる

ドライヤーで水をじょう発させる。

④や水をガラスぼうでぬる。

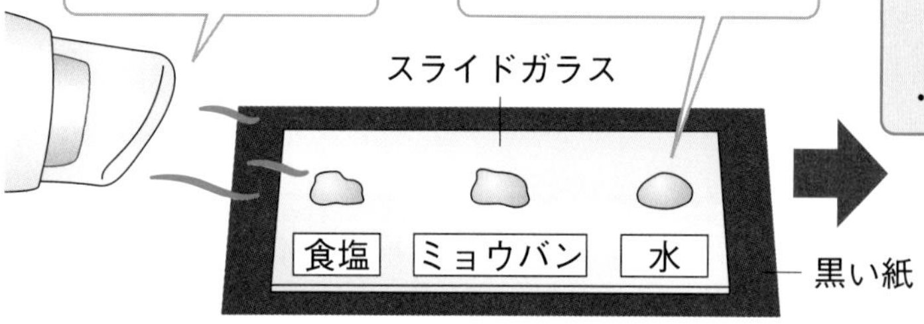

スライドガラス　食塩　ミョウバン　水　黒い紙

・食塩とミョウバンの④…白い粉のようなものが出てきた。
・水…何も出てこなかった。

水にとけたものは④の中に⑤（ ある　ない ）。

(1) 実験の結果はどうなりますか。①の（　）のうち、正しいものを◯で囲みましょう。
(2) ②、③、⑤の（　）のうち、正しいものを◯で囲みましょう。
(3) ④の［　］に当てはまる言葉を書きましょう。

まとめ　〔 和　水よう液 〕から選んで（　）に書きましょう。

● ものが水にとけた液のことを①（　　　　　）という。
● 水よう液の重さは、水の重さととかすものの重さの②（　　　　　）になる。

スライドガラスに液をぬるのに使うガラスぼうは、液を変えるごとに水であらいましょう。あらわないで次の液をつけると、液が混ざってしまい、正しい結果が出ません。

練習のワーク

できた数 ／7問中

教科書 139〜144ページ　答え 19ページ

1 いろいろなものを水に入れてかき混ぜたところ、次の写真のように、でんぷん以外はすき通った液になり、コーヒーシュガーでは色がつきました。あとの問いに答えましょう。

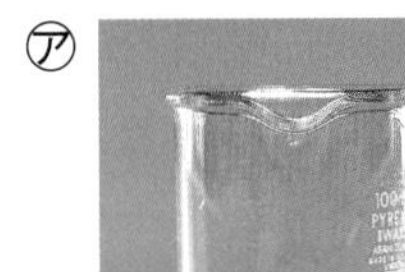

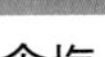

㋐ 食塩

㋑ コーヒーシュガー

㋒ でんぷん

㋓ ミョウバン

(1) ㋐〜㋓のうち、水よう液はどれですか。すべて選び、記号で答えましょう。 (　　　)

(2) (1)で選んだ水よう液を、しばらく置いておくと、右の図の㋐〜㋒のこさはどうなりますか。次のア〜ウから選びましょう。 (　　　)

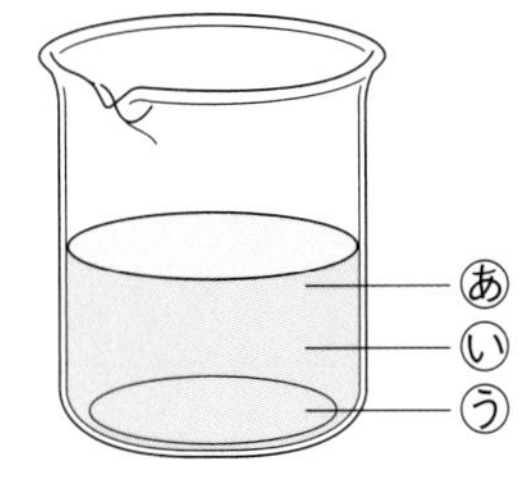

ア　あがいちばんこくなる。　イ　うがいちばんこくなる。

ウ　どの部分も同じこさになる。

2 水よう液の重さについて、次の問いに答えましょう。

(1) 右の図のような電子てんびんを使うとき、はかるものをのせる前の表示を何gにしますか。 (　　　)

(2) 水50gに食塩4gをとかしました。できた水よう液の重さは何gですか。 (　　　)

(3) 水100gにさとうを入れてとかしたところ、できた水よう液の重さは128gでした。とかしたさとうは何gですか。 (　　　)

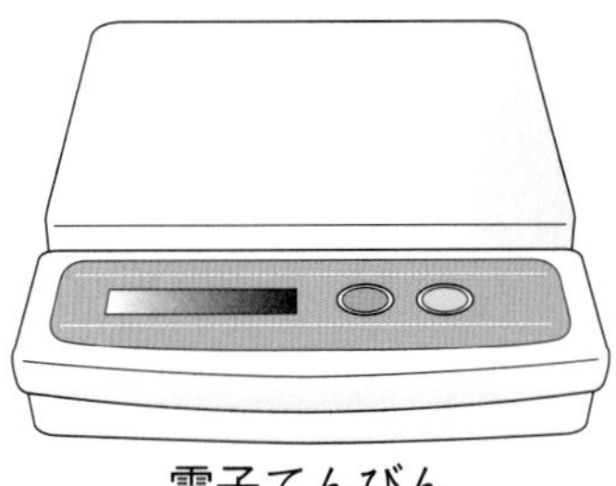

電子てんびん

3 右の図のように、食塩水(食塩の水よう液)とミョウバンの水溶液、水を、ガラスぼうでスライドガラスの上にうすくぬってから、ドライヤーを使って、水をじょう発させました。次の問いに答えましょう。

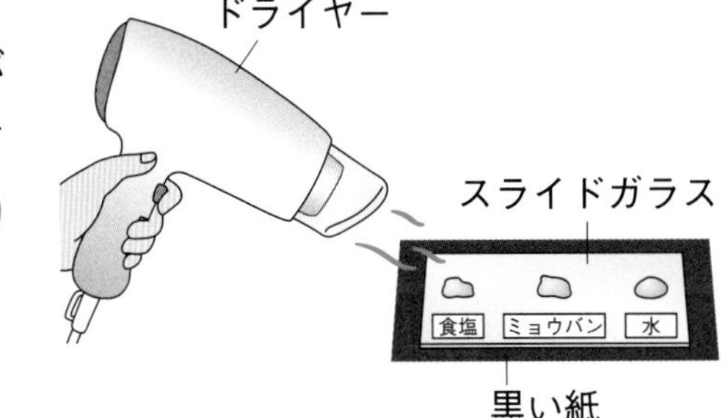

(1) 食塩水をぬるのに使ったガラスぼうには、ミョウバンの水よう液をつける前に、どのようなことをしますか。次のア〜ウから選びましょう。 (　　　)

ア　かわいた布でよくふく。

イ　食塩水でよくあらう。

ウ　水でよくあらう。

(2) ドライヤーで水をじょう発させたところ、白い粉が残ったものがありました。それはどれですか。次のア〜ウからすべて選び、記号で答えましょう。 (　　　)

ア　食塩水　　イ　ミョウバンの水よう液　　ウ　水

勉強した日　月　日

2 水にとける量①

基本のワーク

学習の目標
ものが水にとける量には、限りがあることを理解しよう。

教科書 139、145～148ページ　答え 19ページ

図を見て、あとの問いに答えましょう。

1 食塩やミョウバンが水にとける量

変える条件	同じにする条件
水の量	水の温度

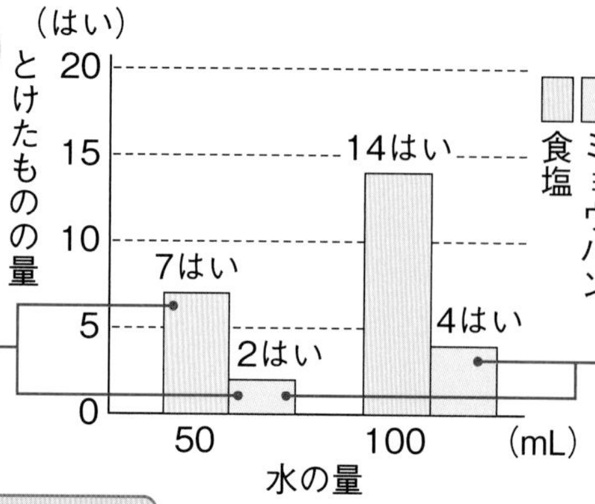

(1) ①の（　）のうち、正しいほうを◯で囲みましょう。
(2) 水の量を2倍にすると、とける量は何倍になりますか。②の□に書きましょう。
(3) ③、④の（　）のうち、正しいほうを◯で囲みましょう。

2 メスシリンダーの使い方

(1) 目もりの読み取り方として①、②の（　）のうち、正しいほうを◯で囲みましょう。
(2) 図から読み取った体積を③の□に書きましょう。

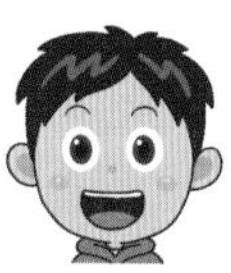

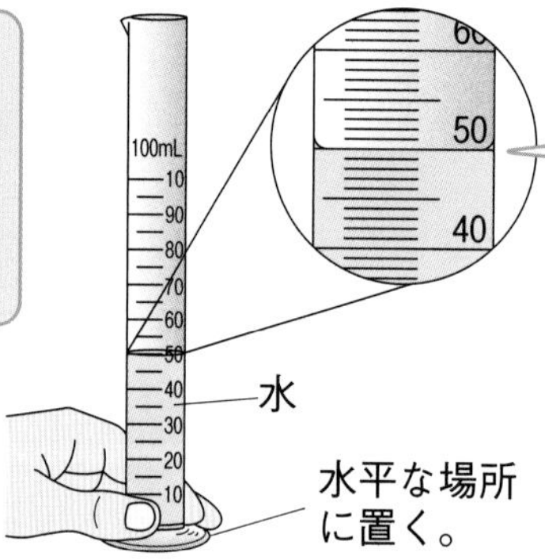

まとめ　〔増える　限り〕から選んで（　）に書きましょう。

- ものが水にとける量には①（　　　）がある。
- 水にとけるものの量は、水の量を増やすと②（　　　）。

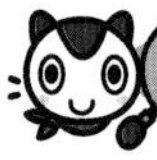

わくわくたんてい団　量を比べるとき、ぼうグラフに表すとわかりやすくなります。ぼうグラフは、たてのじくにとけたものの量、横のじくに水の量をかき、結果に合わせてぼうをかきます。

練習のワーク

教科書 139、145～148ページ　答え 19ページ

できた数　/11問中

1　メスシリンダーの使い方について、次の問いに答えましょう。

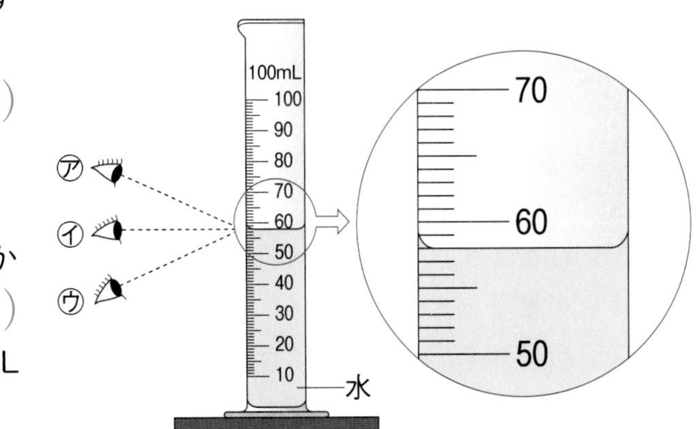

(1) メスシリンダーは、何をはかるものですか。次のア、イから選びましょう。（　　）

ア　液体の重さ
イ　液体の体積

(2) 図のメスシリンダーは、何mLまではかれますか。（　　）

(3) 図のメスシリンダーの１目もりは、何mLを表していますか。（　　）

(4) メスシリンダーの目もりを読むときは、目の位置をどこにしますか。㋐～㋒から選びましょう。（　　）

(5) 図で、はかり取った水の量は何mLですか。（　　）

2　水50mLと水100mLに、食塩とミョウバンを計量スプーンにすり切り１ぱいずつ入れてかき混ぜ、何ばいまでとけるのかを調べました。その結果、右の表のようになりました。次の問いに答えましょう。ただし、水の温度は同じにして実験をしました。

	水50mL	水100mL
食塩	7はい	14はい
ミョウバン	2はい	4はい

作図・(1) 表の実験結果のうち、水50mLにとけた食塩の量の結果を、下のグラフに表しました。そのほかの結果もグラフにかき入れ、ぼうグラフを完成させましょう。

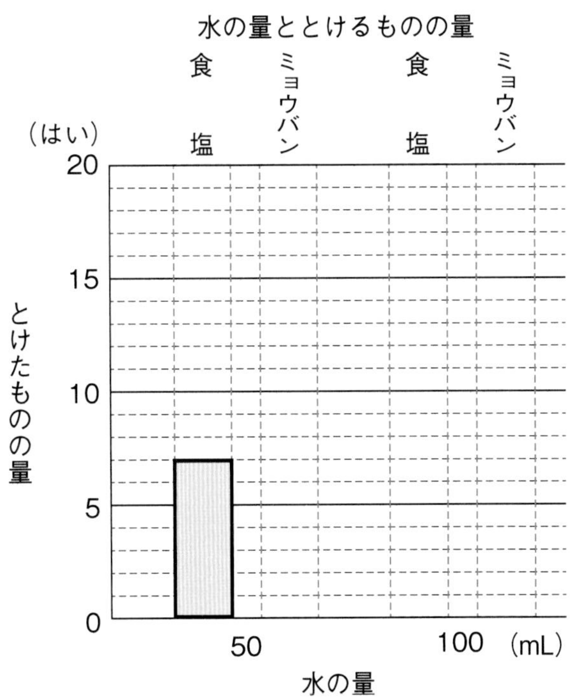

(2) 水50mLにとける量が多いのは、食塩とミョウバンのどちらですか。（　　）

(3) 水100mLにとける量が多いのは、食塩とミョウバンのどちらですか。（　　）

(4) 決まった量の水にとけるものの量には、限りがありますか。（　　）

(5) 水の量を２倍にすると、もののとける量は何倍になりますか。（　　）

(6) 水の量を200mLにして実験を行うと、ミョウバンは、スプーンで何ばいまでとけると考えられますか。（　　）

まとめのテスト①

8 もののとけ方

教科書 139〜148ページ　答え 20ページ

1 器具の使い方 **実験器具の使い方について、次の問いに答えましょう。** 1つ4〔28点〕

図1

㋐

100mL
100
90
80
70
60
50
40
30
20
10
水
60
50
40

㋑

0g

(1) ㋐の器具を何といいますか。

(　　　　　　　　)

(2) ㋐の器具を使って水をはかり取るとき、どのような使い方をしますか。次の(　)に当てはまる語を、下の〔　〕から選んで書きましょう。

㋐の器具を①(　　　　)なところに置き、水をやや少なめに入れる。液面を②(　　　　)から見ながら、はかり取る体積の目もりまで、③(　　　　　)で水を入れる。

〔 ビーカー　スポイト　上　真横　水平 〕

(3) ㋐の器具に入っている水は何mLですか。

(　　　　　)

(4) ㋑の器具を何といいますか。

(　　　　　　　　)

(5) 図2のように、㋑の器具を使って、食塩を水にとかす前(㋒)と後(㋓)の重さがどうなっているかを調べました。しかし、図2の㋓にはたりないものがあります。たりないものは何ですか。

(　　　　　)

図2

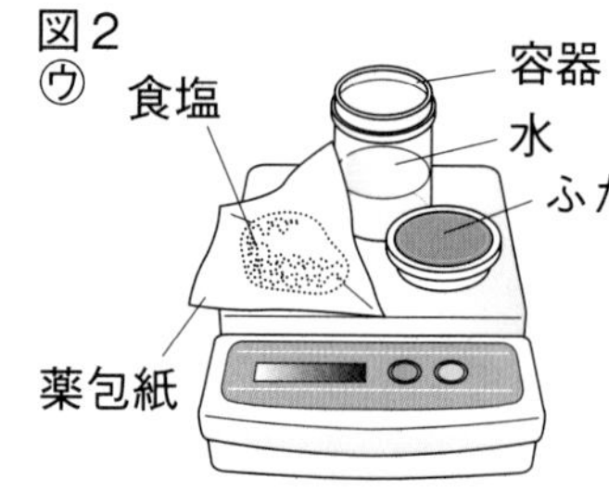

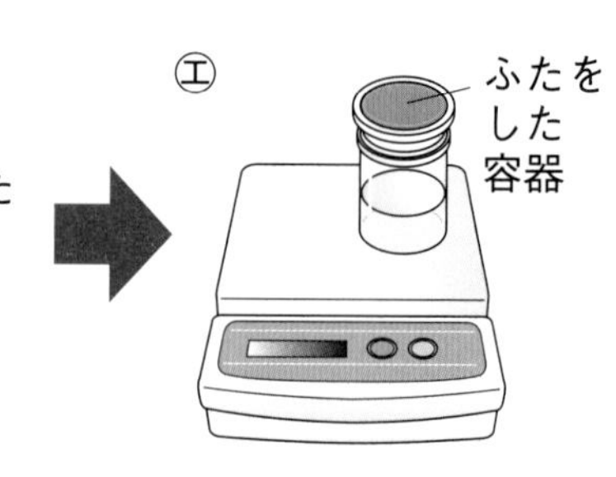

2 水よう液 **右の図のように、水を入れたペットボトルに食塩を入れたところ、とけていくようすが見えました。次の問いに答えましょう。** 1つ4〔24点〕

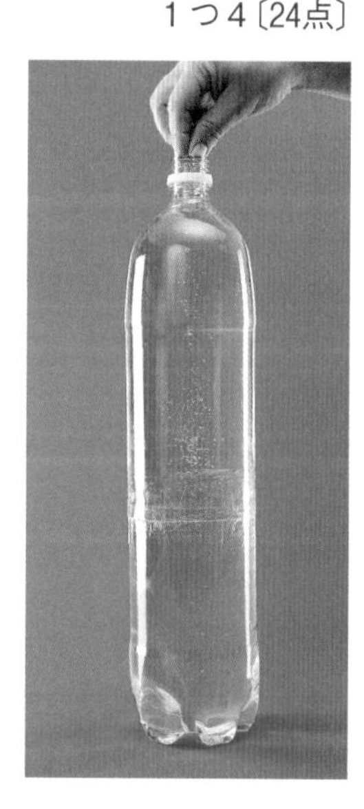

(1) 食塩を水にとかした後のようすについて、正しいものには○、まちがっているものには×をつけましょう。

①(　　　)色はなく、液はすき通っている。

②(　　　)液はにごっていて、ペットボトルの反対側がよく見えない。

③(　　　)食塩のつぶが、水の中で光っているのが見える。

④(　　　)食塩のつぶは、まったく見えない。

⑤(　　　)おおいをして、液を2〜3日そのまま置いておくと、液の上のほうがこくなる。

(2) 食塩のかわりにコーヒーシュガーをとかしたところ、色のついたすき通った液ができました。この液は水よう液といえますか。

(　　　　　　)

3 とけたもののゆくえ　とけたものが水よう液の中にあるのか調べます。次の問いに答えましょう。

1つ4〔24点〕

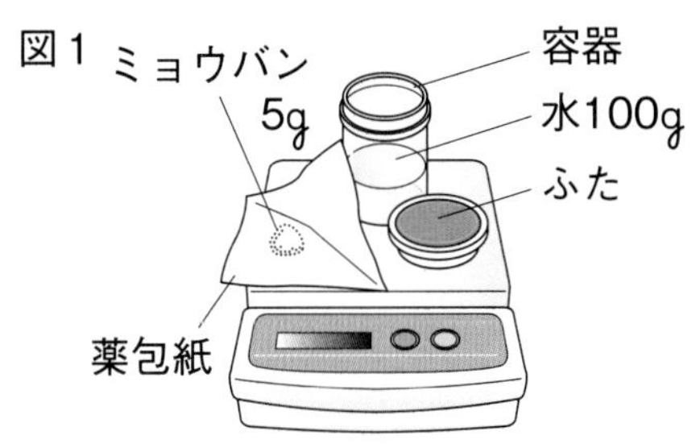

(1) 図1のようにして、ミョウバン5gを水100gにとかす前と、とかした後の全体の重さを比べました。ミョウバンを水にとかす前の全体の重さは158gでした。

① ミョウバンを容器の中の水にとかした後の全体の重さは何gですか。　（　　　　　）

チャレンジ!　② 容器とふた、薬包紙の合計の重さは、何gですか。　（　　　　　）

(2) 水の重さ、とかすものの重さ、できた水よう液の重さの間には、どのような関係がありますか。次の（　）に当てはまる記号を、下の〔　〕から選んで書きましょう。

水の重さ①（　　　）とかすものの重さ②（　　　）水よう液の重さ

〔 ＋　－　÷　×　＝ 〕

(3) 図2のように、ミョウバンの水よう液をガラスぼうでスライドガラスにうすく広げるようにぬり、ドライヤーの風を当てました。

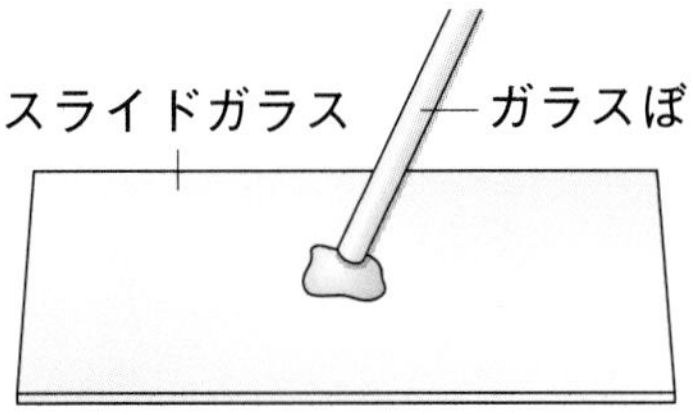

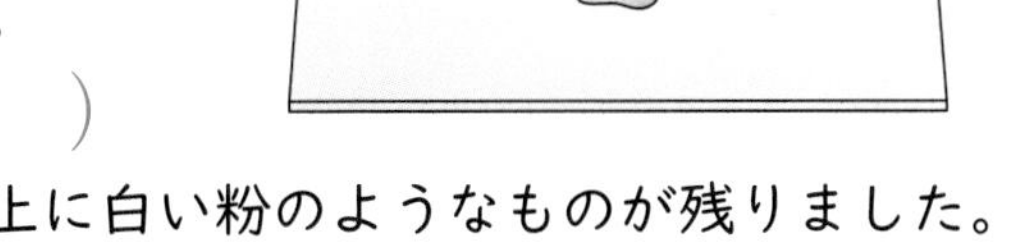

記述　① ドライヤーの風を当てるのは、何のためですか。
（　　　　　　　　　　　　　　　）

② ドライヤーの風を当てると、スライドガラスの上に白い粉のようなものが残りました。この粉のようなものは何ですか。　（　　　　　）

チャレンジ!　4 ものが水にとける量　水50mLと水100mLに食塩とミョウバンがどれだけとけるのかを調べました。右の図は、結果をグラフに表したものです。次の問いに答えましょう。ただし、水の温度はすべて同じにしています。

1つ4〔24点〕

(g)
40
30
20
10
0
とけたものの量
50　100　(mL)
水の量
食塩　ミョウバン

(1) 水50mLに食塩10gを入れてかき混ぜました。食塩はすべてとけますか、とけ残りますか。
（　　　　　）

(2) 水50mLにミョウバン10gを入れてかき混ぜました。ミョウバンはすべてとけますか、とけ残りますか。　（　　　　　）

(3) 一定の量の水にとける食塩とミョウバンの量は、同じですか、ちがいますか。　（　　　　　）

(4) 水50mLに食塩20gを加えると、とけ残りが出ました。水を100mLにすると食塩20gはすべてとけますか、とけ残りますか。
（　　　　　）

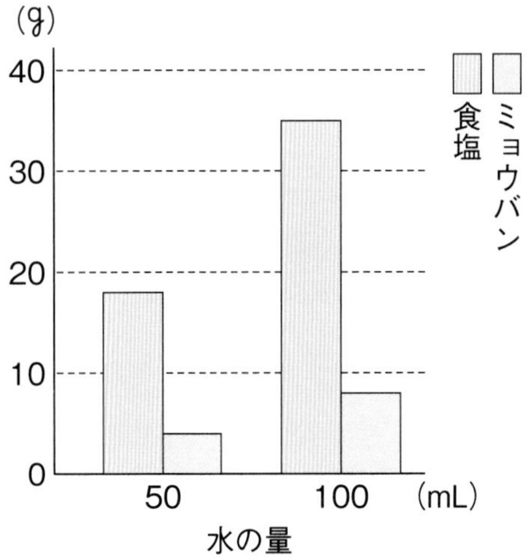

(5) 水100mLにミョウバン15gを加えると、とけ残りが出ました。とけ残りをなくすには、水の量をどのようにするとよいですか。　（　　　　　）

記述　(6) 水の量を増やしたときの、水の量とものとける量の関係について、この結果から何がわかりますか。
（　　　　　　　　　　　　　　　）

2　水にとけるものの量②

基本のワーク

教科書 148〜150ページ　答え 21ページ

学習の目標
水の温度とものがとける量の関係を理解しよう。

図を見て、あとの問いに答えましょう。

1　水の温度とものののとけ方

変える条件	同じにする条件
・水の①［　　］	・水の②［　　］

水50mLにとける食塩の量

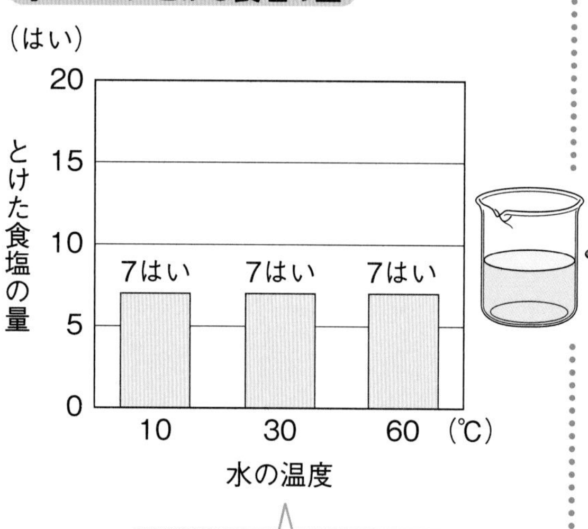

水にとける食塩の量は水の温度を上げても、ほとんど③［　　］。

水50mLにとけるミョウバンの量

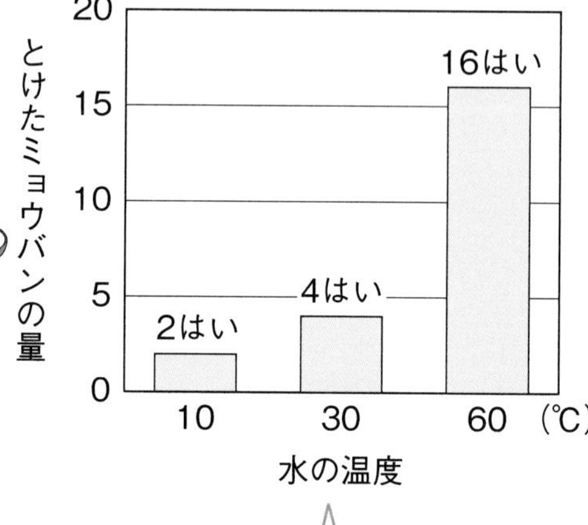

水にとけるミョウバンの量は水の温度を上げると、④［　　］。

水の温度によるとける量の変化のしかたは、とかすものによって⑤（ 同じ　ちがう ）。

⑴　この実験で、変える条件と、同じにする条件は何ですか。下の〔　〕から選んで、①、②の［　］に書きましょう。　〔 量　温度 〕

⑵　実験の結果、食塩とミョウバンのとける量はどうなりますか。下の〔　〕から選んで③、④の［　］に書きましょう。　〔 増える　変化しない　減る 〕

⑶　温度によるもののとけ方について、⑤の（　）のうち正しいほうを◯で囲みましょう。

まとめ　〔 ちがう　水の温度 〕から選んで（　）に書きましょう。

●食塩やミョウバンなどを、①（　　　　）を変化させてとかしたとき、とける量の変化のしかたは、水にとかすものによって②（　　　　）。

わくわくたんてい団
サイダーなどの炭酸(たんさん)飲料からは、あわが出てきます。このあわの正体は、二酸化炭素(にさんかたんそ)という気体です。炭酸飲料のように、水よう液には気体がとけているものも多くあります。

練習のワーク

できた数　／8問中

教科書 148〜150ページ　答え 21ページ

1 水50mLの温度を変えて、食塩とミョウバンを計量スプーンですり切り1ぱいずつ入れてとかしていき、水の温度ととける量のちがいを調べました。表は、この実験の結果をまとめたものです。あとの問いに答えましょう。

	10℃	30℃	60℃
食塩	7はい	7はい	7はい
ミョウバン	2はい	4はい	16はい

図1

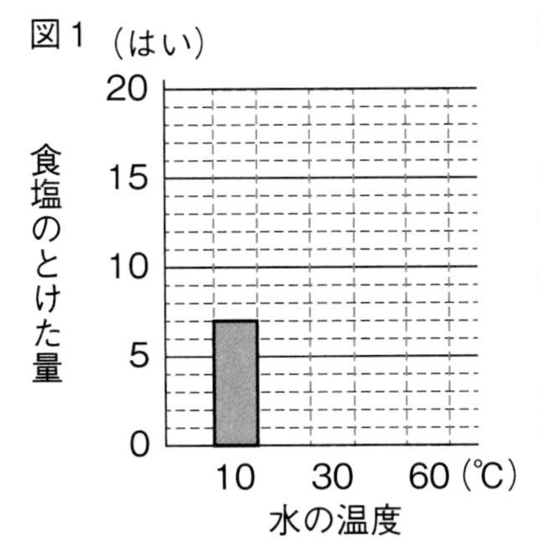

図2

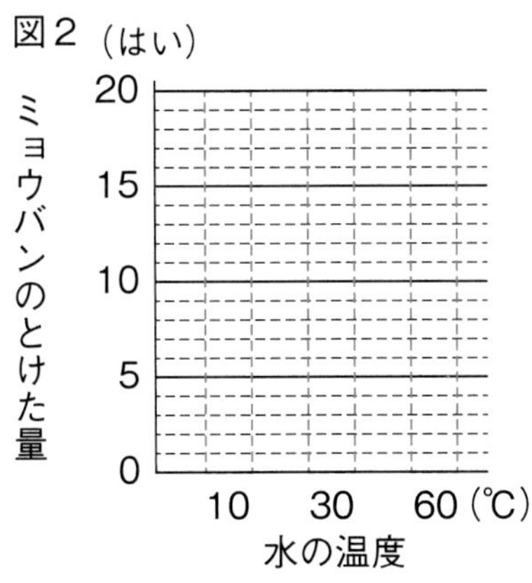

作図 (1) 食塩の実験の結果を、図1にぼうグラフで表しましょう。

作図 (2) ミョウバンの実験の結果を、図2にぼうグラフで表しましょう。

(3) 水の温度が10℃のとき、水50mLに多くとけるのは食塩とミョウバンのどちらですか。
(　　　　)

(4) 水の温度が60℃のとき、水50mLに多くとけるのは食塩とミョウバンのどちらですか。
(　　　　)

(5) 水の温度と食塩のとける量について、ア〜ウから正しいものを選びましょう。(　　　)

ア 水の温度を上げると、決まった量の水にとける食塩の量が増える。
イ 水の温度を上げると、決まった量の水にとける食塩の量が減る。
ウ 水の温度を上げても、決まった量の水にとける食塩の量はほとんど変化しない。

(6) 水の温度とミョウバンのとける量について、ア〜ウから正しいものを選びましょう。
(　　　)

ア 水の温度を上げると、決まった量の水にとけるミョウバンの量が増える。
イ 水の温度を上げると、決まった量の水にとけるミョウバンの量が減る。
ウ 水の温度を上げても、決まった量の水にとけるミョウバンの量はほとんど変化しない。

(7) 10℃の水100mLに食塩を計量スプーンで15はい入れてかき混ぜたところ、とけ残りが出ました。とけ残りをすべてとかす方法としてよいものを、ア〜ウから選びましょう。
(　　　)

ア 水よう液に水を加える。
イ 水よう液の温度を上げる。
ウ 水よう液の温度を下げる。

(8) 10℃の水100mLにミョウバンを計量スプーンで8はい入れてかき混ぜたところ、とけ残りが出ました。とけ残りをすべてとかす方法としてよいものを、(7)のア〜ウからすべて選びましょう。(　　　　)

3 とかしたものを取り出すには

学習の目標
とけたものを取り出す方法について理解しよう。

基本のワーク

教科書 151～161ページ　答え 22ページ

図を見て、あとの問いに答えましょう。

1 ろ過（か）のしかた

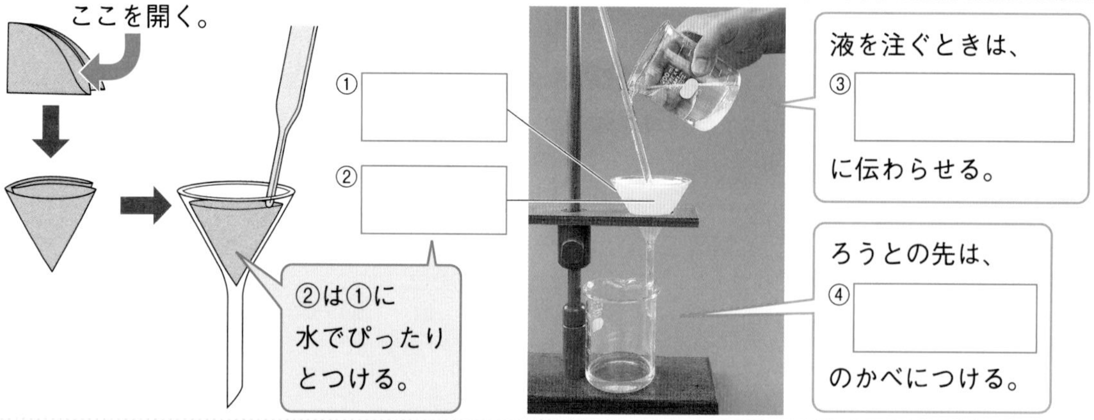

ここを開く。

①
②

②は①に水でぴったりとつける。

液を注ぐときは、③［　　］に伝わらせる。

ろうとの先は、④［　　］のかべにつける。

(1) ①の［　］に器具の名前を、②の［　］に紙の名前を書きましょう。
(2) ろ過するときの注意点を、③、④の［　］に書きましょう。

2 とかしたものを取り出す

水よう液を冷やす

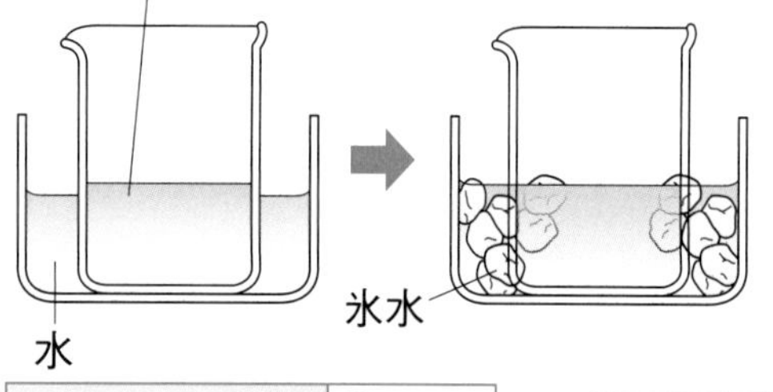

とけるだけとかし、
とけ残りはろ過した30℃の水よう液

水　氷水

ミョウバン	①
食　塩	②

食塩は、水の温度によってとける量が⑤（ 変わる ほとんど変わらない ）。

水よう液から水をじょう発させる

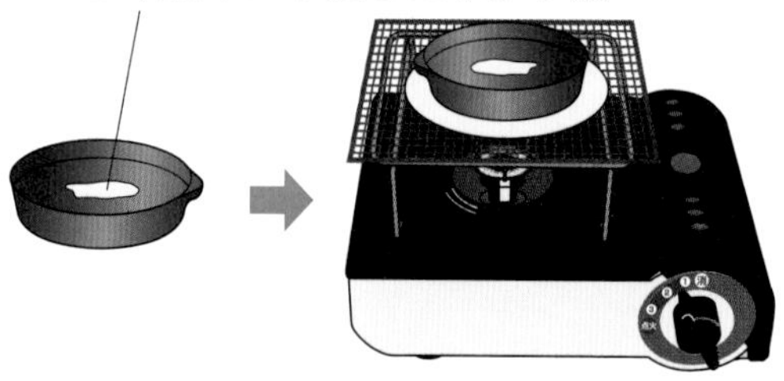

とけるだけとかし、
とけ残りはろ過した水よう液

ミョウバン	③
食　塩	④

(1) ①～④に、つぶが取り出せたものには○、取り出せなかったものには×をつけましょう。
(2) ⑤の（　）のうち、正しいほうを◯で囲みましょう。

まとめ 〔 温度を下げる　水をじょう発 〕から選んで（　）に書きましょう。

●水よう液の①（　　　　　　）と、ミョウバンは取り出せるが、食塩は取り出せない。
●水よう液の②（　　　　　　）させると、ミョウバンも食塩も取り出せる。

わたしたちが使っている塩は、ほとんどが海水からつくられています。海の水をくみ上げてこい塩水をつくり、そこから水をじょう発させて塩を取り出しています。

練習のワーク

教科書 151〜161ページ　答え 22ページ

できた数　／9問中

1 次の図は、ろ過のしかたをかんたんに表したものです。正しいものはどれですか。㋐〜㋓から選びましょう。（　　）

㋐
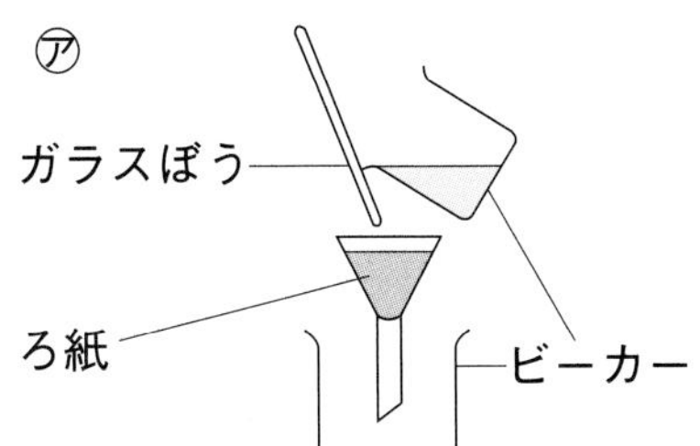

㋑
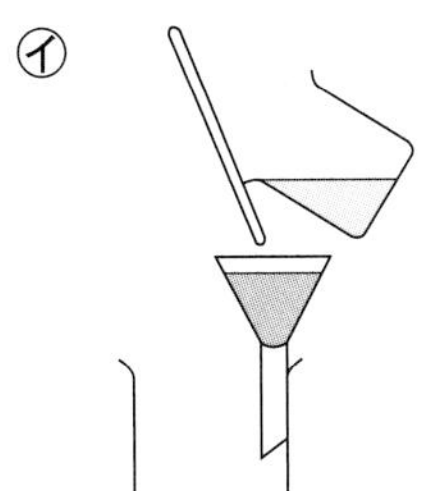

㋒
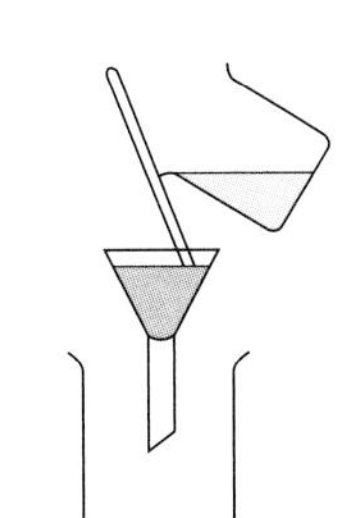

㋓

2 右のグラフは、いろいろな温度の水50mLに食塩とミョウバンを計量スプーンすり切り1ぱいずつ入れ、何ばいとけるかを調べたものです。次の問いに答えましょう。

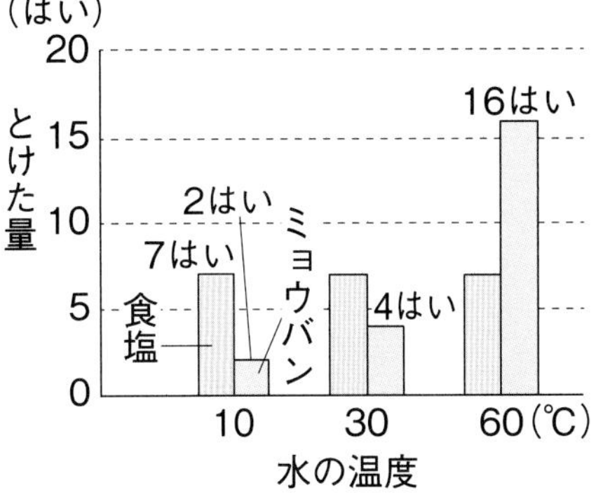

(1) 次の①〜③の温度のとき、食塩とミョウバンでは、どちらが多くとけますか。

① 10℃のとき（　　）

② 30℃のとき（　　）

③ 60℃のとき（　　）

(2) 水の温度を上げたとき、とける量が増えるのは、食塩とミョウバンのどちらですか。

（　　）

(3) 2つのビーカーに、60℃の水が50mLずつ入っています。一方に食塩を3ばい、もう一方にミョウバンを3ばい入れてとかしました。この水よう液の温度を30℃まで冷やすと、食塩とミョウバンのつぶは出てきますか。ア〜エから選びましょう。（　　）

ア　食塩のつぶが出てくる。

イ　ミョウバンのつぶが出てくる。

ウ　食塩とミョウバンのつぶが出てくる。

エ　どちらのつぶも出てこない。

食塩は、温度が変わってもとける量は変わらないね。

(4) (3)の水よう液の温度を10℃まで冷やしました。食塩とミョウバンのつぶは出てきますか。(3)のア〜エから選びましょう。（　　）

(5) 次の①、②のうち、食塩水から食塩のつぶを取り出す方法としてよいものに○をつけましょう。

①（　　）水よう液を冷やす。

②（　　）水よう液から水をじょう発させる。

(6) 次の①、②のうち、ミョウバンの水よう液からミョウバンのつぶを取り出す方法としてよいものすべてに○をつけましょう。

①（　　）水よう液を冷やす。

②（　　）水よう液から水をじょう発させる。

まとめのテスト②

8 もののとけ方

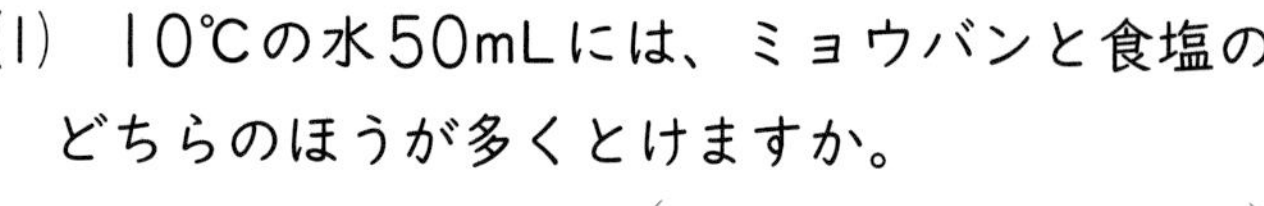

よく出る **1** **ものがとける量** **右のグラフは、10℃、30℃、60℃の水50mLにとけるミョウバンと食塩の量を調べた結果を表したものです。次の問いに答えましょう。** 1つ4〔28点〕

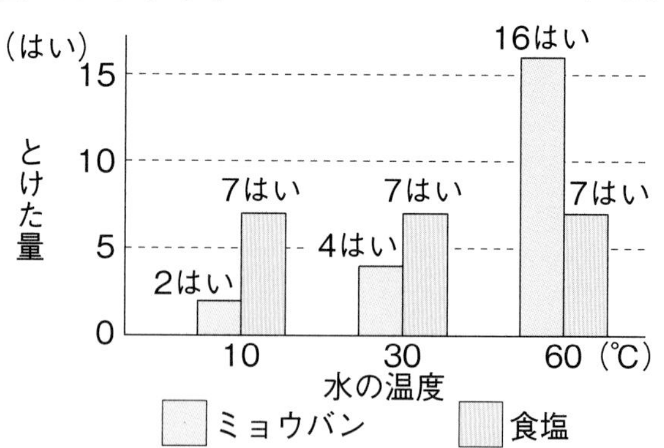

たてのじくは、計量スプーンですり切り何ばいかを示している。

(1) 10℃の水50mLには、ミョウバンと食塩のどちらのほうが多くとけますか。 (　　　)

(2) 60℃の水50mLには、ミョウバンと食塩のどちらのほうが多くとけますか。 (　　　)

(3) 30℃の水50mLにミョウバンを5はい入れてとかしました。とけ残りは出ますか。 (　　　)

(4) 60℃の水50mLにミョウバンを5はい入れてとかしました。とけ残りは出ますか。 (　　　)

(5) 10℃と60℃の水50mLにそれぞれ食塩を10ぱい入れてとかしました。とけ残りは出ますか。 10℃(　　　) 60℃(　　　)

(6) 水の温度とミョウバンや食塩のとける量について、どのようなことがわかりますか。ア〜エから正しいものをすべて選びましょう。 (　　　)

ア　ミョウバンは、水の温度を上げると、とける量が増える。

イ　ミョウバンは、水の温度を上げても、とける量はほとんど変わらない。

ウ　食塩は、水の温度を上げると、とける量が増える。

エ　食塩は、水の温度を上げても、とける量はほとんど変わらない。

チャレンジ! **2** **ものがとける量** **㋐〜㋒の3つのビーカーにそれぞれ温度のちがう水を同じ量ずつ入れ、ミョウバンをとけるだけとかしました。そして、3つのビーカーを氷水に入れて同じ温度にまで冷やしたところ、右の図のようになりました。次の問いに答えましょう。** 1つ4〔20点〕

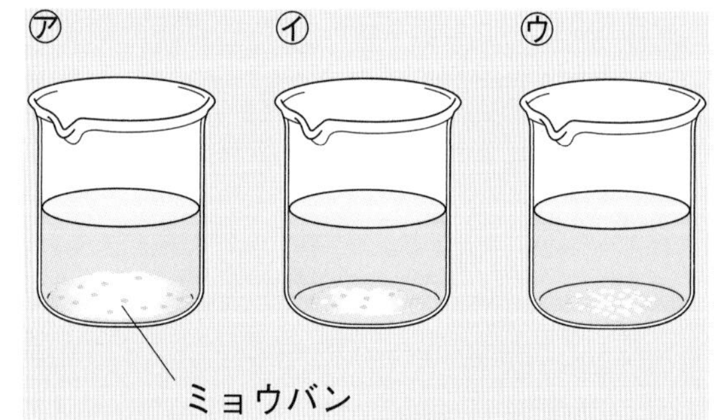

(1) 出てきたミョウバンの量がいちばん多かったのは、㋐〜㋒のどれですか。 (　　　)

(2) 冷やす前の水にとけていたミョウバンの量がいちばん多かったのは、㋐〜㋒のどれですか。 (　　　)

(3) 冷やす前の水の温度がいちばん高かったのは、㋐〜㋒のどれですか。 (　　　)

(4) ㋐〜㋒のミョウバンを、ろ紙を使ってこしました。このようにして、固体と液体を分けることを何といいますか。 (　　　)

(5) (4)で分けた液には、ミョウバンがとけていますか。 (　　　)

3 **とけたものの取り出し方** **右のグラフは、10℃、30℃、60℃の水50mLにとけるミョウバンの量を表したものです。次の問いに答えましょう。** 1つ5〔40点〕

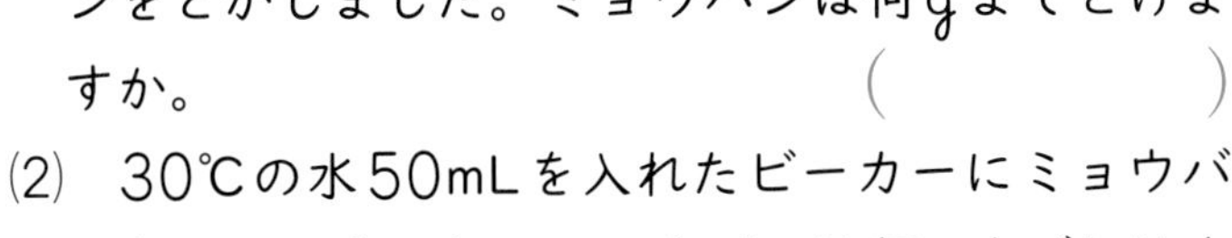

(1) 60℃の水50mLを入れたビーカーにミョウバンをとかしました。ミョウバンは何gまでとけますか。 (　　　　)

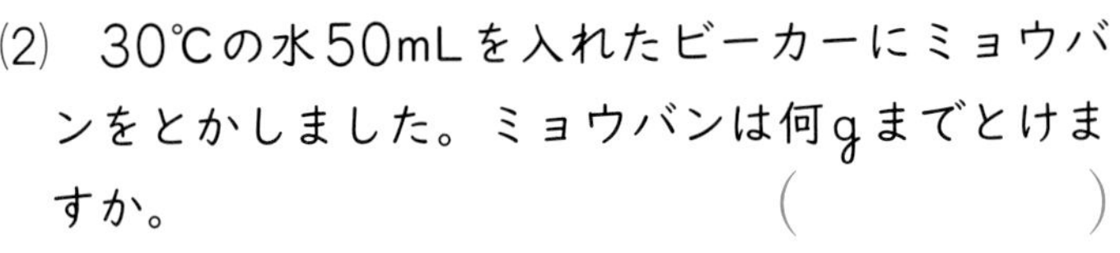

(2) 30℃の水50mLを入れたビーカーにミョウバンをとかしました。ミョウバンは何gまでとけますか。 (　　　　)

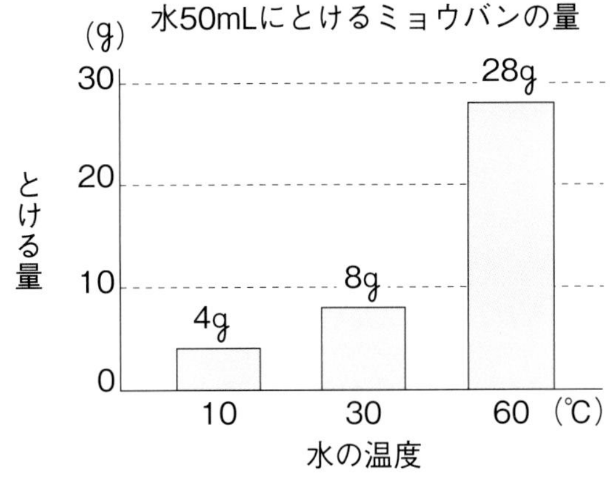

(3) 水の温度を下げたとき、ミョウバンのとける量はどのようになりますか。
(　　　　　　　　　　　　　　　　　　)

(4) 60℃の水50mLにミョウバンをとけるだけとかしました。その後、水よう液を30℃まで冷やすと、とけていたミョウバンのつぶを何g取り出すことができますか。(1)と(2)から計算して求めましょう。
(　　　　)

記述 (5) 60℃の水50mLにミョウバンをとけるだけとかしました。この水よう液からミョウバンを取り出すには、どのようにすればよいですか。方法を2つ答えましょう。
(　　　　　　　　　　　　　　　　　　　　　　　　　　　　)
(　　　　　　　　　　　　　　　　　　　　　　　　　　　　)

(6) 同じように、水50mLにとける食塩の量を調べたところ、10℃、30℃、60℃のすべてで約18gでした。水の温度を下げたとき、食塩のとける量はどのようになりますか。
(　　　　　　　　　　　　)

(7) 60℃の水50mLに食塩をとけるだけとかしました。水よう液を10℃まで冷やすと、とけていた食塩のつぶを取り出すことができますか。 (　　　　　　)

4 **とけたものの取り出し方** **60℃の水50mLに食塩をとけ残りが出るまでとかし、食塩の水よう液ととけ残りを、ろ紙を使って分けました。次の問いに答えましょう。** 1つ6〔12点〕

(1) とけ残った食塩と水よう液に分ける方法として正しいものを、次の㋐～㋓から選びましょう。ただし、ろうと台はかかれていません。 (　　　)

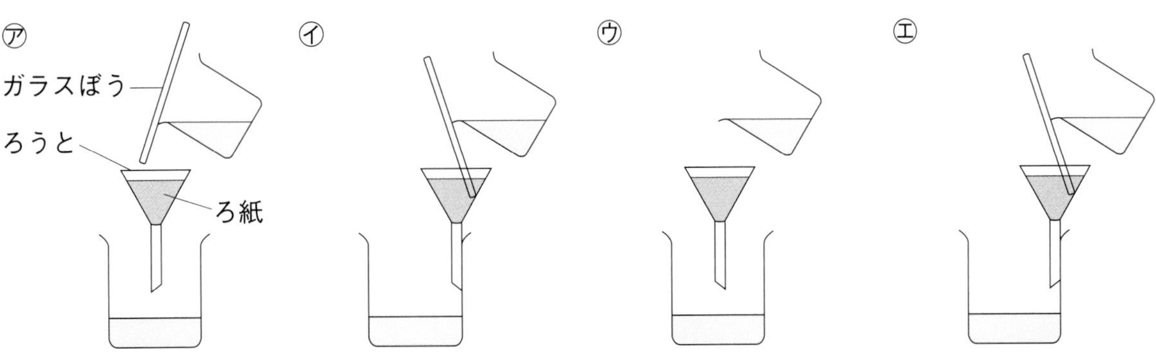

記述 (2) 分けた水よう液から食塩を取り出すには、どのようにすればよいですか。方法を答えましょう。
(　　　　　　　　　　　　　　　　　　　　　　　　　　　　)

勉強した日　月　日

1　電磁石の極の性質①

基本のワーク

学習の目標・
電磁石のつくり方と電磁石のはたらきを理解しよう。

教科書 162～166ページ　答え 23ページ

図を見て、あとの問いに答えましょう。

1 電磁石（でんじしゃく）のつくり方

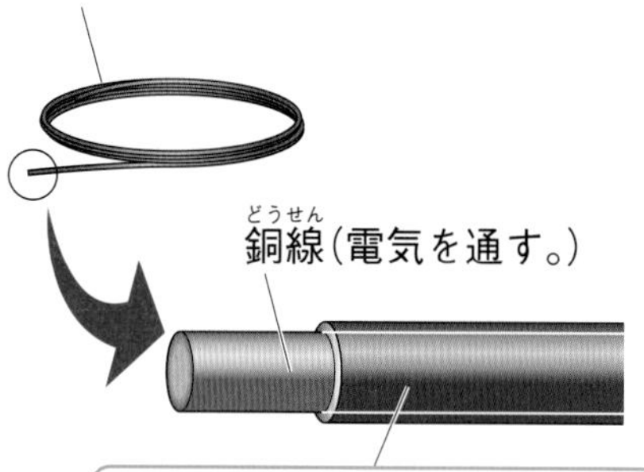

エナメル線

銅線（どうせん）（電気を通す。）

ひまく
（電気を①［　　］。）

紙やすりでひまくを②［　　］。

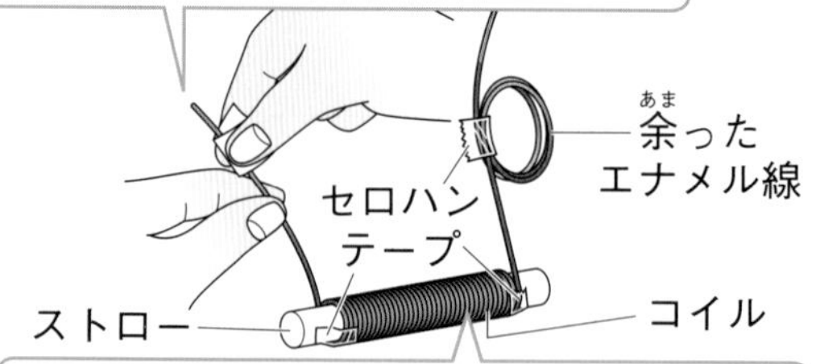

余（あま）った
エナメル線

セロハンテープ

ストロー

コイル

ストローにエナメル線を同じ向きにまく。

鉄心を入れ、③［　　］をつくる。

(1)　ひまくは電気を通しますか。また、電磁石をつくるとき、両はしのひまくをどのようにしますか。①、②の［　］に書きましょう。

(2)　③の［　］に当てはまる言葉を書きましょう。

2 電磁石のはたらき

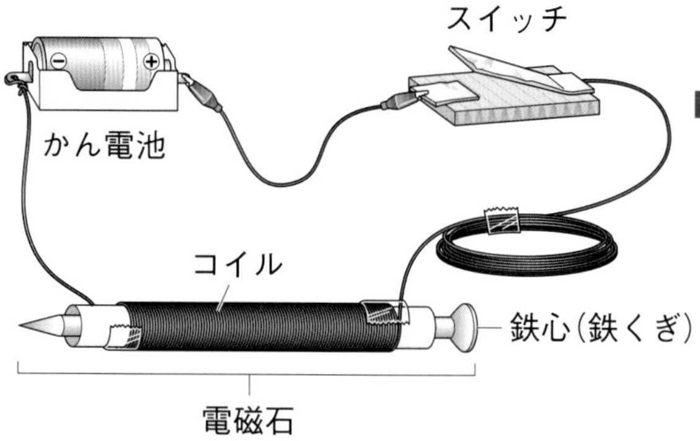

スイッチ

かん電池

コイル

鉄心（鉄くぎ）

電磁石

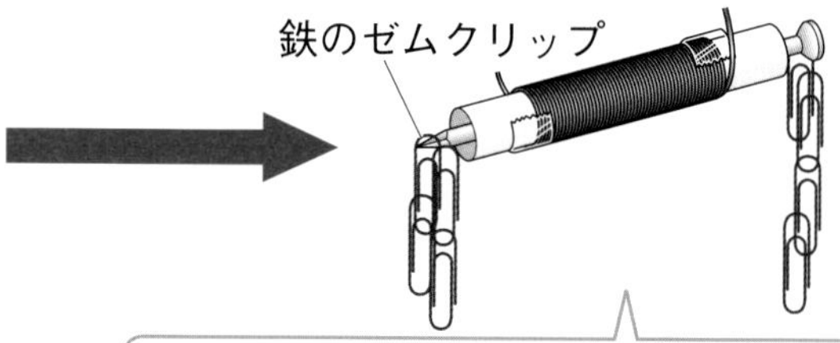

鉄のゼムクリップ

コイルに①［　　］を流すと、
ゼムクリップは、電磁石の
②（ 両はし　真ん中 ）につく。

(1)　どのようにするとゼムクリップがつくようになりますか。①の［　］に書きましょう。

(2)　ゼムクリップはどこにつきますか。②の（　）のうち、正しいほうを◯で囲みましょう。

まとめ　〔 電磁石　コイル 〕から選んで（　）に書きましょう。

●エナメル線をまいた①（　　　　）に鉄心を入れて電流を流すと、鉄心が鉄を引きつける。これを②（　　　　）という。

わくわくたんてい団

電磁石は、電流が流れなくなると、磁石のはたらきがなくなります。鉄のかたまりを運ぶクレーンは、電磁石に電流を流して鉄を引きつけて移動（いどう）し、下ろす場所で電流を止めます。

練習のワーク

教科書 162～166ページ　答え 23ページ

できた数　／6問中

1 次の㋐～㋓は、電磁石をつくるようすです。あとの問いに答えましょう。

㋐鉄心(鉄くぎ)をコイルの中に入れる。

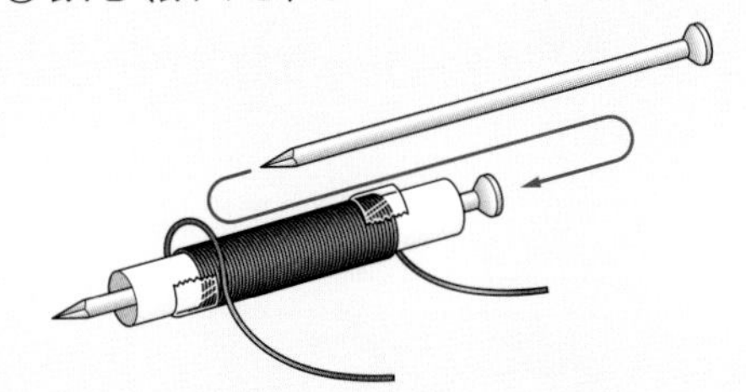

㋑両はしのひまくを2cmほどはがす。

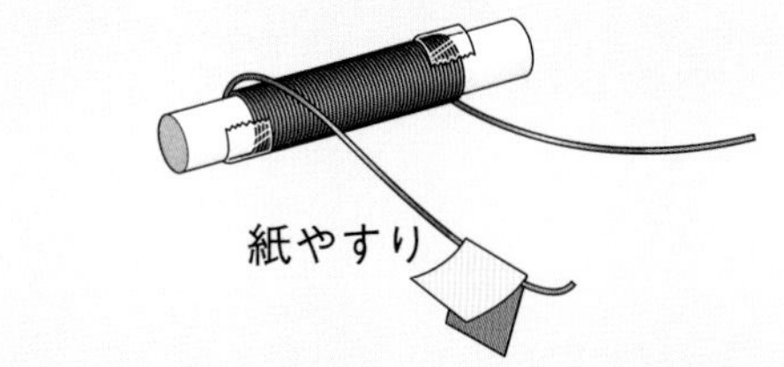

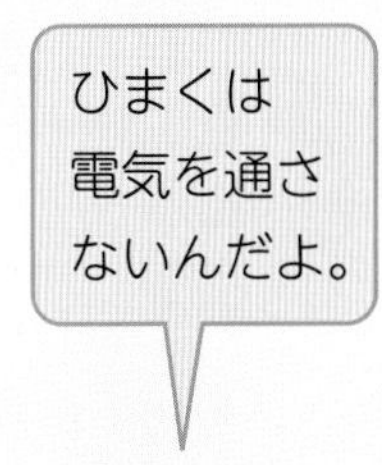

㋒エナメル線を同じ向きにまく。

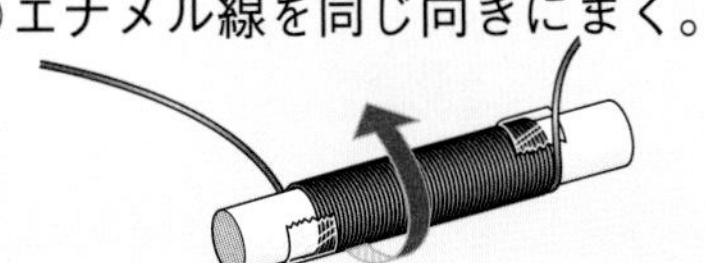

㋓エナメル線をストローに留めめる。

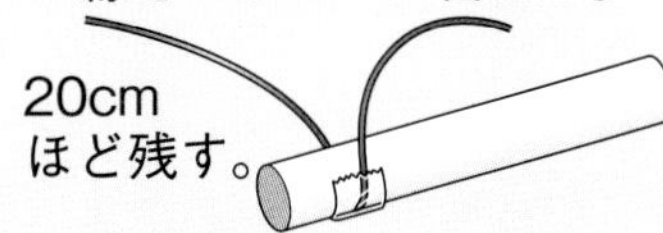

(1)　㋐～㋓を、電磁石のつくり方として正しい順にならべましょう。
(　　→　　→　　→　　)

(2)　エナメル線は、何の線をひまくでおおったものですか。　(　　　)

(3)　㋑で、エナメル線の両はしのひまくを紙やすりではがすのはなぜですか。次のア、イから選びましょう。　(　　)

ア　電磁石にするとき、はがした部分にゼムクリップを引きつけるようにするため。

イ　電磁石にするとき、コイルに電流が流れるようにするため。

2 ゼムクリップを利用して、電磁石のはたらきを調べました。あとの問いに答えましょう。

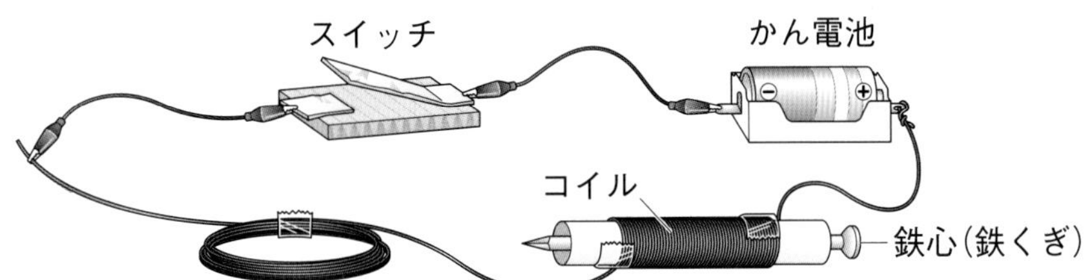

(1)　この実験では、何でできたゼムクリップを利用しますか。　(　　　)

(2)　図のように、スイッチを切っているとき、鉄心(鉄くぎ)入りのコイルをゼムクリップに近づけるとゼムクリップは、鉄心につきますか。　(　　　)

(3)　図のような鉄心入りのコイルをゼムクリップに近づけ、スイッチを入れたり切ったりしました。このときの鉄心入りのコイルのようすについて、次のア～ウから正しいものを選びましょう。　(　　)

ア　ずっとゼムクリップを引きつけたままだった。

イ　電流を流していないときだけ、ゼムクリップを引きつけた。

ウ　電流を流しているときだけ、ゼムクリップを引きつけた。

勉強した日 月 日

学習の目標
電磁石にも極があり、電流の向きで変わることを理解しよう。

1 電磁石の極の性質②

基本のワーク

教科書 166〜168ページ 答え 24ページ

図を見て、あとの問いに答えましょう。

1 電磁石のN（エヌ）極とS（エス）極

スイッチを入れて、コイルに電流を流すと方位磁針の針（はり）が動く。

電磁石にはN極とS極がある。

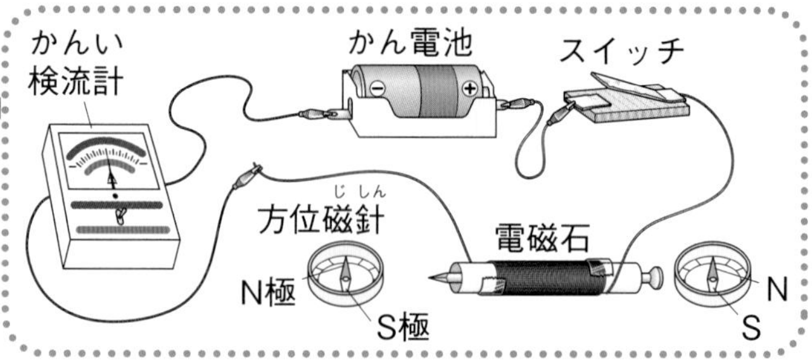

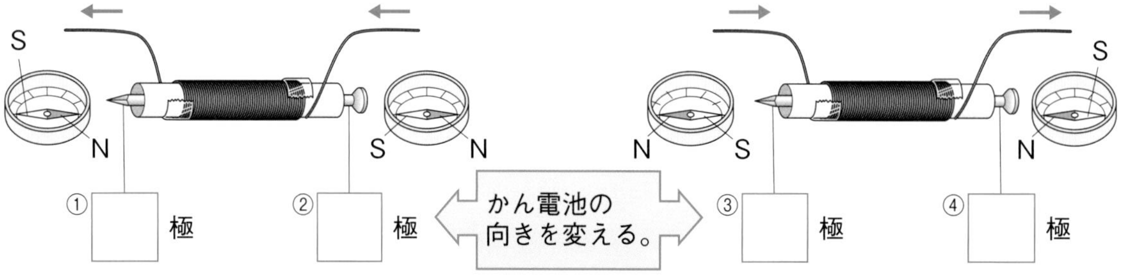

かんい検流計　かん電池　スイッチ　方位磁針（じしん）　電磁石　N極　S極　N　S

電流の向き

S　N　S　N　N　S　S　N

① 極　② 極　かん電池の向きを変える。　③ 極　④ 極

コイルに流れる電流の向きを逆にすると、電磁石の極は⑤（ 同じ　入れかわる ）。

(1) ①〜④の□に、NかSかを書きましょう。

(2) コイルに流れる電流の向きを逆にしたとき、電磁石の極はどうなりますか。⑤の（ ）のうち、正しいほうを○で囲みましょう。

2 かんい検流計

かんい検流計は、回路に流れる電流の向きや①□を調べることができる。

電流の大きさは②□A（アンペア）。

1.0 0.8 0.6 0.4 0.2 0 0.2 0.4 0.6 0.8 1.0
5 4 3 2 1 0 1 2 3 4 5
A
電流の向き

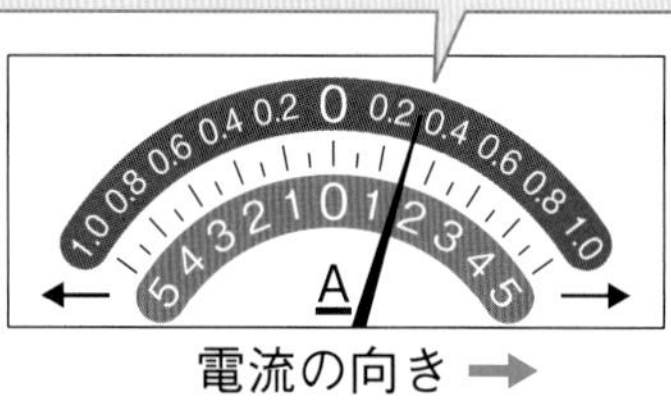

切り替えスイッチは「電磁石（5A）」側にするよ。

● ①、②の□に当てはまる言葉や数字を書きましょう。

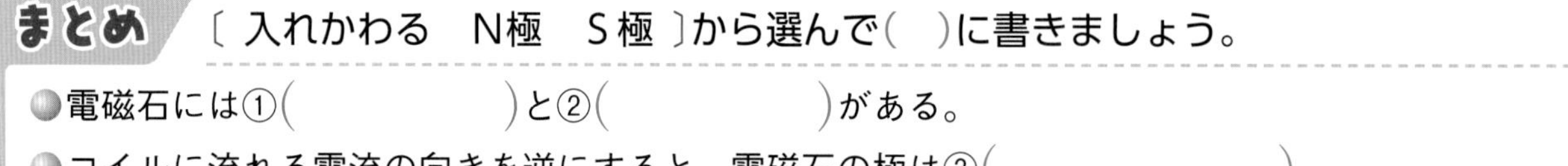

まとめ 〔 入れかわる　N極　S極 〕から選んで（ ）に書きましょう。

● 電磁石には①（　　　）と②（　　　）がある。

● コイルに流れる電流の向きを逆にすると、電磁石の極は③（　　　）。

電磁石は、いろいろな乗り物で利用されています。例えば、リニアモーターカーでは、電磁石のしりぞけ合う力と引き合う力を利用して、車両をうかせたり、進めたりしています。

練習のワーク

教科書 166～168ページ　答え 24ページ

1 次の図のように、電流の向きと電磁石のN極とS極のでき方について調べました。ただし、図にはかんい検流計の針はかかれていません。あとの問いに答えましょう。

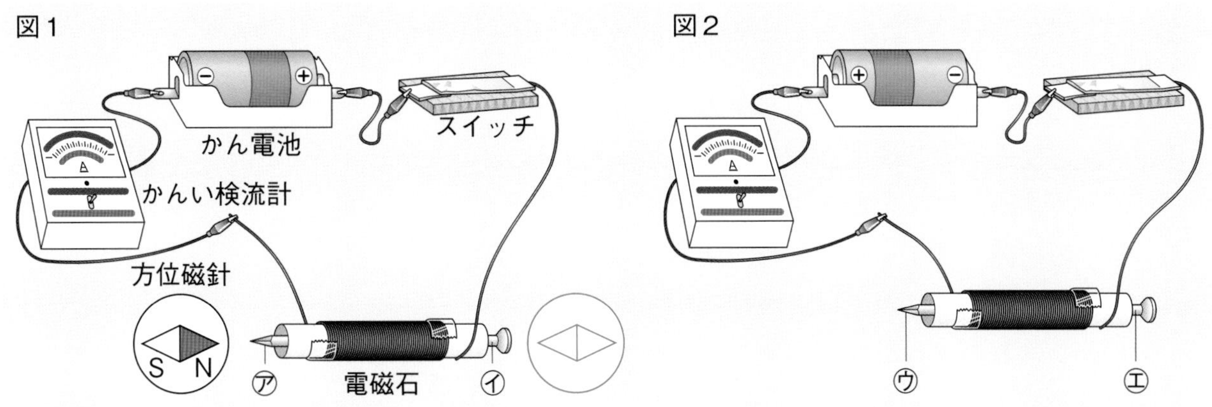

(1) 図1のとき、電磁石の㋐に方位磁針のN極が引きつけられました。このとき、電磁石にはN極とS極がありますか。（　　　）

(2) 図1のとき、㋐、㋑はそれぞれN極とS極のどちらになっていますか。
㋐（　　　）　㋑（　　　）

作図 (3) 図1のとき、電磁石の㋑の右側に方位磁針を置きました。この方位磁針の針はどのようになりますか。N極を赤くぬりましょう。

(4) 図2のように、かん電池のつなぐ向きを図1とは反対にして、電磁石の極がどのように変化するのかを調べました。次の①～③のうち、図1と図2で同じにする条件をすべて選んで○をつけましょう。
①（　　）回路に流す電流の向き
②（　　）回路に流す電流の大きさ
③（　　）エナメル線のまき方

(5) 図2で、かん電池のつなぐ向きを図1のときと反対にすると、流れる電流の向きはどのようになりますか。次のア、イから選びましょう。（　　）
ア 図1のときと同じ向きになる。　**イ** 図1のときと逆の向きになる。

(6) 図2のとき、電磁石の㋒、㋓はそれぞれN極とS極のどちらになっていますか。
㋒（　　　）　㋓（　　　）

(7) この実験から、電流の向きを逆にすると、電磁石のN極とS極がどのようになることがわかりますか。（　　　　　　）

(8) かんい検流計や電流について、次の（　）に当てはまる言葉を書きましょう。ただし、③はカタカナで答えましょう。

かんい検流計では、針が示す目もりの数字から
電流の①（　　　　）がわかり、針のふれる向きから
電流の②（　　　　）がわかる。
電流の大きさは③（　　　　）という単位で表す。

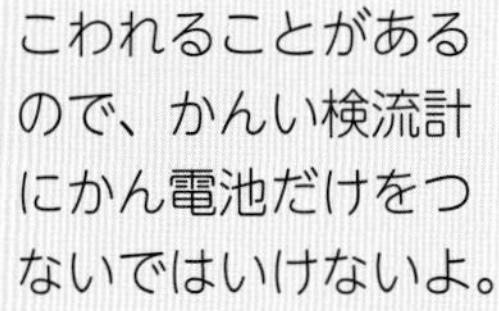

まとめのテスト①

9　電流と電磁石

教科書　162～168ページ　答え　24ページ

よく出る **1** 電磁石　**図1のように、かん電池、スイッチ、電磁石を使って回路をつくり、図2のように、電磁石を鉄のゼムクリップに近づけて電磁石のはたらきを調べました。次の問いに答えましょう。**

1つ6〔24点〕

作図　(1)　かん電池、スイッチ、電磁石を導線でつないで、回路をつくります。どのようにつなぐとよいですか。図1にかきましょう。

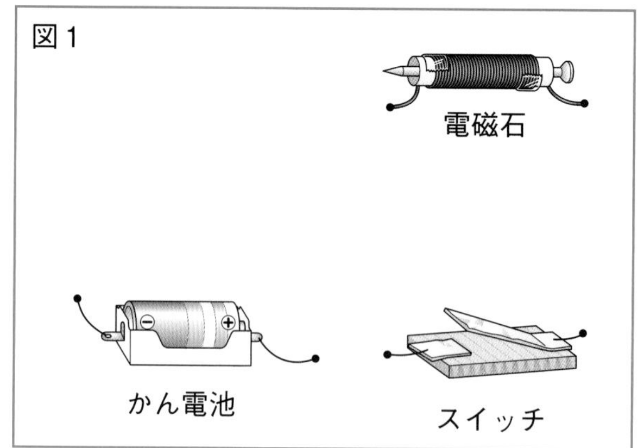

(2)　図1の回路のスイッチを入れ、図2のように電磁石をゼムクリップに近づけると、ゼムクリップはどのようになりますか。ア～ウから選びましょう。　(　　　)

ア　電磁石につく。
イ　電磁石につかない。
ウ　電磁石についたりつかなかったりする。

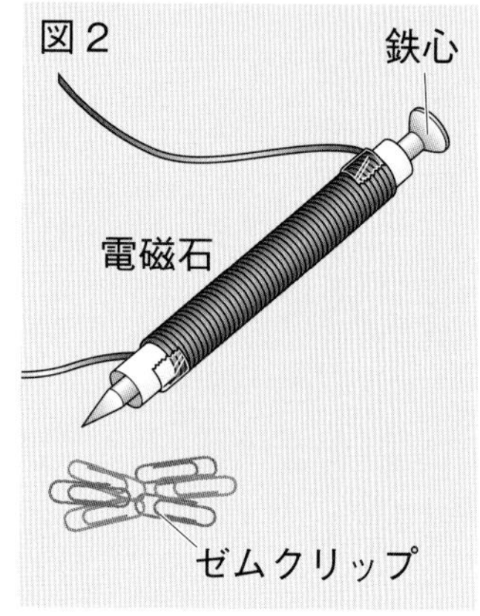

(3)　(2)の後、スイッチを切りました。ゼムクリップはどのようになりますか。ア～エから選びましょう。　(　　　)

ア　電磁石につくようになる。
イ　電磁石についていたゼムクリップの一部が落ちる。
ウ　電磁石についていたゼムクリップがすべて落ちる。
エ　電磁石についたりつかなかったりする。

記述　(4)　調べた結果から、電磁石はどのようなときに鉄を引きつけることがわかりますか。

(　　　　　　　　　　　　　　　　　　　　)

2 電磁石の極　**次の図1の鉄心(鉄くぎ)入りのコイルに電流を流し、方位磁針の針がどのようになるのかを調べる実験をしました。あとの問いに答えましょう。**

1つ5〔15点〕

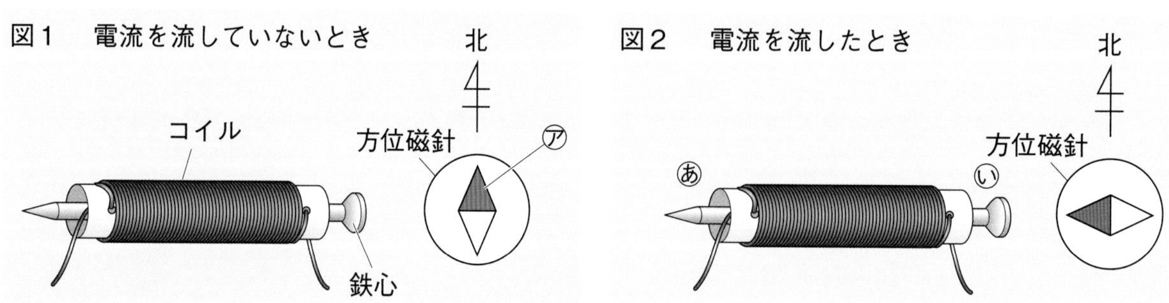

(1)　図1の方位磁針の、北を指している㋐は何極ですか。　(　　　)

(2)　電流を流したとき、図2のように方位磁針の針がふれました。このとき、Ⓐ、Ⓘはそれぞれ何極になっていますか。

Ⓐ(　　　)　Ⓘ(　　　)

3 かんい検流計 右の図は、電磁石とかん電池、スイッチ、かんい検流計をつないでスイッチを入れたときの、かんい検流計の針のようすです。次の問いに答えましょう。ただし、かんい検流計の切りかえスイッチは「電磁石（5A）」側にしています。

1つ5〔25点〕

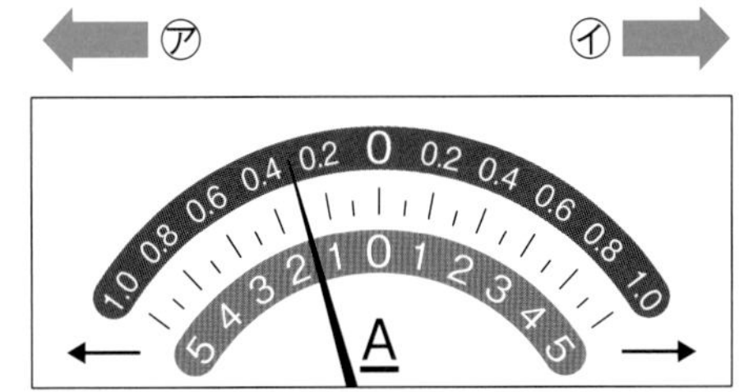

(1) かんい検流計では、電流の何を調べることができますか。2つ答えましょう。

(　　　　　)(　　　　　)

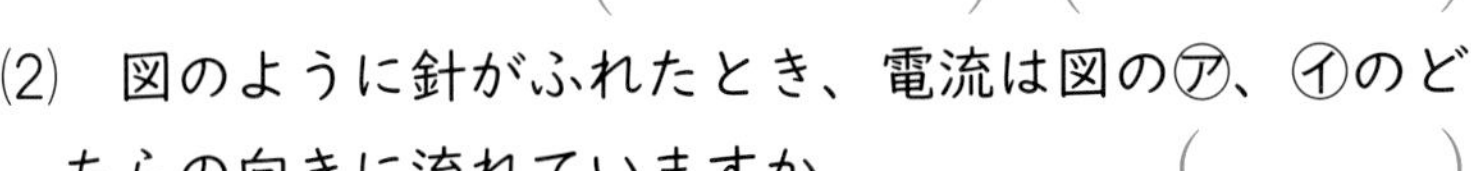

(2) 図のように針がふれたとき、電流は図の㋐、㋑のどちらの向きに流れていますか。（　　　）

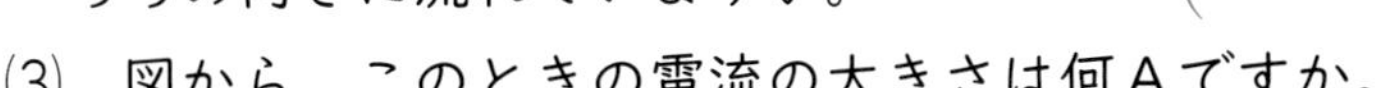

(3) 図から、このときの電流の大きさは何Aですか。

（　　　　　）

記述 (4) かんい検流計を回路につなぐとき、検流計がこわれることがあるので、してはいけないことは何ですか。

（　　　　　　　　　　　　　　　　　　　　）

よく出る 4 電磁石の極 電磁石を用意して、㋐のように電流を流すと、方位磁針のN極が図のように引きつけられました。あとの問いに答えましょう。

1つ6〔36点〕

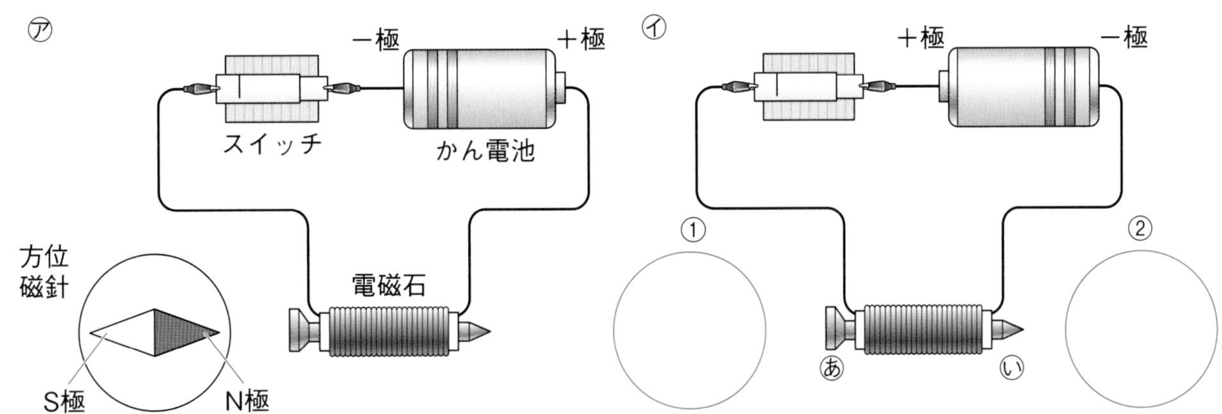

(1) かん電池をつなぐ向きを㋑のように変えました。このとき、コイルに流れる電流の向きはどのようになっていますか。次のア、イから選びましょう。（　　）

ア　㋐と同じ向き

イ　㋐と逆の向き

(2) ㋑の電磁石で、あ、いはそれぞれN極とS極のどちらになっていますか。

あ（　　　　　）　い（　　　　　）

作図 (3) ㋑のとき、電磁石の横に置いた方位磁針の針はどのようになりますか。㋐の方位磁針の針を参考にして、㋑の①、②の○の中にかきましょう。ただし、N極の側をぬりつぶすものとします。

記述 (4) この実験から、電磁石のN極とS極を入れかえたいときはどのようにすればよいことがわかりますか。

（　　　　　　　　　　　　　　　　　　　　）

勉強した日　月　日

学習の目標
電流の大きさと電磁石の強さとの関係を理解しよう。

2　電磁石の強さ①

基本のワーク

教科書 169〜179ページ　答え 25ページ

図を見て、あとの問いに答えましょう。

1 電流の大きさを変えたときの電磁石の強さ

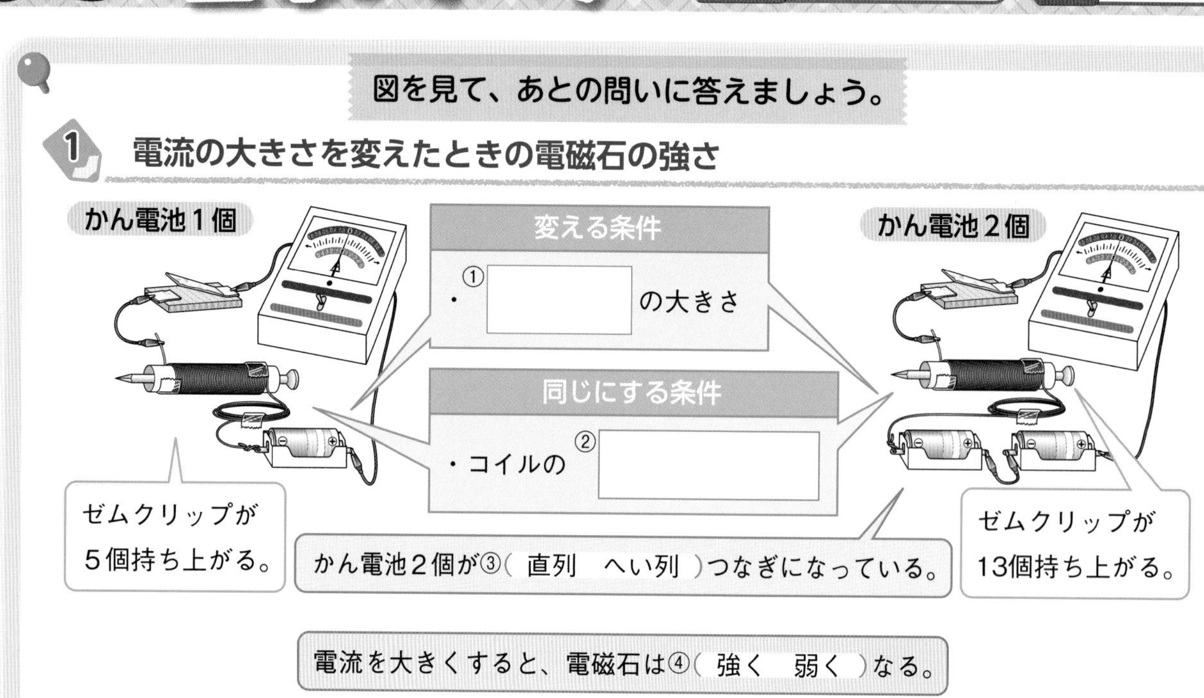

電流を大きくすると、電磁石は④（ 強く　弱く ）なる。

(1) 変える条件と、同じにする条件を、①、②の□に書きましょう。
(2) ③、④の（　）のうち、正しいほうを◯で囲みましょう。

2 電流計の使い方

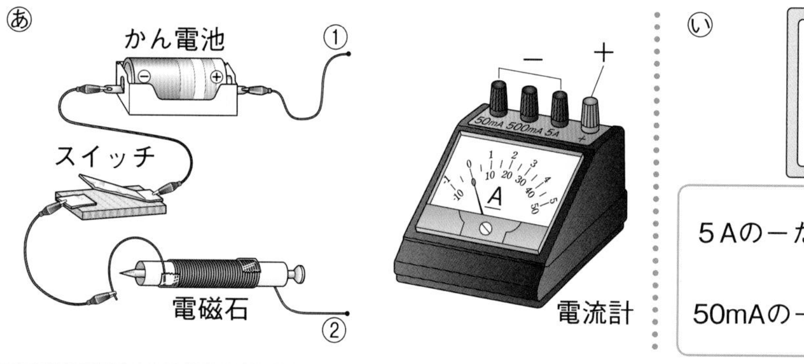

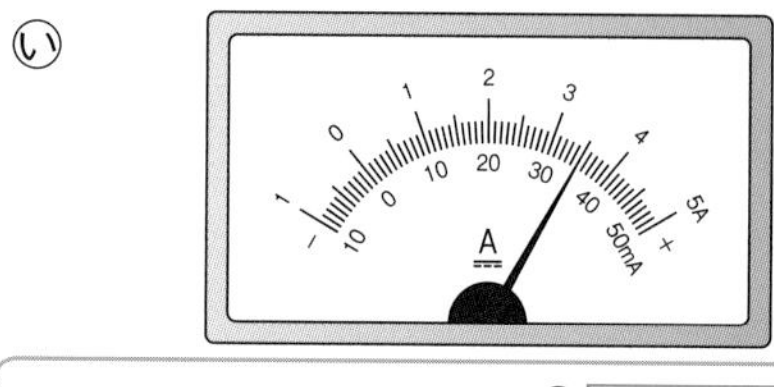

５Aの－たんしのとき③
50mAの－たんしのとき④

(1) あの図で、電磁石に流れる電流の大きさを電流計ではかります。最初にはかるとき、①、②の導線は電流計のどのたんしにつなぎますか。図にかきこみましょう。
(2) いの図で電流計のはりが図のようになったとき、電流はいくらと読めますか。－たんしが5Aと50mAのときについて、③、④の□に単位をつけて書きましょう。

まとめ　〔 強く　直列 〕から選んで（　）に書きましょう。

- かん電池２個を①（　　　）つなぎにすると、１個のときより電流は大きくなる。
- 電流を大きくすると、電磁石の強さは②（　　　）なる。

<電流計のしくみ>電流計の中にはコイルと磁石が入っていて、電流が流れるとコイルと磁石が引き合ったりしりぞけ合ったりすることで電流の大きさを示す針が動きます。

練習のワーク

教科書 169〜179ページ　答え 25ページ

1 次の図のように、コイルにつなぐかん電池の数を変えた回路をつくり、スイッチを入れて電磁石に引きつけられるゼムクリップの数を比べました。あとの問いに答えましょう。

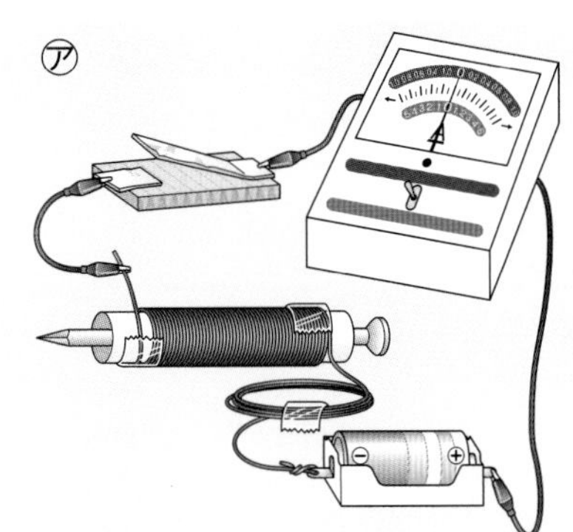

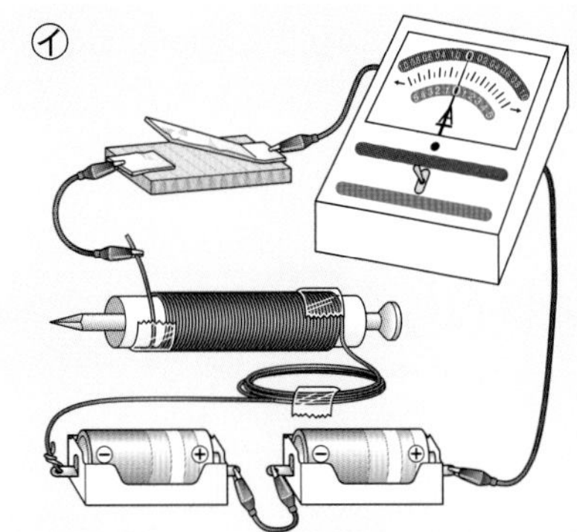

(1) ㋑のようなかん電池のつなぎ方を何といいますか。次のア、イから選びましょう。（　　）

ア　直列つなぎ　　イ　へい列つなぎ

(2) ㋐と㋑で同じにしている条件を、次のア〜ウからすべて選びましょう。（　　　　）

ア　電流の大きさ
イ　コイルのまき数
ウ　エナメル線の長さ

(3) 電流の大きさが大きいのは、㋐、㋑のどちらですか。（　　）

(4) 引きつけられるゼムクリップの数が多いのは、㋐、㋑のどちらですか。（　　）

(5) この実験から、コイルに流れる電流を大きくすると、電磁石の強さはどのようになることがわかりますか。（　　　　）

2 右の図の器具をつないで回路をつくりました。次の問いに答えましょう。

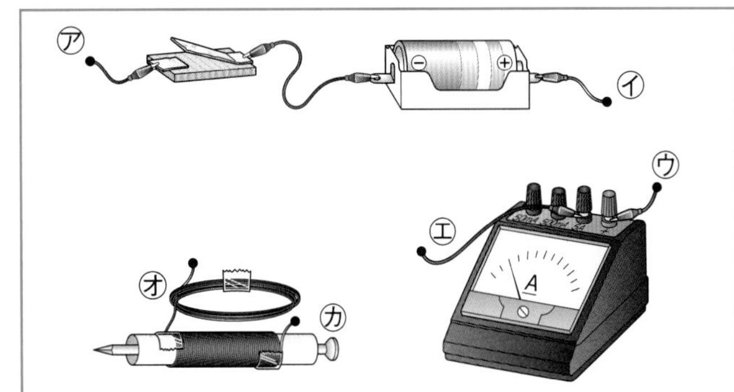

(1) 電流の大きさの単位であるAとmAの読み方をカタカナで書きましょう。

A（　　　　）
mA（　　　　）

(2) 1Aは、何mAですか。（　　　　）

(3) ㋐〜㋕の・を導線を表す線でつないで、回路を完成させましょう。

(4) 回路に電流を流すと、電流計の針は右の図のようになりました。このとき、回路に流れている電流の大きさは何Aですか。ただし、導線は5Aの一たんしにつながれていました。（　　　　）

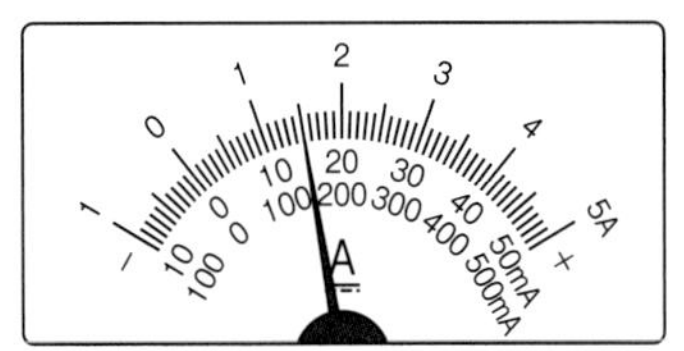

勉強した日 月 日

2 電磁石の強さ②

基本のワーク

学習の目標
コイルのまき数と電磁石の強さとの関係を理解しよう。

教科書 169～179ページ　答え 25ページ

図を見て、あとの問いに答えましょう。

1 コイルのまき数を変えたときの電磁石の強さ

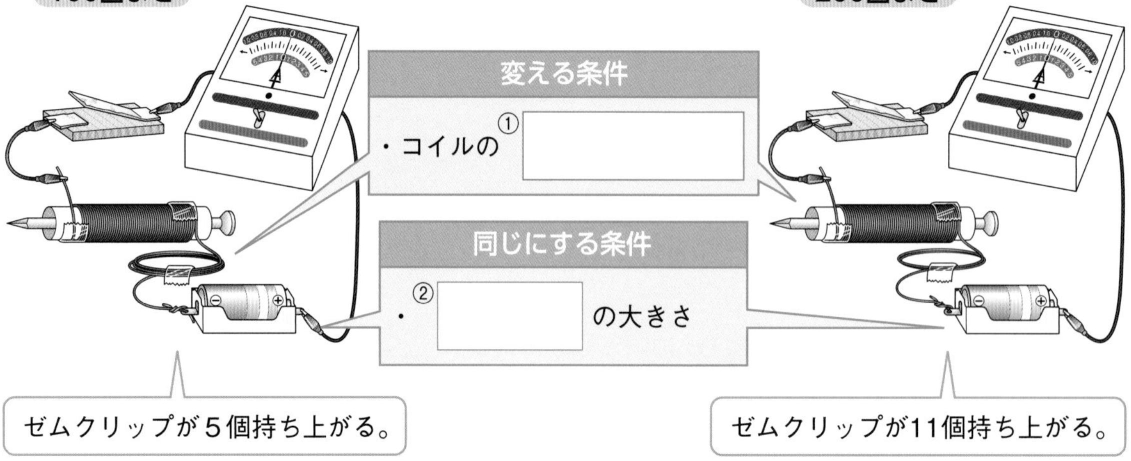

100回まき　200回まき

変える条件
・コイルの①[　　]

同じにする条件
・②[　　]の大きさ

ゼムクリップが5個持ち上がる。

ゼムクリップが11個持ち上がる。

コイルのまき数を多くすると、電磁石は③(強く　弱く)なる。

(1) ①、②の[　]に当てはまる言葉を書きましょう。

(2) ③の(　)のうち、正しいほうを◯で囲みましょう。

2 電磁石の強さが変わる条件

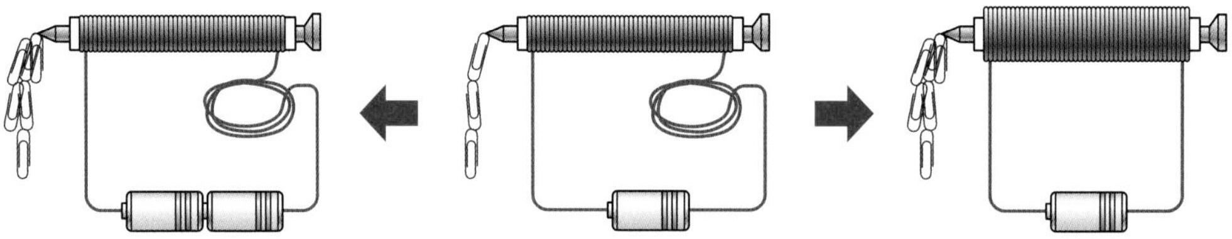

コイルに流れる①[　　]を大きくすると、電磁石は強くなる。

コイルの②[　　]を多くすると、電磁石は強くなる。

● ①、②の[　]に当てはまる言葉を書きましょう。

まとめ 〔 まき数　電流 〕から選んで(　)に書きましょう。

●電磁石の強さは、流れる①(　　　　)が大きいほど強くなる。

●電磁石の強さは、コイルの②(　　　　)が多いほど強くなる。

<モーターと発電>モーターは、電磁石を利用したもので、電気によって回転します。反対に、モーターを回転させることで電気をつくることもできます。

練習のワーク

教科書 169～179ページ 答え 25ページ

1 次の図のように、コイルのまき数を変えた回路をつくり、スイッチを入れて電磁石に引きつけられるゼムクリップの数を比べました。あとの問いに答えましょう。

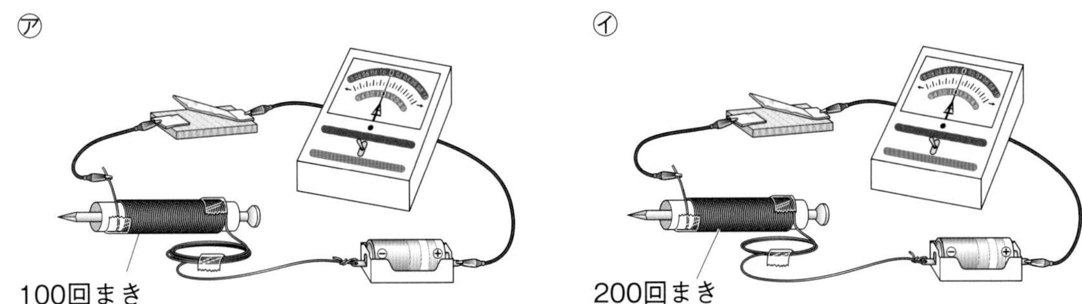

(1) ㋐と㋑で変えている条件を、次のア～ウから選びましょう。（　　）

ア 電流の大きさ　イ コイルのまき数　ウ エナメル線の長さ

(2) ㋐と㋑で同じにしている条件を、(1)のア～ウからすべて選びましょう。（　　）

(3) 引きつけられるゼムクリップの数が多いのは、㋐、㋑のどちらですか。（　　）

(4) この実験から、コイルのまき数を多くすると電磁石の強さはどのようになることがわかりますか。（　　）

2 エナメル線を使ってまいたコイルの中に鉄くぎを入れて電磁石をつくりました。あとの問いに答えましょう。

㋐50回まきのコイル

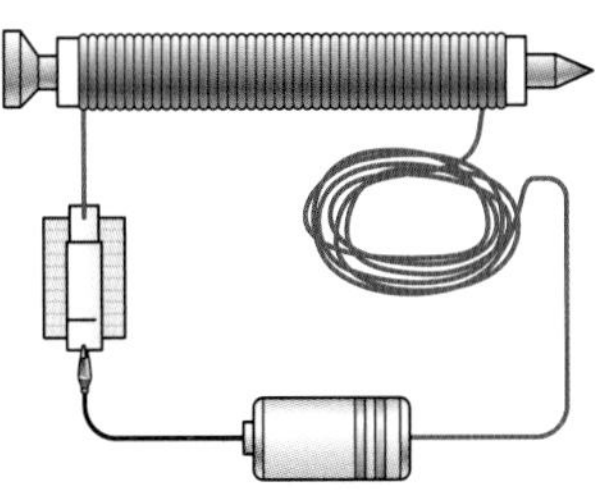

㋑100回まきのコイル

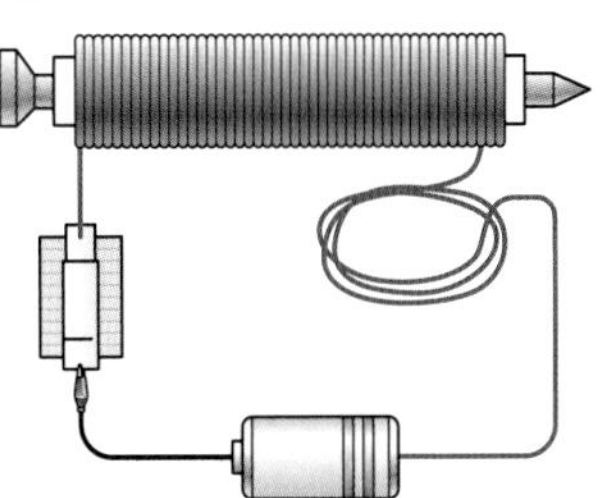

㋒100回まきのコイル

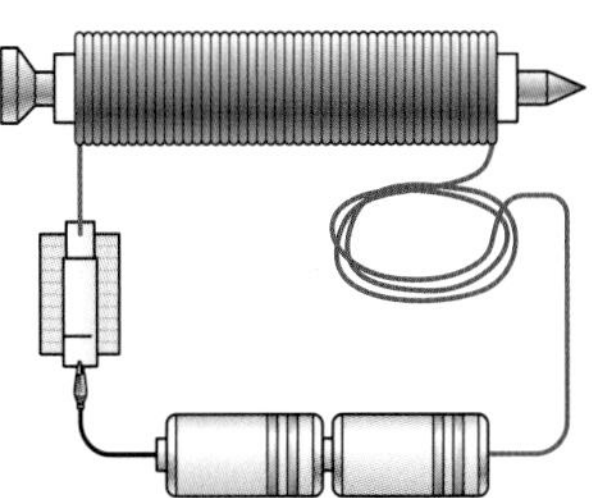

(1) この実験で、同じにしている条件を、次のア～ウから選びましょう。（　　）

ア 電流の大きさ

イ コイルのまき数

ウ エナメル線の長さ

(2) ㋐～㋒のコイルに流れる電流の大きさはどのようになっていますか。次のア～ウから選びましょう。（　　）

ア ㋐に流れる電流がいちばん大きい。

イ ㋒に流れる電流がいちばん大きい。

ウ ㋐～㋒に流れる電流は、どれも同じ大きさである。

(3) ㋐～㋒で、電磁石がいちばん強いのはどれですか。（　　）

(4) ㋐～㋒で、電磁石がいちばん弱いのはどれですか。（　　）

まとめのテスト②

9　電流と電磁石

勉強した日　　月　　日

時間 20分

得点　　/100点

教科書 169～179ページ　答え 25ページ

1 電流計 **電流計の使い方について、次の問いに答えましょう。ただし、電流計の赤いたんしを＋たんしとします。**

1つ5〔30点〕

(1)　図1の㋐～㋓で、正しいつなぎ方になっているものを2つ選びましょう。

(　　　)(　　　)

(2)　図1の㋐～㋓で、かん電池の＋極、－極と、電流計の＋たんし、－たんしのつなぎ方が正しくないものはどれですか。

(　　　)

(3)　電流の大きさを表すmAは、何と読みますか。カタカナで答えましょう。

(　　　　　　)

(4)　500mAは、何Aですか。

(　　　)

(5)　500mAの－たんしを使って電流をはかったところ、図2のようになりました。回路に流れている電流の大きさは何mAですか。

(　　　)

図1

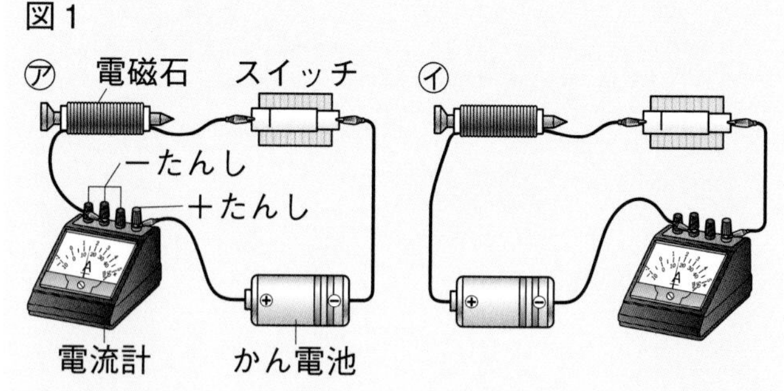

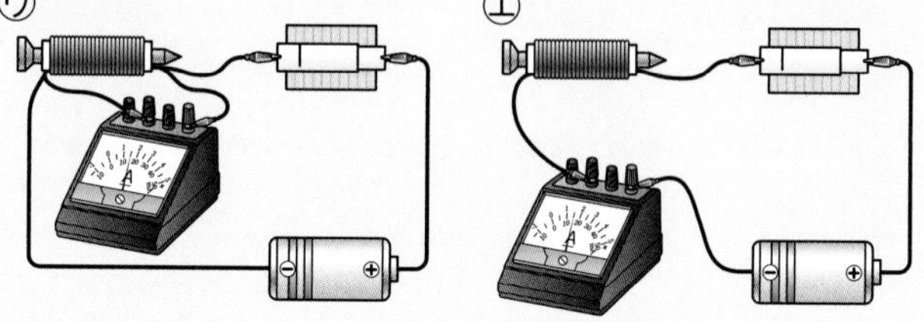

図2

2 電磁石の強さ **50回まきのコイルに次の㋐～㋒のようにかん電池をつなぎ、電磁石の強さを調べました。あとの問いに答えましょう。**

1つ5〔10点〕

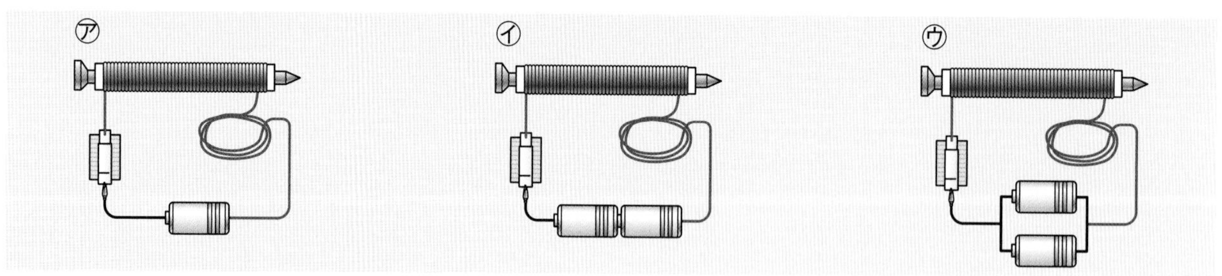

(1)　㋐～㋒のコイルに流れる電流について、正しいものを次のア～エから選びましょう。

(　　　)

ア　㋐～㋒に流れる電流は、すべて等しい。
イ　㋑に流れる電流がいちばん大きい。
ウ　㋒に流れる電流がいちばん大きい。
エ　㋑と㋒に流れる電流は等しく、㋐よりも大きい。

(2)　㋐～㋒のうち、電磁石がいちばん強いのはどれですか。　(　　　)

3 **電磁石の強さ** 次の図のように、同じ長さのエナメル線でまいた、100回まきと200回まきのコイルで電磁石をつくり、電磁石の強さを比べました。ただし、エナメル線はどれも同じ向きにまいてあります。あとの問いに答えましょう。 1つ6〔30点〕

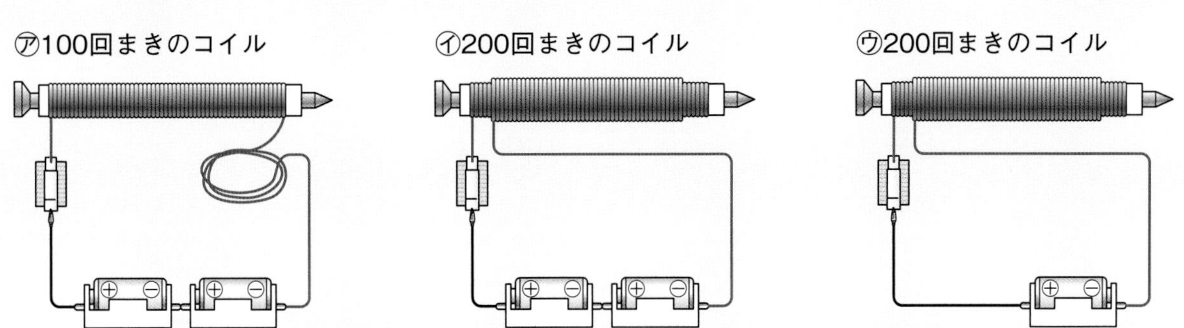

(1) ㋐、㋑のように、かん電池を直列つなぎにすると、㋒と比べて電流の大きさはどうなりますか。 (　　　　　　)

(2) 電流の大きさと電磁石の強さとの関係を調べたいとき、㋐～㋒のどれとどれを比べますか。 (　　と　　)

(3) コイルに流れる電流を大きくすると、電磁石はどのようになりますか。 (　　　　　　)

(4) コイルのまき数と電磁石の強さとの関係を調べたいとき、㋐～㋒のどれとどれを比べますか。 (　　と　　)

(5) コイルのまき数を多くすると、電磁石はどのようになりますか。 (　　　　　　)

よく出る **4** **電磁石の強さ** 同じ長さのエナメル線でつくった電磁石を、次の図のようにつなぎました。あとの問いに答えましょう。 1つ6〔30点〕

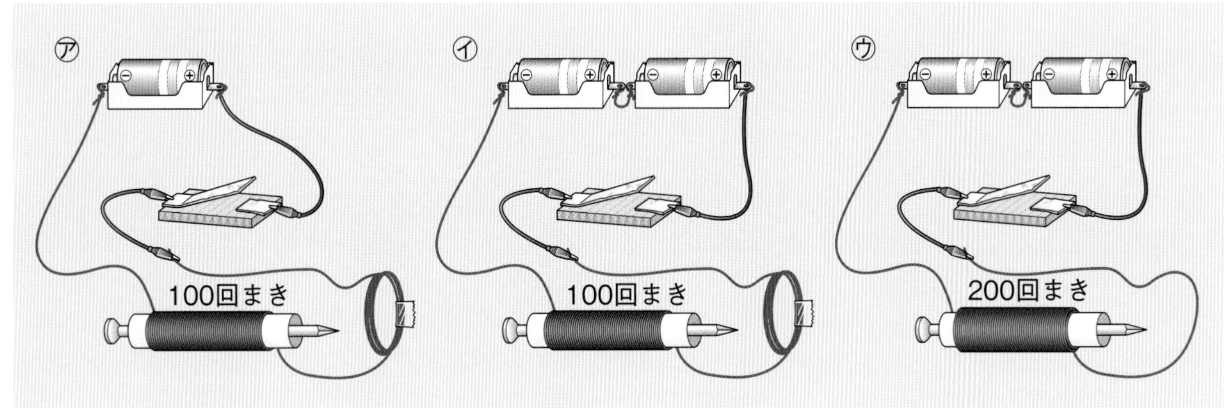

(1) ㋐と㋑を比べたとき、電磁石が強いのはどちらですか。 (　　)

記述 (2) (1)のように答えたのはなぜですか。
(　　　　　　　　　　　　　　　　)

(3) ㋑と㋒を比べたとき、電磁石が強いのはどちらですか。 (　　)

記述 (4) (3)のように答えたのはなぜですか。
(　　　　　　　　　　　　　　　　)

(5) ㋐～㋒を、電磁石が強い順にならべましょう。 (　　→　　→　　)

考えてとく問題にチャレンジ！

プラスワーク

答え 26ページ

1 植物の発芽と成長 教科書 32～51ページ

インゲンマメの種子が発芽するために必要な条件を調べるために、次の図の㋐～㋓のように準備(じゅんび)をしました。あとの問いに答えましょう。

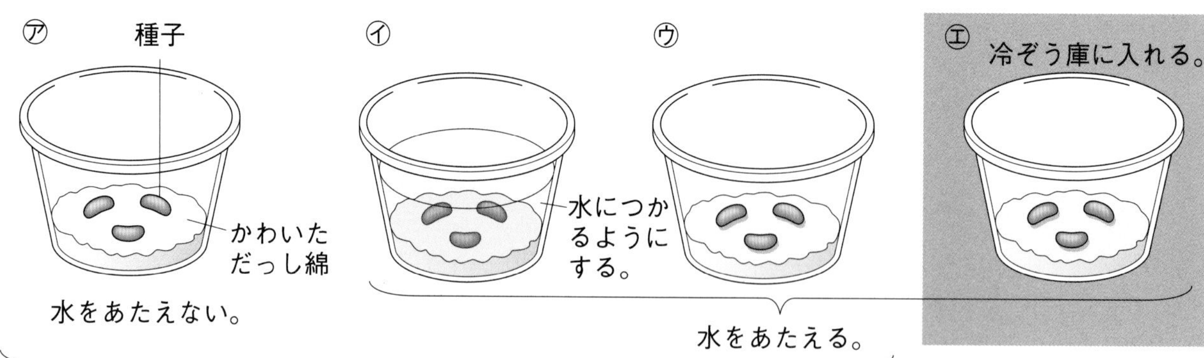

(1) 発芽と空気の条件との関係を調べるとき、変える条件は何ですか。次のア～ウから選びましょう。（　　）

ア　水の条件

イ　温度の条件

ウ　空気の条件

(2) 発芽と空気の条件との関係を調べるとき、同じにする条件は何ですか。(1)のア～ウからすべて選びましょう。（　　）

(3) ㋐と㋑を比べたとき、同じにしている条件は何ですか。(1)のア～ウから選びましょう。（　　）

(4) ㋐と㋑を比べても、発芽と空気の条件との関係を正しく調べることができません。㋐と㋑のどちらをどのようにするとよいですか。

（　　）

(5) 発芽と温度の条件との関係を調べるとき、変える条件は何ですか。次のア～ウから選びましょう。（　　）

ア　水の条件

イ　温度の条件

ウ　空気の条件

(6) 発芽と温度の条件との関係を調べるとき、同じにする条件は何ですか。(5)のア～ウからすべて選びましょう。（　　）

(7) ㋒と㋓を比べたとき、(5)のほかに変えてしまっている条件は何ですか。

（　　）

思考 (8) 発芽と温度の条件との関係を正しく調べるためには、㋒と㋓のどちらをどのようにするとよいですか。

（　　）

2 メダカのたんじょう 教科書 52〜63ページ

図１のようにしてメダカを飼うことにしました。図２は、水そうに入れたメダカのようすを表したものです。あとの問いに答えましょう。

図１

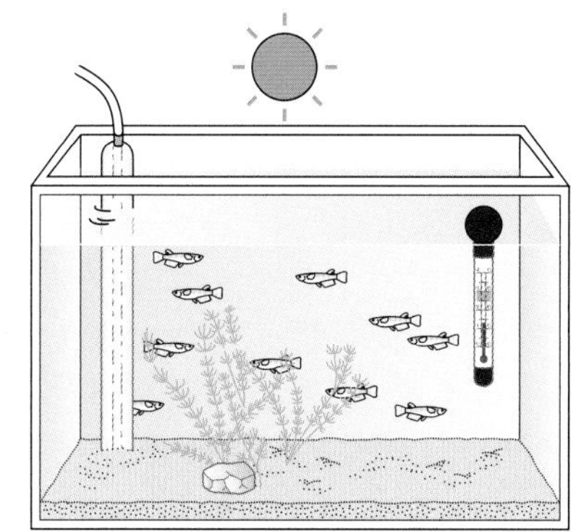

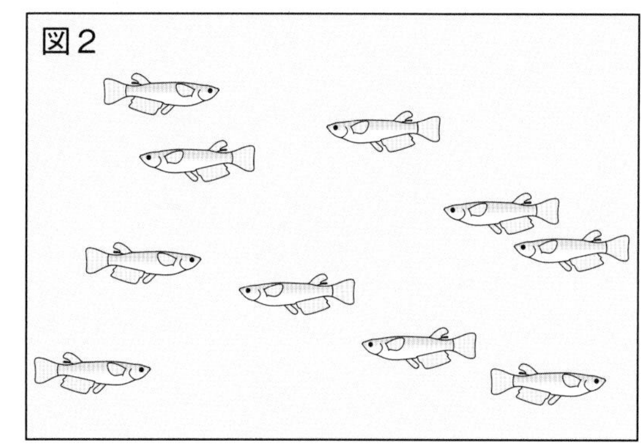

図２

(1) 図１のメダカの飼い方には、正しくない点が１つあります。それは何ですか。

(　　　　　　　　　　)

(2) (1)を正しくしてメダカの世話をしていましたが、メダカはたまごを産みませんでした。それはなぜですか。図２からわかる理由を答えましょう。

(　　　　　　　　　　)

3 花から実へ 教科書 72〜87ページ

あるイチゴ農家では、イチゴの実をたくさんつくるために、ある生物の助けを借りています。次の問いに答えましょう。

(1) イチゴ農家の仕事を助けている生物とは何ですか。ア〜ウから選びましょう。 (　　　)

ア　ミツバチ

イ　カタツムリ

ウ　ハムスター

(2) (1)の生物は、どのようなはたらきをしますか。(　)に当てはまる言葉を答えましょう。

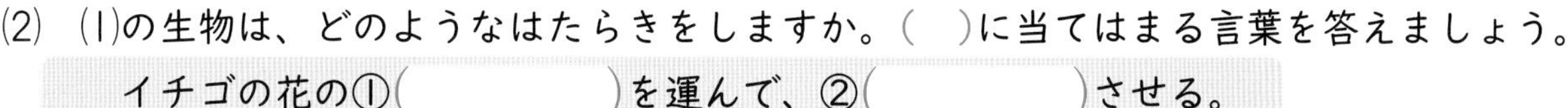

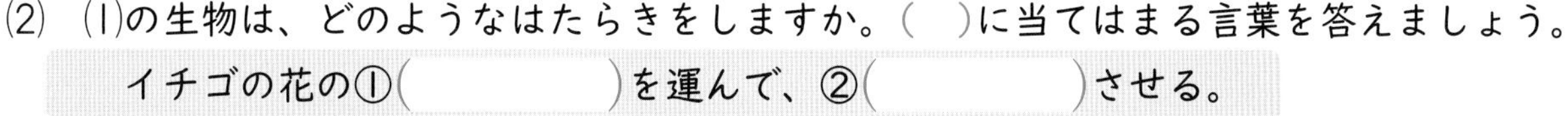

イチゴの花の①(　　　　　)を運んで、②(　　　　　)させる。

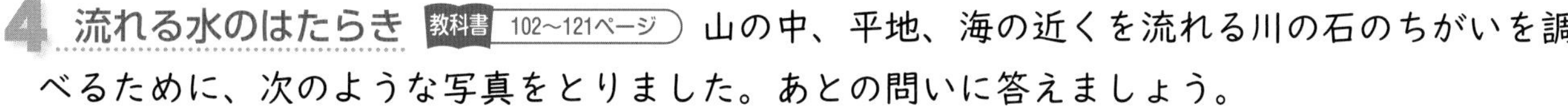

4 流れる水のはたらき 教科書 102〜121ページ

山の中、平地、海の近くを流れる川の石のちがいを調べるために、次のような写真をとりました。あとの問いに答えましょう。

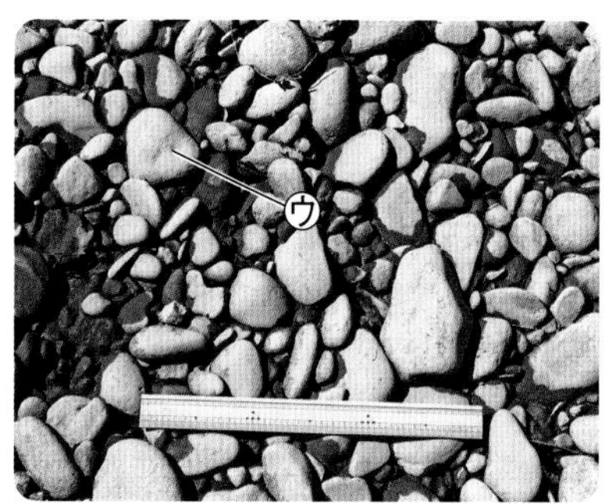

(1) 石の大きさがいちばん大きいのは、㋐〜㋒のどれですか。 (　　　)

(2) 石の大きさがいちばん小さいのは、㋐〜㋒のどれですか。 (　　　)

思考 (3) すべての写真に、同じものさしが写るようにしているのは、なぜですか。

(　　　　　　　　　　)

5 もののとけ方 教科書 139〜161ページ

とけ残りが出た水よう液のとけ残ったつぶを、こして取り出すことにしました。あとの問いに答えましょう。

図1

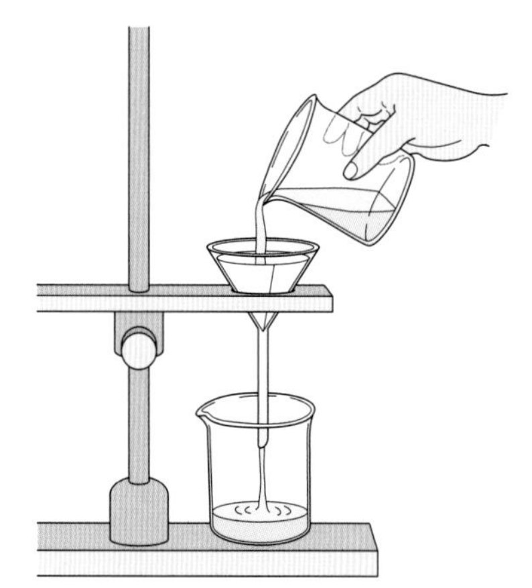

図2

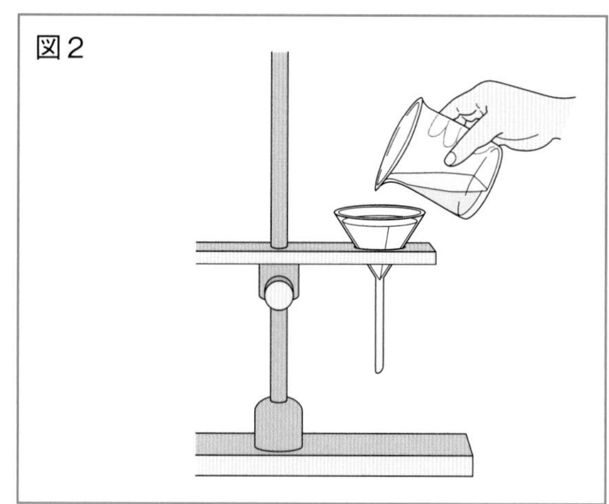

⑴　図1には正しくない点が2つあります。どのように直すとよいですか。図2の□の中に正しい方法をかきましょう。

⑵　このような器具を使って、液からとけ残ったつぶをこして取り出すことを何といいますか。
（　　　　　）

6 電流と電磁石 教科書 162〜179ページ

㋐、㋑のような電磁石をつくって、コイルのまき数と電磁石の強さの関係を調べました。あとの問いに答えましょう。

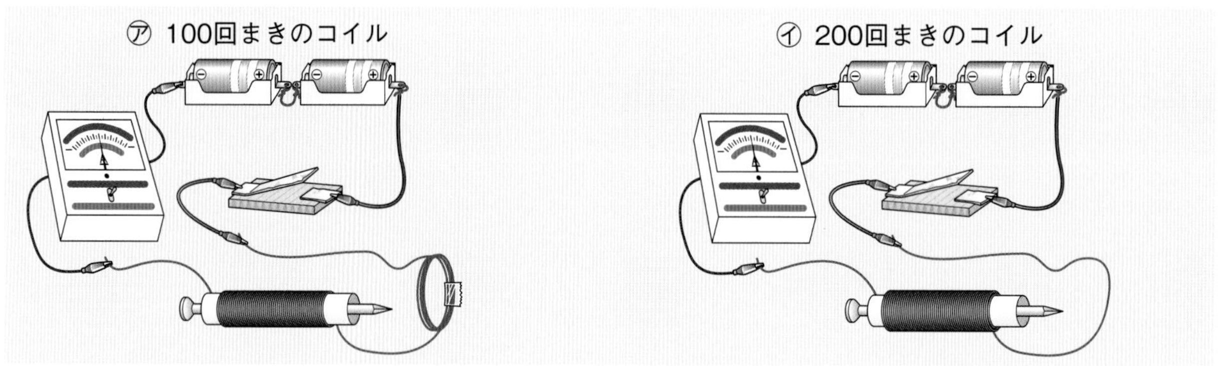

⑴　この実験をするとき、㋐と㋑で変える条件は何ですか。次のア〜ウから選びましょう。
（　　　）

ア　電流の大きさ
イ　コイルのまき数
ウ　かん電池の向き

⑵　この実験をするとき、㋐と㋑で同じにする条件は何ですか。⑴のア〜ウからすべて選びましょう。
（　　　　　）

⑶　この実験をするとき、コイルにまかずに余ったエナメル線は、どのようにしておきますか。次のア、イから選びましょう。
（　　　）

ア　切り取っておく。
イ　切り取らずに、束ねておく。

思考

⑷　⑶のようにするのは、なぜですか。
（　　　　　　　　　　　　　　　　　　　　　　　）

夏休みのテスト①

時間 30分

名前

得点　　/100点

おわったら シールを はろう

教科書　8～43ページ　　答え　28ページ

1 **次の図は、5月1日午後3時と5月2日午後3時の雲画像(くもがぞう)です。あとの問いに答えましょう。**

1つ9〔36点〕

5月1日午後3時　　　5月2日午後3時

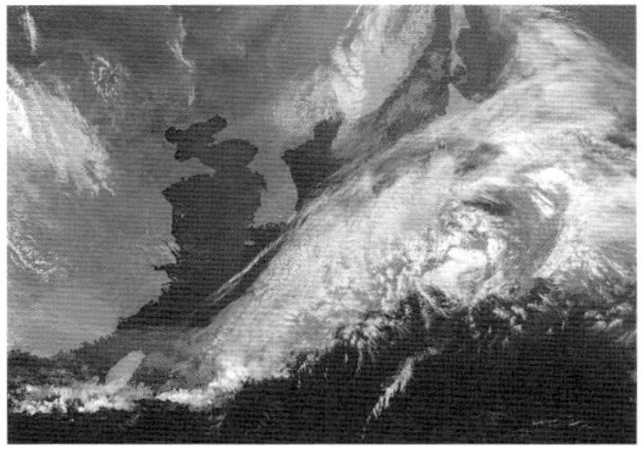

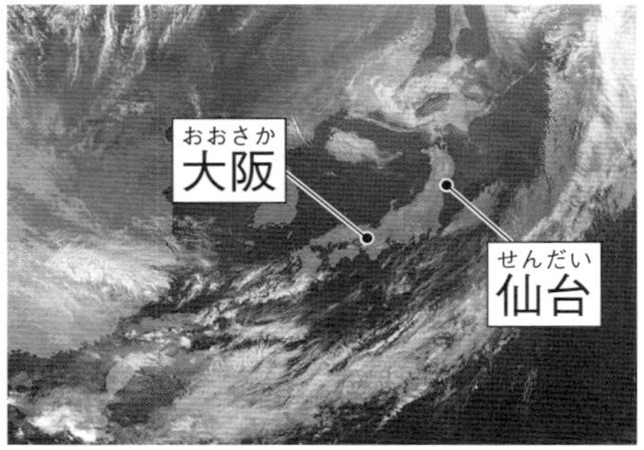

大阪(おおさか)　仙台(せんだい)

(1)　空全体の広さを10としたとき、「くもり」とするのは雲の量がいくつのときですか。ア～ウから選びましょう。（　　　）

ア　0　　イ　0～8　　ウ　9～10

(2)　日本付近の雲は、およそどの方位からどの方位へ動いていきますか。

（　　　から　　　）

(3)　図より、5月2日午後3時の大阪の天気は、何だ

(1)　㋐と㋑を比(くら)べると、発芽には何が必要かどうかを調べられますか。（　　　）

(2)　㋐と㋒を比べて、発芽と温度の関係を調べましたが、このままでは正しい結果が出ません。正しく調べるためには、どのようにすればよいですか。次のア～ウから選びましょう。（　　　）

ア　㋐の水を増(ふ)やして、種子がつかるようにする。

イ　㋐を箱でおおい、光を当てないようにする。

ウ　㋒に水をあたえないようにする。

(3)　㋐と㋓を比べると、発芽には何が必要かどうかを調べられますか。（　　　）

(4)　㋐～㋓のうち、発芽したものはどれですか。

（　　　）

3 **次の図1は、発芽する前のインゲンマメの種子のつくりを、図2は発芽して成長したインゲンマメを表したものです。あとの問いに答えましょう。**　1つ8〔24点〕

●勉強した日　　月　　日

夏休みのテスト②

時間 30分

名前　　得点　　／100点

おわったら シールを はろう

教科書 44～69ページ　　答え 28ページ

1 **インゲンマメのなえを次の㋐～㋒のようにして２週間育て、育ち方を比（くら）べました。あとの問いに答えましょう。** 1つ6〔30点〕

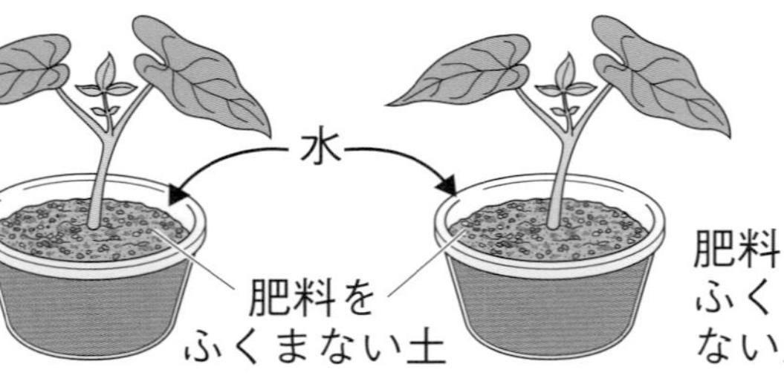

㋐ 肥料（ひりょう）をあたえない。日光に当てる。　㋑ 肥料をあたえる。日光に当てる。　㋒ 肥料をあたえる。日光に当てない。

(1)　㋐～㋒には、どのようななえを準備（じゅんび）したらよいですか。次のア、イから選びましょう。（　　）

ア　育ち方が同じくらいのなえ

イ　育ち方がちがうなえ

(2)　植物の成長に日光が関係しているかどうかを調べるには、㋐～㋒のどれとどれを比べればよいですか。（　　と　　）

(3)　植物の成長に肥料が関係しているかどうかを調べ

(3)　めすが産んだたまごとおすが出した(2)が結びつくことを、何といいますか。（　　）

(4)　(3)によってできたたまごを何といいますか。（　　）

(5)　たまごの中のメダカの変化について正しいものを、次のア、イから選びましょう。（　　）

ア　たまごの中の養分を使って、少しずつメダカの体ができる。

イ　親から養分をもらいながら、小さいメダカが大きくなる。

(6)　メダカのたまごの観察に、右の図のけんび鏡を使いました。

①　図のけんび鏡は、どのようなところで使いますか。次のア、イから選びましょう。（　　）

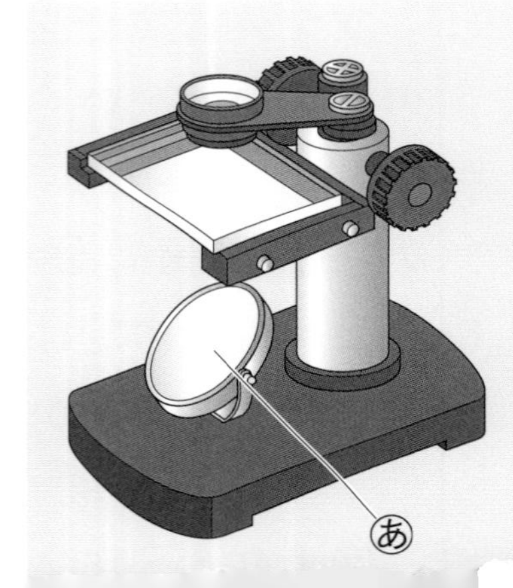

るには、㋐～㋒のどれとどれを比べればよいですか。

（　　と　　）

(4)　㋐～㋒のうち、どれがいちばんよく育ちますか。

（　　）

(5)　この実験から、植物の成長に関係している条件(じょうけん)について、どのようなことがわかりますか。

（　　）

2 メダカのたんじょうについて、あとの問いに答えましょう。

1つ6〔42点〕

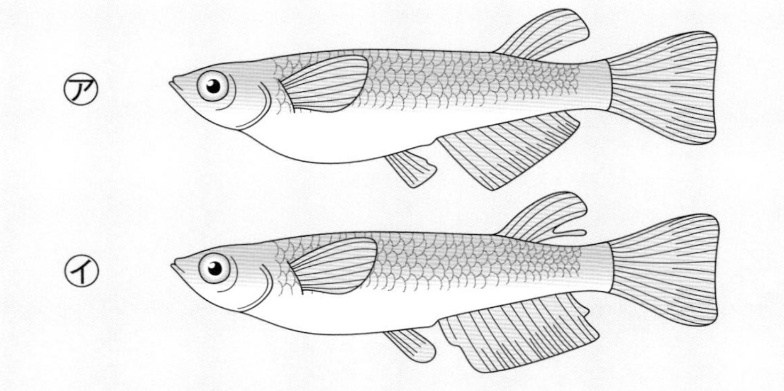

(1)　メダカのおすは、㋐、㋑のどちらですか。（　　）

(2)　めすが産んだたまご(卵(らん))は、おすが出した何と結びつくと育ち始めますか。（　　）

ア　日光が直接(ちょくせつ)当たらないところ。

イ　日光が直接当たるところ。

②　図のけんび鏡では、㋐の向きを調節して、明るく見えるようにします。㋐を何といいますか。

（　　）

3 台風(たいふう)について、次の問いに答えましょう。

1つ7〔28点〕

(1)　台風はどこで発生しますか。次のア～ウから選びましょう。（　　）

ア　日本の北の陸上　　イ　日本の南の海上

ウ　日本の東の海上

(2)　台風は、いつごろ日本に近づくことが多いですか。次のア～エから選びましょう。（　　）

ア　春から夏　　イ　夏から秋

ウ　秋から冬　　エ　冬から春

(3)　台風が近づくと、風の強さはどのようになりますか。（　　）

(4)　台風によるめぐみには、何がありますか。次のア～ウから選びましょう。（　　）

ア　ふった雨によって、ダムの水が増(ふ)える。

イ　強い風がふいて、電柱がたおれる。

ウ　大雨によって、山で土砂(どしゃ)くずれが起こる。

と考えられますか。　（　　　　　）

(4)　5月2日午後3時の雲画像から、5月3日の仙台の天気は何だと予想できますか。

（　　　　　）

2　次の図の㋐〜㋓のように、カップに入れただっし綿(めん)の上にインゲンマメの種子を置き、発芽(はつが)するかどうかを調べました。あとの問いに答えましょう。

1つ10〔40点〕

㋐

水をあたえ、20℃の室内に置く。

㋑

水をあたえないで、20℃の室内に置く。

㋒ 冷ぞう庫

水をあたえ、冷ぞう庫の中に置く。

㋓

種子を水につかるようにして、20℃の室内に置く。

図1

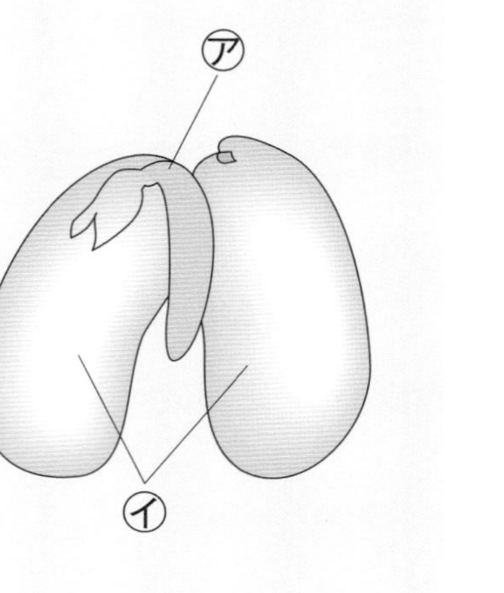

図2

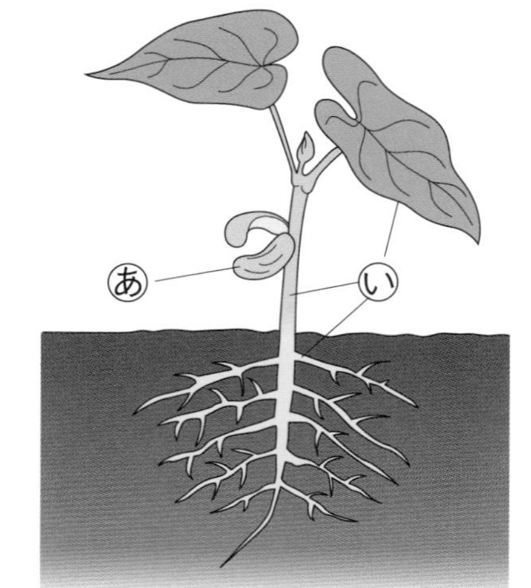

(1)　図1の㋐の部分は、発芽すると、図2のあ、いのどちらの部分になりますか。

（　　　　　）

(2)　でんぷんがふくまれているかどうかを調べるときに使う薬品は何ですか。

（　　　　　）

(3)　図1の㋑と、図2のあを横に切って、切り口に(2)で答えた薬品をつけると、どのようになりますか。次のア、イから選びましょう。

（　　　　　）

ア　図1の㋑だけがこい青むらさき色になる。
イ　図2のあだけがこい青むらさき色になる。

●勉強した日　　月　　日

冬休みのテスト②

時間30分

名前　　得点　　／100点

おわったらシールをはろう

教科書　102～135ページ　　答え　29ページ

1 次の図の㋐～㋒の川のようすについて、あとの問いに答えましょう。　1つ6〔42点〕

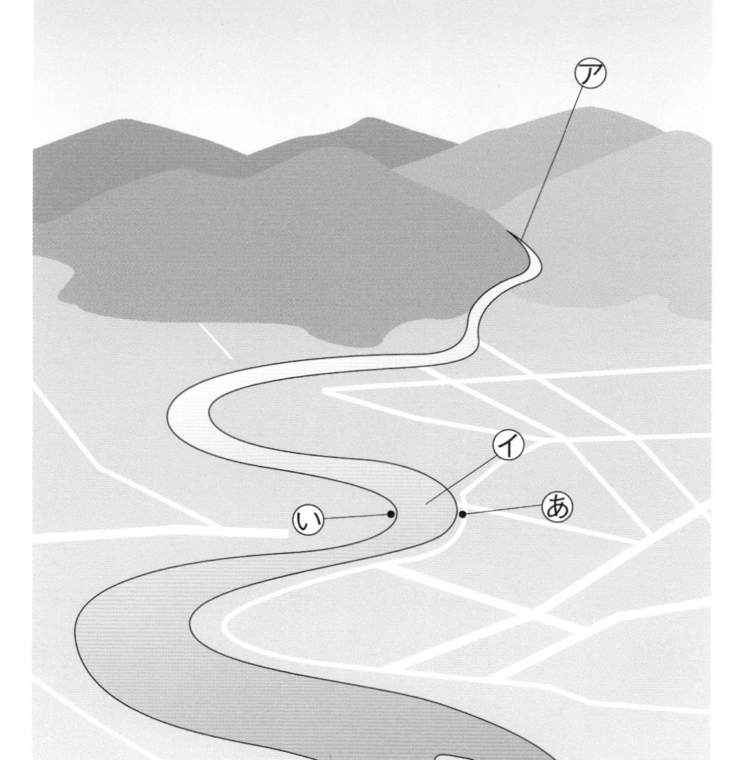

2 右の写真は、洪水(こうずい)を防(ふせ)ぐための取り組みを表したものです。次の問いに答えましょう。　1つ9〔18点〕

(1) この取り組みを何といいますか。次のア～ウから選びましょう。　（　　　）

ア　遊水地

イ　砂防(さぼう)ダム

ウ　ダム

(2) (1)の取り組みは、どのようなはたらきをしていますか。次のア～ウから選びましょう。　（　　　）

ア　ふだんは公園として利用されているが、大雨がふると、水を一時的にためて洪水を防ぐ。

イ　石やすなをためて、水の流れを弱くする。

ウ　雨水をたくわえることにより、川の水の量を調節している。

3 次の表は、㋐～㋓の４種類のふりこの条件(じょうけん)と１往復(おうふく)する時間についてまとめたものです。あとの問いに答

●勉強した日　月　日

実力判定テスト

冬休みのテスト①

時間30分　名前　得点　/100点　おわったらシールをはろう

教科書 72〜101ページ　答え 29ページ

1 次の図は、ヘチマやアサガオの花のつくりを表したものです。あとの問いに答えましょう。　1つ6〔36点〕

ヘチマ

㋐　㋑

アサガオ

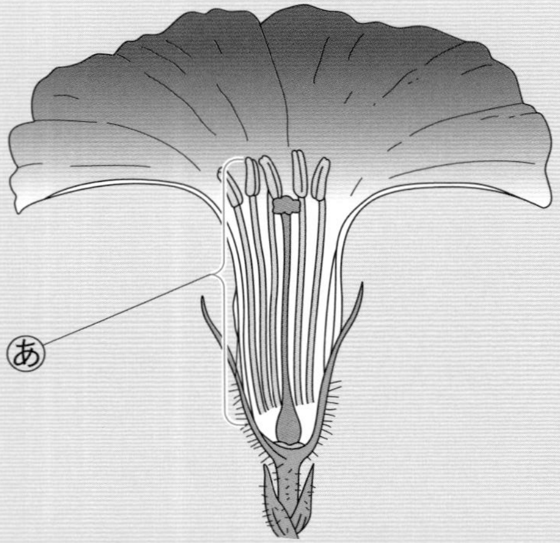

㋐

(2) けんび鏡を使うとき、目をいためるので㋒に直接何を当てないようにしますか。

(　　　)

(3) 接眼レンズの倍率が15倍、対物レンズの倍率が10倍のとき、けんび鏡の倍率は何倍ですか。

(　　　)

(4) けんび鏡の使い方について、次のア〜エをそうさの順にならべましょう。

(　　→　　→　　→　　)

ア　横から見ながら調節ねじを回して、プレパラートと対物レンズを近づける。

イ　プレパラートをステージに置く。

ウ　対物レンズをいちばん低い倍率のものにする。

エ　接眼レンズをのぞきながら調節ねじを回し、プレパラートと対物レンズの間を少しずつはなしていき、ピントを合わせる。

3 右の図は、母親の体内で育つヒトの子どものようす

(1)　ヘチマの㋐、㋑の花をそれぞれ何といいますか。

㋐（　　　　）　㋑（　　　　）

(2)　アサガオのあの先についている粉（こな）のようなものを何といいますか。（　　　　）

(3)　(2)の粉のようなものがめしべの先につくことを何といいますか。（　　　　）

(4)　(3)が起こると、めしべのふくらんだ部分は何になりますか。（　　　　）

(5)　(4)の中には何ができますか。（　　　　）

2 右の図のようなけんび鏡について、次の問いに答えましょう。

1つ7〔28点〕

(1)　接眼（せつがん）レンズをのぞいたときに明るく見えるようにするには、図のあ～うのうち、どの部分を調節しますか。（　　　　）

です。次の問いに答えましょう。　1つ6〔36点〕

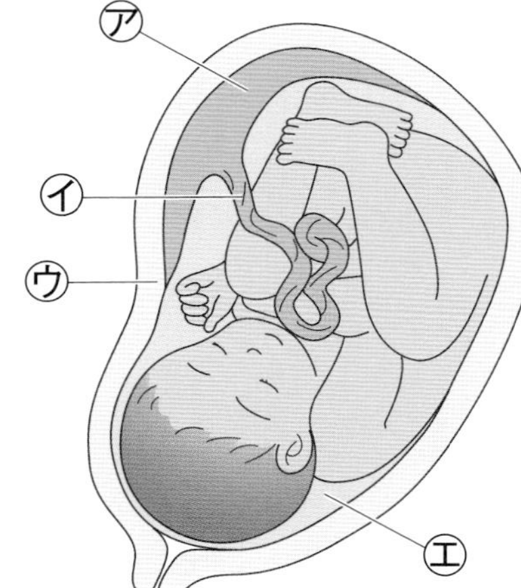

(1)　ヒトの受精卵（じゅせいらん）は、母親の体内の何というところで育ちますか。（　　　　）

(2)　(1)の中を満たしている、図の㋓の液体（えきたい）を何といいますか。（　　　　）

(3)　(1)にある、子どもが母親から養分などをもらい、いらないものをわたしている部分を、図の㋐～㋒から選びましょう。（　　　　）

(4)　(3)の部分と子どもをつなぎ、養分などが通る部分を何といいますか。（　　　　）

(5)　ヒトは、受精してから約何週間でたんじょうしますか。次のア～エから選びましょう。（　　　　）

ア　約4週間　　イ　約16週間

ウ　約38週間　　エ　約60週間

(6)　ヒトは、たんじょうした後、しばらく何を飲んで育ちますか。（　　　　）

海

(1) 川の流れが速く、川が深く険しい谷を流れているのは、㋐、㋒のどちらですか。
(　　　)

(2) 川原で、小さくて丸みのある石やすなが多く見られるのは、㋐、㋒のどちらですか。(　　　)

(3) 流れる水の3つのはたらきのうち、㋒で大きいはたらきは何ですか。(　　　)

(4) ㋑の部分で、川岸が水のはたらきによってけずられ、がけになっているのは、㋐、㋑のどちら側ですか。(　　　)

(5) 流れる水の量が増えると、水が流れる速さはどうなりますか。次のア～ウから選びましょう。
(　　　)

ア 速くなる。
イ ゆるやかになる。
ウ 変わらない。

(6) 流れる水の量が増えたとき、流れる水のはたらきのうち、大きくなるはたらきは何ですか。2つ答えましょう。(　　　)(　　　)

えましょう。　1つ8〔40点〕

ふりこの条件	㋐	㋑	㋒	㋓
ふりこの長さ	50cm	50cm	30cm	50cm
ふれはば	20°	30°	20°	20°
おもりの重さ	40g	20g	20g	20g
1往復する時間	1.4秒	1.4秒	1.1秒	1.4秒

(1) ふりこが1往復する時間と次の①～③との関係を調べたいとき、それぞれ㋐～㋓のどれとどれを比べますか。

① おもりの重さ　(　　と　　)
② ふれはば　(　　と　　)
③ ふりこの長さ　(　　と　　)

(2) 表より、ふりこが1往復する時間は、何によって変わるとわかりますか。
(　　　)

(3) ふりこが1往復する時間を長くするには、どのようにすればよいですか。
(　　　)

●勉強した日　　月　　日

実力判定テスト 学年末のテスト①

名前　　得点　　／100点

おわったらシールをはろう

教科書　139〜179ページ　　答え　30ページ

1 ものが水にとけた液（えき）について、次の問いに答えましょう。 1つ7〔28点〕

(1) ものが水にとけた液を何といいますか。

（　　　　）

(2) (1)の液は、とうめいですか、にごっていますか。

（　　　　）

(3) 100gの水に10gの食塩をとかしました。できた液の重さは何gですか。

（　　　　）

(4) 20℃の水50mLに食塩をとかしました。食塩のとける量に限（かぎ）りはありますか。（　　　　）

2 次のグラフは、50mLの水にとけるミョウバンと食塩の量を、水の温度を変えて調べた結果を表したものです。あとの問いに答えましょう。 1つ7〔42点〕

(5) 食塩をとけるだけとかした60℃の水よう液からとけている食塩を取り出すには、どのような方法が有効（ゆうこう）ですか。

（　　　　）

(6) 水よう液にとけきれなかった食塩やミョウバンの固体を、ろ紙、ろうと、ろうと台などを使い、こすことができます。このような方法で固体と液体を分けることを何といいますか。

（　　　　）

3 電磁石（でんじしゃく）について、次の問いに答えましょう。 1つ6〔30点〕

(1) 電磁石は、どのようなときに磁石のはたらきをしますか。（　　　　）

(2) 電磁石のN（エヌ）極とS（エス）極を入れかえるには、電流が流れる向きをどのようにすればよいですか。

（　　　　）

(3) 同じ長さ、同じ太さのエナメル線を使って、次の

●勉強した日　　月　　日

学年末のテスト②

時間30分

名前　　　得点　　／100点

おわったらシールをはろう

教科書　8～179ページ　答え　30ページ

1 次の問いに答えましょう。　1つ7〔28点〕

(1) 過去の自然災害の例などから、その地いきに今後起こるひ害を予想して地図に表したものを、何といいますか。
(　　　　　　　)

(2) メダカを飼うとき、水そうはどのようなところに置きますか。
(　　　　　　　)

(3) たまご(卵)からかえった直後の子メダカは、しばらくえさを食べませんでした。この理由を「養分」という言葉を使って答えましょう。

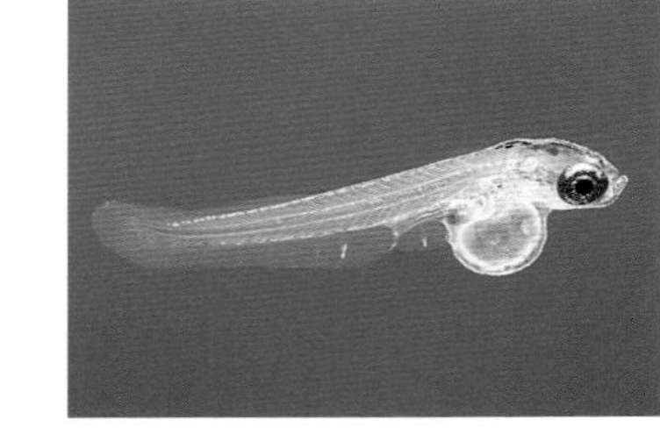

(　　　　　　　)

(4) ヒトの卵(卵子)は、メダカの卵よりも大きいですか、小さいですか。
(　　　　　　　)

3 花粉のはたらきについて調べるために、ヘチマのめばなのつぼみ２つにふくろをかぶせ、㋐は、花がさいたらめしべの先に花粉をつけてもう一度ふくろをかぶせました。㋑は、ふくろをかぶせたままにしました。あとの問いに答えましょう。　1つ8〔32点〕

㋐
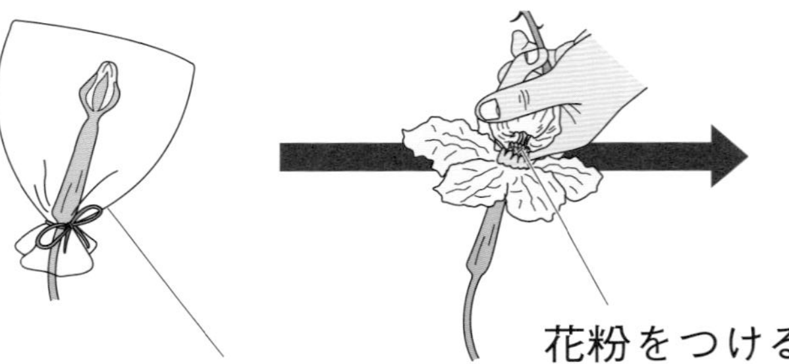

㋑
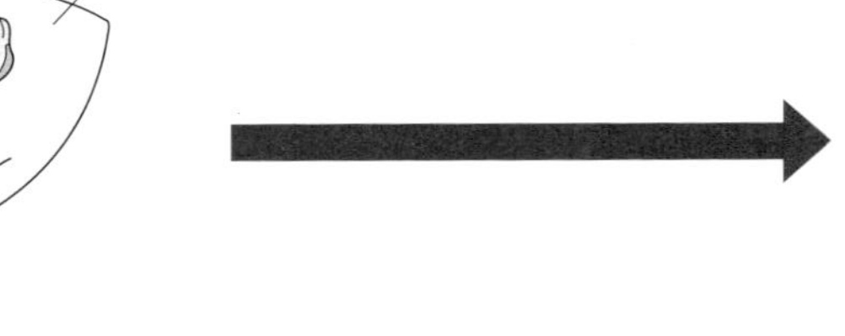
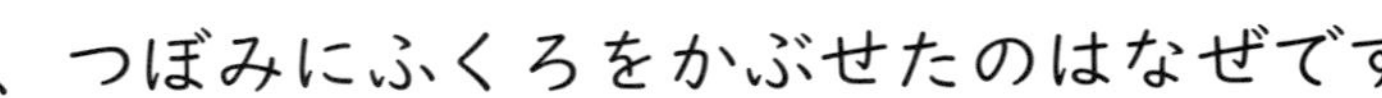

(1) ㋑で、つぼみにふくろをかぶせたのはなぜですか。
(　　　　　　　)

2 流れる水のはたらきについて、次の問いに答えましょう。

1つ8〔40点〕

(1) 次の①～③のはたらきをそれぞれ何といいますか。

① 地面をけずるはたらき（　　　）

② 土などを運ぶはたらき（　　　）

③ 土などを積もらせるはたらき（　　　）

(2) 右の図のような、川が曲がって流れているところで、水の流れが速いのは、あ、いのどちらですか。

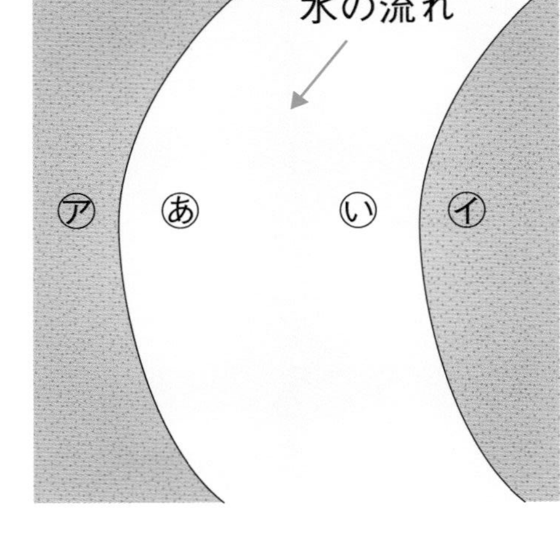

（　　　）

(3) ア－イを結んだ川底の形はどのようになっていますか。次のア～ウから選びましょう。

（　　　）

ア　ア　イ

イ　ア　イ

ウ　ア　イ

(2) しばらくすると、あは実ができ、いはかれ落ちました。このことから、実ができるためにはどんなことが必要だとわかりますか。

（　　　）

(3) 花粉をけんび鏡で観察したところ、右の図のように見えました。花粉が中央に見えるようにするには、プレパラートをどの方向に動かせばよいですか。次のア～エから選びましょう。

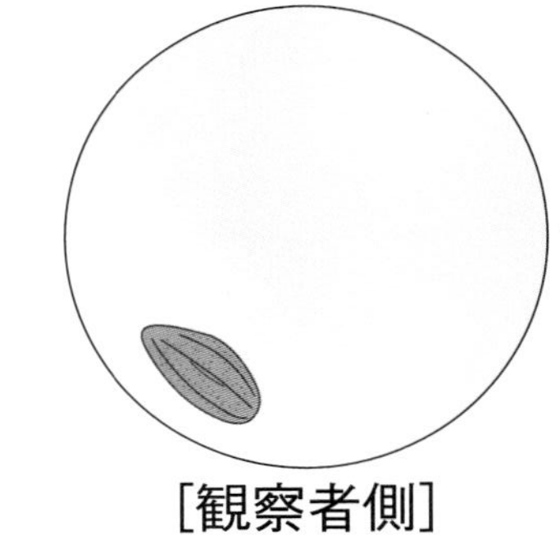

（　　　）

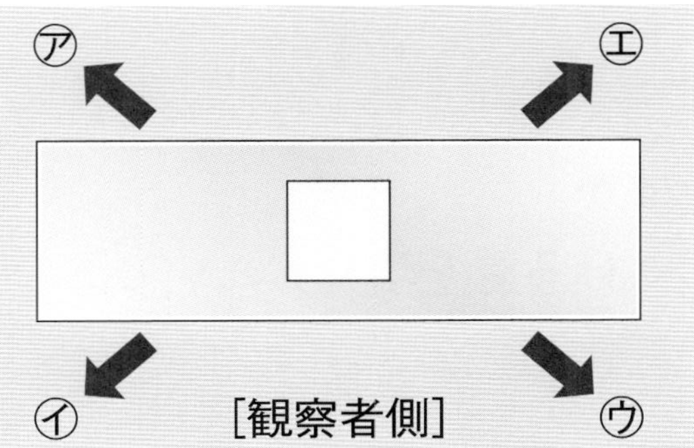

(4) (3)のようにプレパラートを動かすのは、けんび鏡ではものの向きがどのように見えているからですか。

（　　　）

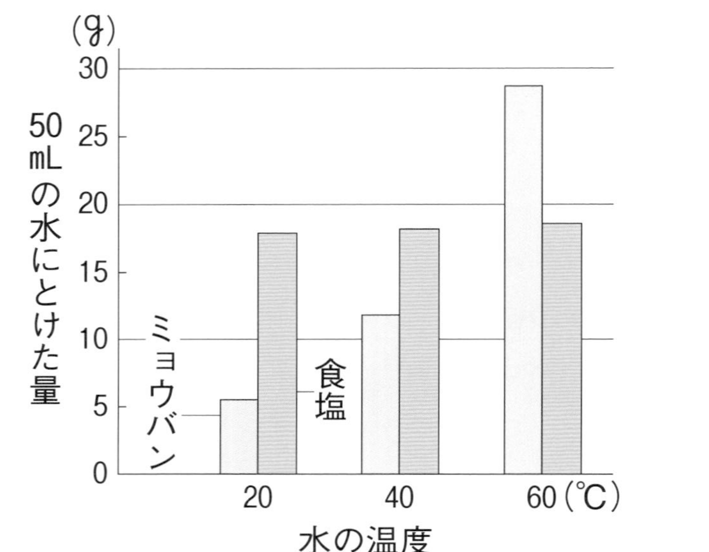

(1)　水の温度を上げると、ミョウバンのとける量はどのようになりますか。（　　　　　）

(2)　水の温度を上げると、食塩のとける量はどのようになりますか。（　　　　　）

(3)　食塩のとける量を増(ふ)やしたいとき、どのようにすればよいですか。

（　　　　　）

(4)　ミョウバンをとけるだけとかした60℃の水(すい)よう液(えき)の温度を下げました。とけていたミョウバンを取り出すことができますか。（　　　　　）

図のような電磁石をつくり、回路を組み立てました。電磁石の強さがいちばん強いものを、次の㋐～㋓から選びましょう。（　　　　　）

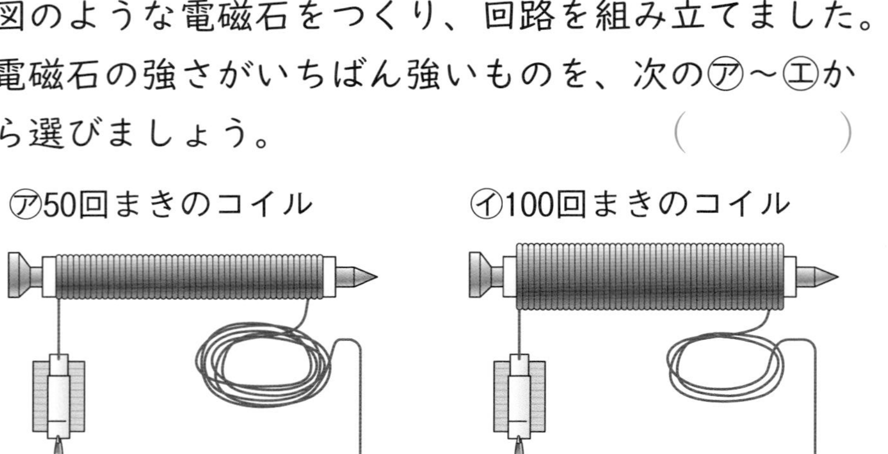

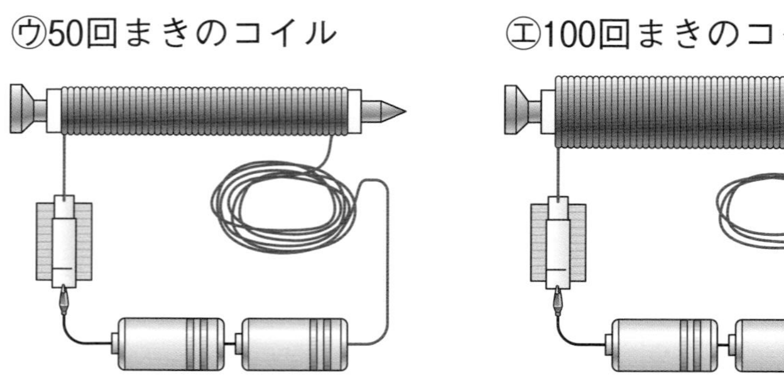

(4)　電磁石を強くするには、どのようにすればよいですか。2つ答えましょう。

（　　　　　）

（　　　　　）

●勉強した日　　月　　日

実力判定テスト

かくにん！数や量の平均

時間 30分

名前　　できた数　　/10問中

おわったらシールをはろう

平均の求め方をかくにんしよう！

答え 31ページ

平均

たいせつ

さまざまな大きさの数や量をならして、同じ大きさにしたものを平均といいます。

平均は、次の式で求めることができます。

平均＝(数や量の合計)÷(数や量の個数)

例　走りはばとびを３回行ったところ、１回めが2.5m、２回めが2.7m、３回めが2.3mだった。３回の平均は、

(2.5＋2.7＋2.3)÷３＝2.5m

1 図のように、ストップウォッチを使って、ふりこが１往復する時間を求めました。あとの問いに答えましょう。

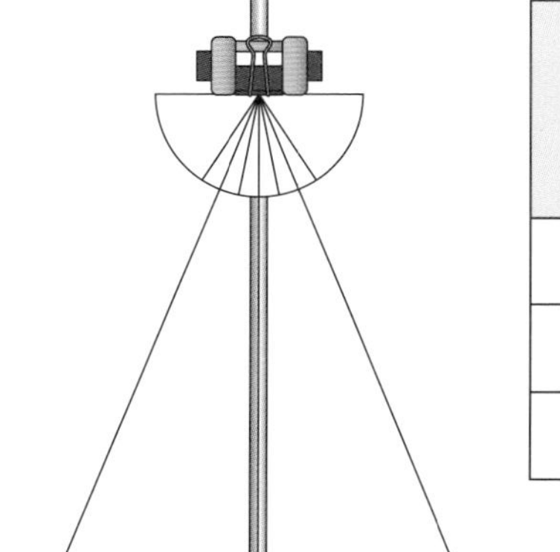

10往復する時間を３回測定した結果

	10往復する時間(秒)
１回め	15.3
２回め	15.5
３回め	15.2

ふりこが10往復する時間の平均は、
(15.3＋15.5＋15.2)÷３＝15.33…
小数第２位を四捨五入すると、
15.33…

ヒント

ふりこが１往復する時間は、

●勉強した日　　月　　日

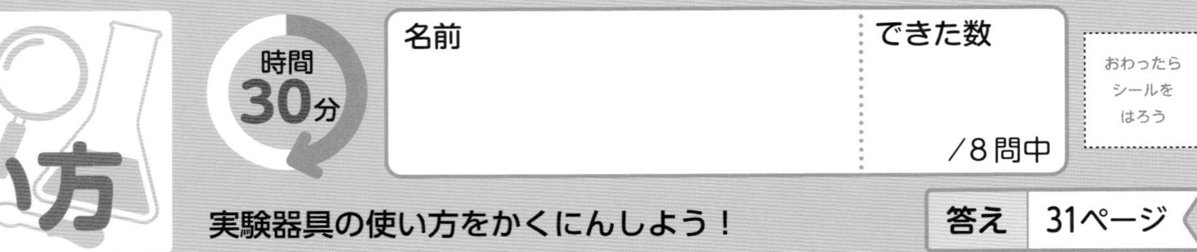

かくにん！実験器具の使い方

時間 30分

名前　　　　できた数　／8問中

おわったらシールをはろう

答え 31ページ

実験器具の使い方をかくにんしよう！

ろ過のしかた

1 ろ紙の折り方について、①〜③に当てはまる言葉をそれぞれ下の┆　┆から選びましょう。

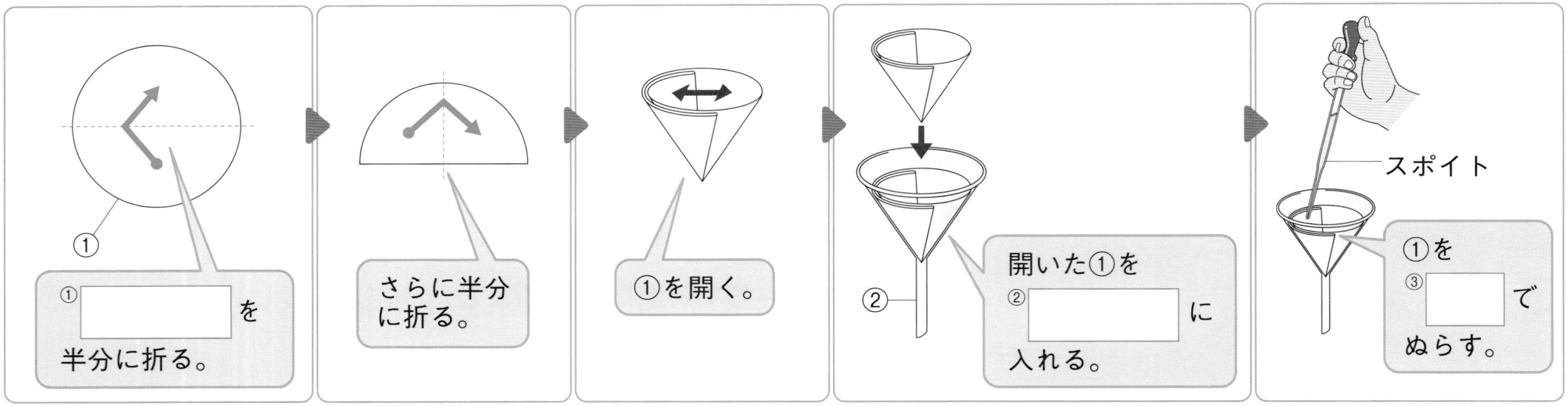

- ①［　　］を半分に折る。
- さらに半分に折る。
- ①を開く。
- 開いた①を②［　　］に入れる。
- ①を③［　　］でぬらす。（スポイト）

┆ 薬包紙（やくほうし）　ろ紙　ろうと　水　アルコール ┆

2 ろ過（か）のしかたについて、あとの問いに答えましょう。

液（えき）は①（ スポイト　ガラスぼう ）に伝わらせて、注ぐ。

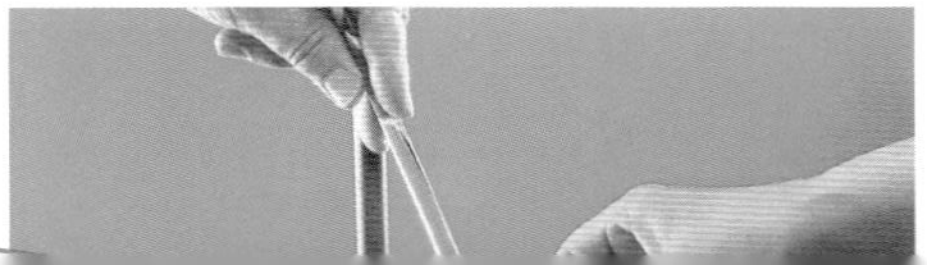

は、中学校の理科でも学習するよ。わすれないでね！

ろうとの先を、ビーカーのかべに②(つける　つけない)。

(1)　液は、どのように注ぎますか。①の(　　)のうち、正しいほうを◯で囲みましょう。

(2)　ろうとの先は、どのようにしますか。②の(　　)のうち、正しいほうを◯で囲みましょう。

(3)　ろ過した液(ろ液)は、どのように見えますか。次のア～ウから選びましょう。(　　　　)

ア　にごって見える。

イ　すき通って見える。

ウ　にごっている部分とすき通っている部分が見える。

実験用ガスコンロの使い方

3 **実験用ガスコンロを使う前の点検について、①、②の(　　)のうち、正しいほうを◯で囲みましょう。**

調節つまみは①(消　点火)になっているか、確認する。

ガスボンベは、切れこみのところが②(上　下)になっているか、確認する。

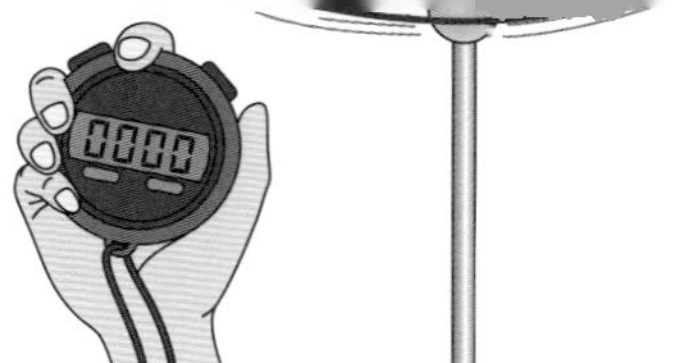

１往復する時間を１回で正確に測定するのはむずかしいから、10往復する時間を測定して、平均を求めるといいよ！

15.3÷10＝1.53
小数第２位を四捨五入すると、
1.53 秒

(1)　みかん５個の重さをはかると、それぞれ95g、103g、101g、99g、93gでした。これらのみかんの平均の重さは何gですか。小数第１位を四捨五入した重さを答えましょう。

（　　　　）

(2)　図と同じように、ふりこが１往復する時間を求めました。次の①〜⑨に当てはまる数字をそれぞれ□に書きましょう。

10往復する時間を３回測定した結果

	10往復する時間(秒)
１回め	16.4
２回め	16.1
３回め	16.2

ふりこの１往復する時間は、いろいろな求め方があるよ。

ふりこが10往復する時間の平均を、小数第２位まで求めると、

（①□＋②□＋③□）÷④□＝⑤□

⑤の小数第２位を四捨五入すると、⑥□となる。

ふりこが１往復する時間を、小数第２位まで求めると、

⑥÷⑦□＝⑧□

⑧の小数第２位を四捨五入すると、ふりこが１往復する時間は、

⑨□秒となる。

教科書ワーク

答えとてびき

「答えとてびき」は、とりはずすことができます。

啓林館版

理科5年

使い方

まちがえた問題は、もう一度よく読んで、なぜまちがえたのかを考えましょう。正しい答えを知るだけでなく、なぜそうなるかを考えることが大切です。

花のつくり

2ページ 基本のワーク

1 ①おしべ ②めしべ ③花びら ④がく

2 ①めしべ ②めしべ ③実 ④種子

まとめ ①めしべ ②実 ③種子

3ページ 練習のワーク

1 ①虫眼鏡 ②ピンセット

2 (1)㋐おしべ ㋑がく ㋒花びら ㋓めしべ (2)イ (3)実 (4)種子

てびき 1 花のつくりは小さいので、虫眼鏡を使ってよく観察します。花びらやがくなどを外すときはピンセットの先でつまみます。

2 (1)図1の㋐はおしべ、㋑はがく、㋒は花びら、㋓はめしべです。

(2)(3)めしべのもとはふくらんでいて、花がさき終わった後、この部分が育って実になります。

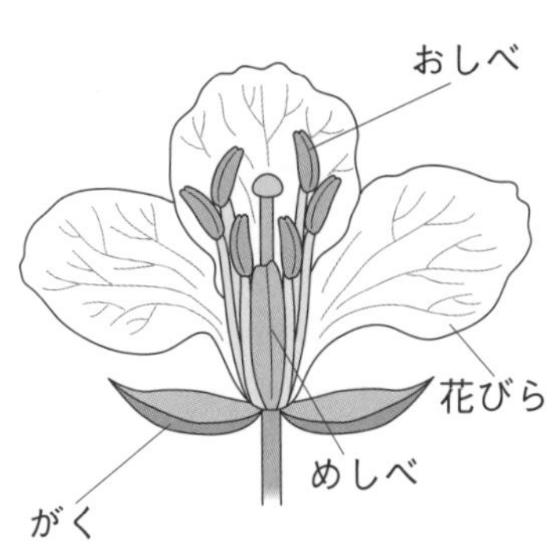

(4)じゅくした実の中には、たくさんの種子ができています。

4・5ページ まとめのテスト

1 (1)がく (2)㋒ (3)おしべ (4)めしべ (5)太陽を見ないようにすること。

2 (1)1本 (2)①ちがっている ②同じである

3 (1)イ (2)㋒→㋑→㋓→㋐ (3)ウ (4)種子

4 アブラナ…㋒ ヘチマ…㋓ ヒョウタン…㋑ ヒマワリ…㋐

丸つけのポイント

1 (5)太陽を見ないということが書かれていれば正解です。

てびき 1 (1)～(4)アブラナの花には、がく、花びら、おしべ、めしべがあります。図2のあは花びら、いはめしべ、うはおしべ、えはがくです。

(5)虫眼鏡で太陽を見ると、目をいためるおそれがあります。

2 (1)(2)ツツジの花とアブラナの花を比べると、それぞれのつくりの形や数はちがっていますが、ツツジの花もアブラナの花と同じで、がく、花びら、おしべ、めしべがあります。図の花の中心にある長いものが、めしべです。

わかる！理科 アブラナなど、多くの植物の花のつくりは、いちばん外側から順に、がく→花びら→おしべ→めしべになっています。

3 (1)図1では、1本のアブラナの上のほうには花がさいていて、下のほうは実になっています。

(2)㋐はじゅくした実で、さやがわれて種子が見えています。㋑は花びらがすべて落ちた、わかい実です。㋒は花びらがまだくっついています。㋓は実が育って大きくなっています。

(3)めしべのもとのふくらんだ部分が育って、実になります。

(4)じゅくした実の中には、種子があります。

4 植物によって、たねの形や色、大きさはちがっています。

わかる! 理科 いっぱんに「たね」とよばれるものには、種子の場合と実の場合があります。アサガオやヘチマの「たね」は種子ですが、ヒマワリの「たね」は実で、中に種子が1つ入っています。

1 雲と天気の変化

6ページ 基本のワーク

1 (1)①南西　②北東

(2)③9

(3)④「晴れ」に○

2 (1)①「増えた」に○

(2)②雨

まとめ ①量　②雨

7ページ 練習のワーク

1 (1)雲

(2)晴れ

(3)西から東

2 (1)①×　②○　③○　④×

(2)イ

(3)㋑→㋒→㋐

てびき **1** (1)空全体の広さを10としたときに、雲がおおっている空の広さで天気を決めます。

(2)晴れのときの雲がおおっている空の広さは0～8です。雲が空の広さの半分以上あっても、晴れであることに注意しましょう。雲がおおっている空の広さが9～10のときがくもりです。

(3)北に向かって立ったとき、右が東、左が西になります。雲は、西から東のほうへ動いていくことが多いです。

わかる! 理科 雲は風によって流されるので、南から北へ動いたり、東から西へ動いたりもします。雲ができる高さでふいている風は、地上付近の風とは向きがちがうこともありますし、台風のときの風の向きは、時こくによって変化します。しかし、たいていは、日本の上空にふく「偏西風(へんせいふう)」とよばれる強い西風によって流されるので、西から東へと動くことが多いのです。

8ページ 基本のワーク

1 (1)①「西から東」に○

②「西から東」に○

(2)③アメダス

(3)④「晴れる」に○

まとめ ①西　②東

9ページ 練習のワーク

1 (1)西から東　(2)イ　(3)ウ　(4)晴れ

(5)気象衛星(人工衛星、ひまわり)

2 (1)アメダス　(2)ハザードマップ

てびき **1** (1)㋐～㋒の雲画像を見ると、雲は西から東へ動いていることがわかります。

(3)雲画像から、大阪では、3月12日と13日は空に雲があり、14日は空に雲がないことがわかります。

(4)3月14日の雲画像で、東京の西のほうに雲がないので、3月15日は晴れると予想されます。

わかる! 理科 日本付近の上空には、西から東に向かって偏西風(へんせいふう)とよばれる強い風がふいています。そのため、春のころの雲は西から東へと動いていくことが多いです。秋のころも、地いきによりますが、春のころと同じような天気の変化をすることが多いです。

2 (1)アメダスの観測所は全国に約1300か所あり、自動的に風向・風速、気温、湿度、降水量などを観測しています。

(2)水害だけでなく、地しんや火山のひ害についてのハザードマップもあります。

10・11ページ **まとめのテスト**

1 (1)3　(2)9
(3)午前10時…晴れ　午後2時…くもり
(4)ア　(5)晴れ

2 (1)㋐積乱雲　㋑乱層雲　㋒巻雲
(2)イ　(3)㋐

3 (1)雲
(2)3月13日…㋐　3月14日…㋑
(3)アメダス　(4)㋐
(5)3月13日　(6)ウ
(7)①西　②西　③東

てびき **1** 空全体の広さを10としたときの雲がおおっている空の広さで天気を決めます。雲がおおっている空の広さが0～8のときを晴れ、9～10のときをくもりとします。雨がふっているときは、雲がおおっている空の広さに関係なく雨とします。

(4)雲がおおっている空の広さは、3から9へと増えていることがわかります。

2 雲は、その形やできる高さで、10種類に分けられています。積乱雲(入道雲)、積雲(わた雲)、巻雲(すじ雲)、巻積雲(いわし雲、うろこ雲)、巻層雲(うす雲)、高層雲(おぼろ雲)、高積雲(ひつじ雲)、層積雲(うね雲)、乱層雲(雨雲)、層雲(きり雲)の10種類です。名前に「乱」がついている雲は、雨をふらせることが多い雲です。

わかる! 理科 積乱雲は、夏の暑い日に、急げきに発達し、はげしい雨をふらせることがあります。同じ場所に数時間はげしい雨がふることを「集中ごう雨」、せまい地いきにはげしい雨がふることを「局地的大雨」といいます。

3 (2)雲画像の㋐では、主に日本全体と日本の西側の海を雲がおおっています。㋑では、主に日本の東側の海を雲がおおっています。春のころ、雲は西から東へ動くことから、㋐が3月13日で、㋑が3月14日とわかります。

(3)約1300か所の観測所があります。観測した降水量、風向・風速、気温などは気象庁が集計しています。アメダス(AMeDAS)とは、「自動気象データ収集システム」の略(りゃく)です。

わかる! 理科 気象レーダーは、アンテナを回転させながら電波を出し、電波がもどる時間などから雨や雪までのきょりを調べます。このデータを利用して、予報を出しているのが、気象庁の「ナウキャスト」です。

(4)図2の降水量の情報では近畿(きんき)地方や中部地方に雨がふっているので、このときの雲画像はそれらの地いきに雲のかかっている㋐です。

(5)名古屋に雲がかかっているのは、㋐の日です。

(7)太陽は西の空にしずむので、夕焼けも西の空に見えます。夕焼けが見られる日は、西のほうに雲がないので、次の日は晴れると予想できます。

わかる! 理科 天気の言い伝え

●「ツバメが低く飛ぶと雨」
ツバメのえさである虫のはねは、空気がしめっていると重くなります。そのため、虫は雨の前には低い位置を飛んでいます。

●「朝焼けは雨、夕焼けは晴れ」
朝焼けが見えるということは、東が晴れていることから、やがて西にある雲がやってきて、雨になると考えられます。反対に、夕焼けが見えるということは、西には雲がなく、晴れていることがわかります。

●「飛行機雲ができると雨」
雲ができるのは、空気中に大量の水じょう気があるからです。

2　植物の発芽と成長

12ページ **基本のワーク**

❶ ①発芽　②水
③温度　④空気

❷ (1)①水　②空気　③温度
(2)④「する」に⬭　⑤「しない」に⬭
(3)⑥水

まとめ ①発芽　②水

13ページ **練習のワーク**

1 (1)発芽　(2)㋑→㋒→㋐

2 (1)ア　(2)②、③、④に○　(3)水

てびき ❶ (1)種子から芽が出ることを発芽といいます。

(2)インゲンマメの芽が土の中から出てくるときは、最初に種子の丸い部分(子葉)が出てきます。次に、この種子の丸い部分から葉が出てきます。

❷ (1)(2)㋐と㋑を比べると、水をあたえるかどうかを変えていて、空気や温度など、水以外の条件は同じにしています。

わかる! 理科 実験を行うときは、調べたい条件を１つだけ変えて、そのほかの条件はすべて同じにします。条件をいくつも変えてしまうと、どの条件のちがいによって結果が変わったのか、わからなくなってしまいます。例えば、㋐と㋑では、空気だけでなく、明るさの条件やだっし綿も同じにしています。このように条件を整えることは、実験のときにいつも必要なので、しっかり理解しましょう。

(3)水の条件だけを変えて実験をして、水をあたえた㋐の種子だけが発芽していることから、発芽には水が必要であることがわかります。

14ページ 基本のワーク

❶ (1)①「する」に◯
②「しない」に◯
(2)③温度

❷ (1)①空気　②水　③温度
(2)④「する」に◯
⑤「しない」に◯
(3)⑥空気

まとめ　①温度　②空気

15ページ 練習のワーク

❶ (1)イ、ウ　(2)㋐

❷ (1)光が当たらないようにする。
(おおいをする。箱をかぶせる。)
(2)温度　(3)㋐

❸ (1)ウ　(2)空気　(3)㋐

てびき ❶ (1)この実験では、発芽と水の関係について調べています。このとき、水以外の条件は同じにします。

(2)インゲンマメは、水がないと発芽しません。

❷ (1)冷ぞう庫の中は、ドアをしめると中の明かりが消えて暗くなります。そのため、明るさの条件を同じにするために、㋐にも箱でおおいをするなどして暗くする必要があります。こうすることで、温度の条件だけを変えることができ、結果を正しく比べることができます。

❸ ㋐では、種子はだっし綿にふくまれる水にふれていて、空気にもふれています。㋑では、種子全体が水の中にあるので、空気にふれていません。つまり、水の条件は同じで、空気の条件を変えています。また、どちらもあたたかい部屋の中に置いているので、温度の条件は同じです。

わかる! 理科 この実験では、空気の条件だけを変えて、水の条件や温度の条件を同じにしています。

16・17ページ まとめのテスト❶

1 (1)発芽
(2)㋐と㋑の肥料の条件をそろえるため。
(3)①１つだけ　②同じになる
(4)水

2 (1)ウ　(2)ア、イ　(3)㋑

3 (1)㋑　(2)㋓　(3)㋒
(4)㋐と㋑　(5)㋐と㋓　(6)㋒と㋔
(7)芽が出る…㋐、㋔
芽が出ない…㋑、㋒、㋓
(8)水、空気、適当な温度

てびき 1 (2)発芽には、水と空気と適当な温度が必要で、肥料は必要ありません。実験では、だっし綿やバーミキュライトのような、肥料をふくまず、適度に水をふくむことができるものを使います。

2 (1)エアーポンプは、メダカなどを飼うときに、水そうに空気を送りこむためのそうちです。

(2)調べたいこと以外の条件は、すべて同じにします。

3 (1)～(3)㋐～㋔の条件を整理すると、
㋐：水〇、空気〇、適当な温度〇
㋑：水×、空気〇、適当な温度〇
㋒：水〇、空気〇、適当な温度×、暗い
㋓：水〇、空気×、適当な温度〇
㋔：水〇、空気〇、適当な温度〇、暗い

㋒と㋔は、明るさの条件が同じになっています。

(4)発芽に水が必要かどうかを調べるときは、水をあたえていない㋑と、そのほかの条件がすべて同じである㋐を比べます。

(5)発芽に空気が必要かどうかを調べるときは、空気にふれないようにした㋓と、そのほかの条件がすべて同じである㋐を比べます。

(6)発芽に適当な温度が必要かどうかを調べるときは、冷ぞう庫の中に入れた㋒と、そのほかの条件がすべて同じである㋔を比べます。㋐と㋒では水と空気の条件が同じになっていますが、明るさの条件が同じになっていないので、正しく比べられません。

(7)水、空気、温度の条件がすべてそろっているのは、㋐と㋔です。インゲンマメの種子の発芽に明るさの条件は必要ないので、暗いところに置いた㋔も発芽します。

わかる! 理科 ここでは、水と空気と温度について、実験を行っていますが、もう１つわかることがあります。なぜ、実験にだっし綿を使っているかを考えてみましょう。だっし綿を使っても、水と空気と温度の条件がそろえば発芽することから、発芽に土は関係しないことがわかります。

18ページ 基本のワーク

1 (1)①あと結ぶ。 ②いと結ぶ。
(2)③ヨウ素 ④青むらさき

2 (1)①「する」に◯
②「あまり変化しない」に◯
(2)③発芽

まとめ ①でんぷん ②発芽や成長

19ページ 練習のワーク

1 (1)ア (2)㋐い ㋑あ (3)子葉
(4)ヨウ素液 (5)ア
(6)ふくまれている。 (7)イ
(8)①でんぷん ②発芽

2 (1)エ (2)でんぷん

てびき 1 (1)種子をやわらかくして、切りやすくします。

(2)(3)種子には、根、くき、葉になる部分(㋐)と、養分がふくまれている部分(㋑)があります。養分がふくまれている部分を、子葉といいます。

(4)(5)でんぷんがふくまれているかどうかは、ヨウ素液を使って調べることができます。でんぷんがふくまれている㋑は、こい青むらさき色に変化します。

(6)～(8)種子の中にふくまれているでんぷんは、発芽や成長するときの養分として使われます。そのため、発芽してしばらくたった子葉(あ)には、ほとんどでんぷんが残っていません。

2 わたしたちの食べ物のうち、主食になる植物の多くには、でんぷんがふくまれています。ご飯は白米をたいた(水といっしょににた)ものであり、白米はイネの種子のはいにゅうという部分です。

20ページ 基本のワーク

1 (1)①「する」に◯ ②「しない」に◯
(2)③日光

2 (1)①肥料 ②日光
(2)③「する」に◯ ④「しない」に◯
(3)⑤肥料

まとめ ①日光 ②肥料

21ページ 練習のワーク

1 (1)㋐ (2)㋑ (3)㋑ (4)㋐
(5)日光

2 (1)㋑ (2)㋐ (3)㋐ (4)肥料
(5)イ

てびき 1 (2)日光に当てると葉はこい緑色になりますが、日光に当てないと黄色っぽくなります。

2 (1)肥料がないと、肥料があるものよりも成長が悪くなり、葉の数も少なくなります。

わかる! 理科 植物の成長には、日光が必要です。また、肥料があるとよく成長します。肥料をあたえなくても、植物は少しは成長します。しかし、植物がよりよく成長するためには、肥料をあたえることが必要です。自然の土には、植物や動物のくさったものからできた肥料がたくさんふくまれているので、植物がよく成長します。

(5)肥料が必要かどうかを調べるために、肥料をふくまない土を使って2つのインゲンマメを育て、一方だけに肥料をあたえて、育ち方を比べます。

22・23ページ　まとめのテスト②

1 (1)(こい)青むらさき色　(2)イ
(3)ア　(4)発芽前の種子の子葉
(5)発芽(や成長)

2 (1)㋐　(2)㋑　(3)イ、ウ

3 (1)イ
(2)なえに日光を当てないため。
(3)肥料
(4)①㋑　②㋐
(5)よく成長するためには日光が必要であること。

4 (1)①水　②日光　(2)①㋑　②㋐
(3)よく成長するためには肥料が必要であること。

丸つけのポイント

3 (2)光(または日光)を当てないことが書かれていれば正解です。
(5)日光が必要であることが書かれていれば正解です。

4 (3)肥料が必要であることが書かれていれば正解です。

てびき **1** (1)(2)ヨウ素液にはでんぷんを青むらさき色に変える性質(せいしつ)があるので、でんぷんがふくまれている㋐がこい青むらさき色に変化します。
(3)発芽後の子葉は、でんぷんがほとんどふくまれていないので、ヨウ素液をつけても色がほとんど変化しません。
(4)(5)発芽前の子葉にふくまれていたでんぷんが発芽後の子葉にはほとんどふくまれていないことから、でんぷんは発芽(と成長)に使われたことがわかります。

2 (1)(2)インゲンマメの種子には、やがて根・くき・葉になる部分と発芽のための養分がふくまれている部分があります。
(3)イネやムギなどの植物の種子には、でんぷんが多くふくまれています。ゴマにはしぼうが、ダイズにはたんぱく質が多くふくまれています。

3 (1)〜(3)日光の条件以外は、すべて同じにします。同じ育ち方のなえを2本選び、どちらにも肥料をとかした水をあたえます。
(4)日光を当てないと、葉の数が少なく、くきが細くてひょろ長く、全体的に黄色っぽくなります。
(5)日光の条件だけを変えているので、成長に日光が必要であることがわかります。

4 (1)肥料の条件以外は、同じにします。
(2)肥料をあたえないと、あたえた場合と比べてくきが細く、葉の数が少なくて、全体的に育ちが悪くなります。
(3)肥料をあたえたほうが、植物はじょうぶに育ちます。

3　メダカのたんじょう

24ページ　基本のワーク

1 (1)①「当たらない」に◯
(2)②「食べ残さない」に◯
③「くみ置き」に◯

2 (1)①「ある」に◯　②「ない」に◯
③「長い」に◯　④「短い」に◯
(2)⑤おす　⑥めす

まとめ　①おす　②めす

25ページ　練習のワーク

1 ②、③、⑥、⑦に○

2 (1)あ
(2)
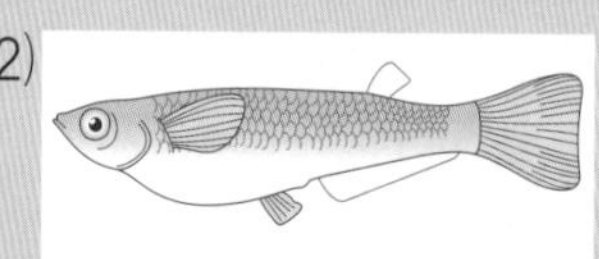
(3)ア

てびき **1** 日光が直接当たるところに水そうを置くと、水温が上がりすぎることがあります。また、水はくみ置きのものを使います。

わかる! 理科　水道の水にふくまれる塩素は、水を消毒するために必要ですが、メダカにとってあまりよくありません。バケツなどに水道の水を入れて日光が当たる場所に置いておくと、塩素が空気中にぬけていきます。

2 (2)おすのせびれには切れこみがありますが、めすのせびれにはありません。また、おすのしりびれは後ろが長くなっていますが、めすは後

ろが短くなっています。

26ページ　基本のワーク

❶ ①精子　②受精　③受精卵

❷ (1)①目　②血液

(2)③「11日」に◯　(3)④養分

まとめ　①受精　②受精卵　③養分

27ページ　練習のワーク

❶ (1)①2　②4　③1　④3

(2)受精　(3)受精卵

❷ (1)イ　(2)ウ　(3)㋒→㋑→㋓→㋐

(4)イ　(5)ア　(6)養分

てびき ❶ (1)おすはめすのまわりで輪をえがくように泳ぎます。めすがおすを受け入れるとならんで泳ぐようになり、産卵にそなえます。めすがたまごを産むと、すぐにおすが精子を出して受精(じゅせい)させます。その後、めすのはらにはたまごがついていますが、しばらくして水草などにたまごをつけます。

わかる! 理科　植物で、めしべにおしべの花粉がつくことを受粉といいます。「受精」と「受粉」は言葉が似(に)ているので、まちがえないようにしましょう。

❷ (2)メダカは、たまごの中にふくまれる養分で子メダカのすがたに育ち、たんじょうします。これは、植物が種子にふくまれる養分で発芽することと似ています。

(3)受精してしばらくすると、たまごの中にふくらんだ部分が見られるようになります(㋒)。2日めには、体の形が見えてきます(㋑)。3日めぐらいには目がわかるようになり(㋓)、6日めぐらいには、心ぞうが動き、血液が流れるのが見えるようになります(㋐)。

(4)水温が25℃ぐらいのとき、たまごが受精してから約11日で子メダカがたんじょうします。これはおよその日数で、実際にはもっと早かったり、おそかったりすることがあります。

(6)たまごからかえった子メダカは、2～3日は何も食べずに、はらの養分で育ちます。

わかる! 理科　産卵してすぐのメダカのたまごは、しばらくめすのはらについていますが、その後、水草にたまごをつけます。たまごには、水草にくっつきやすいようにべたべたした付着糸(ふちゃくし)という糸があります。この糸は、たまごを守るはたらきもしています。

28ページ　基本のワーク

❶ (1)①ステージ　②反しゃ鏡

③レンズ　④調節ねじ

(2)⑤「当たる」に◯

❷ (1)①対物レンズ　②ステージ

③接眼レンズ　④視度調節リング

(2)⑤「当たる」に◯

まとめ　①日光　②調節ねじ

29ページ　練習のワーク

❶ 日光

❷ (1)かいぼうけんび鏡

(2)㋐レンズ

㋑ステージ(のせ台)

㋒反しゃ鏡

㋓調節ねじ

(3)イ→ア→ウ

❸ (1)そう眼実体けんび鏡

(2)㋐接眼レンズ

㋑視度調節リング

㋒対物レンズ

㋓ステージ(のせ台)

(3)エ→ウ→ア→イ

てびき ❶ 日光が直接当たるところでかいぼうけんび鏡を使うと、レンズを通して日光が目に当たり、目をいためます。

❷ (2)(3)反しゃ鏡(㋒)を動かして、明るく見えるようにします。調節ねじ(㋓)を回すと、レンズの位置が上下するので、レンズをのぞきながら、ピントが合うところをさがします。

❸ (2)目が接するレンズを接眼レンズ、観察するものに対するレンズを対物レンズといいます。

(3)接眼レンズのはばを目のはばに合わせて、両目で見たときに、見えるはんいがぴったりと重なるようにします。

わかる! 理科　目で見えるはんいを「視野(しや)」といいます。右目の視野と左目の視野は少しちがっていて、両目の視野が重なっている部分では、ものが立体的に見えます。そう眼実体けんび鏡は、両目で観察するものを見るので、立体的に観察することができます。

30・31ページ **まとめのテスト**

1 (1)くみ置きの水　(2)イ、エ
(3)ウ　(4)かいぼうけんび鏡

2 (1)せびれ　(2)しりびれ
(3)あ㋒　い㋑　う㋓　え㋐
(4)めす

3 (1)精子　(2)受精
(3)たまごの中　(4)㋑→㋒→㋐
(5)ウ
(6)はらの中にある養分を使って育つから。

4 (1)日光が直接当たる場所。
(2)イ　(3)イ→ウ→ア

丸つけのポイント

3 (6)はらにあるふくろに養分があることについて書かれていれば正解です。

4 (1)「直しゃ日光が当たる場所」でも正解です。

てびき **1** (1)水道の水には、消毒のための薬品がふくまれているため、１～２日ほど、日光が当たるところに置いて薬品をぬきます。

(2)(3)おすとめすがいっしょの水そうにいないと、メダカはたまごを産みません。また、たまごを産みつけるための水草が必要です。

2 (3)メダカのおすのせびれには、切れこみがあります。また、おすのしりびれは、後ろが長くなっています。

3 (1)(2)めすが産んだたまごとおすが出した精子が結びつく(受精する)と、受精卵になります。受精していないたまごは、子メダカには育ちません。

わかる! 理科 受精しなかったたまごは、そのままにしておくと、カビが生えたり、くさったりして水をよごしてしまいます。育っていないたまごを見つけたら、早めに水そうから取りのぞきましょう。

(3)たまごの中には養分がふくまれていて、たまごの中の子メダカはこの養分を使って育ちます。

(6)たまごからかえった直後の子メダカは、はらがふくらんでいます。このはらには養分の入ったふくろがあり、しばらくはこの養分を使って育ちます。

4 (1)(2)観察しやすいように、明るい場所に置きましょう。ただし、目をいためないように、直接日光が当たらないようにします。

台風と気象情報

32ページ **基本のワーク**

1 (1)①台風　(2)②秋
(3)③南　④北

2 ①中心　②予報円

まとめ ①南　②北　③災害

33ページ **練習のワーク**

1 (1)台風
(2)①南　②北　(3)B…ウ　C…イ

2 (1)A…イ　B…ア　(2)水不足

てびき **1** (1)気象衛星の雲画像を見ると、台風は、大きな雲のうずになっていることがわかります。

わかる! 理科 雲画像を見ると、台風の中心に雲がないことがあります。この部分を「台風の目」といい、目の付近では、ほとんど風がふかず、雨もふりません。

(2)図２からわかるように、台風は、南から北に進みます。

わかる! 理科 日本の上空には、強い西風がふいているので、日本に上陸した台風はこの西風に流されて東向きに方向を変えます。

2 (1)台風は、大雨と強い風をともなうので、それによって災害が起こることがあります。大雨によって川の水が増えると、流れる水のはたらきが大きくなって、ていぼうがくずれて川の水があふれたり、土砂(どしゃ)くずれが起こったりすることがあります。

(2)大量の雨がふってくるので、夏の水不足が解消されることがあります。

34・35ページ　まとめのテスト

1 ⑴台風　⑵㋐→㋓→㋒→㋑　⑶ア
⑷風…強くなる。　雨…強くなる。
⑸㋒

2 ⑴㋐雨　㋑風
⑵イ

3 ⑴①南　②夏　③秋　⑵ア
⑶イ

4 ⑴㋓　⑵㋒　⑶㋑
⑷㋐　⑸ア

てびき **1** ⑵⑶台風は、およそ南から北へ進みます。台風がいちばん南の位置にあるのは㋐です。㋓はそれよりも少し北にあり、㋒はさらに北にあります。いちばん北まで進んだのが㋑です。

⑷南の海上から台風が日本に近づくにつれ、風や雨は強くなります。

⑸大阪で雨や風が最もはげしくなるのは、台風の雲が大阪にある、㋒のときです。

わかる! 理科 台風は、強さと大きさで表されます。
強さ：最大風速(秒速)が

	最大風速(秒速)
強い	33m以上～44m未満
非常に強い	44m以上～54m未満
もうれつな	54m以上

大きさ：風速が、秒速15m以上のはんいの円の半径が

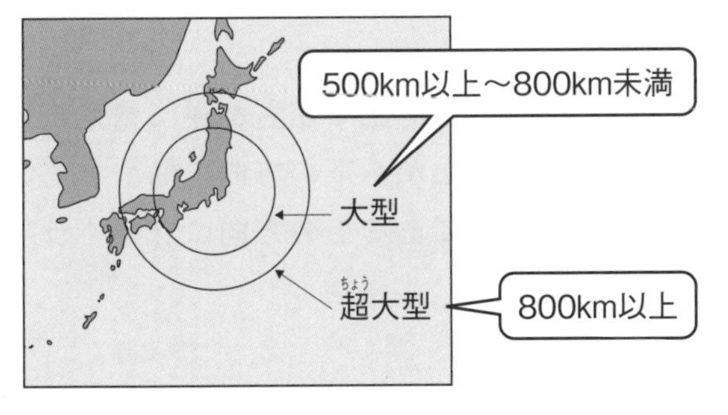

2 ㋐は大雨で川が増水し、川岸がけずられたようす、㋑は強風で実が木から落ちてしまったりんご畑のようすです。

3 ⑵降水量の情報の図で、色のついた□のあるところが、雨のふったところです。東京や名古屋にはこの印がありますが、札幌には印がありません。

4 台風が日本に近づいてくると、台風の動きを予想した図が、気象庁から発表されます。

台風の現在の位置は、×印で表されています。×印を中心に、風の強いはんいを赤色の円(風速25m〔秒速〕以上)で、台風の大きさを黄色の円(風速15m〔秒速〕以上)で表しています。また、これから台風の中心が動いていくと考えられるはんいは、白い点線で表しています。白い線と点線の円のまわりの赤い線は、風が強く(風速25m〔秒速〕以上に)なる可能性があるはんいです。

4　花から実へ

36ページ　基本のワーク

1 ⑴①花びら　②がく
③めしべ　④おしべ
⑵⑤実　⑥めばな　⑦おばな

2 ⑴①花びら　②がく
③おしべ　④めしべ
⑵⑤実　⑥めばな　⑦おばな

まとめ　①めばな　②おばな　③めしべ

37ページ　練習のワーク

1 ⑴ヘチマ　めしべ…㋑
おしべ…㋕
オモチャカボチャ　めしべ…㋕
おしべ…㋕
⑵ウ、エ　⑶ウ

2 ⑴㋐めしべ　㋑おしべ
⑵㋒　⑶実
⑷①1つ　②めばな　③おばな

てびき **1** ⑴ヘチマのめばなにあるめしべは、がくの下のほうの細長くふくらんだ部分までがめしべです。オモチャカボチャも、めしべはがくの下の丸くふくらんだ部分につながっています。

⑶ヘチマもオモチャカボチャも、めばなにあるめしべのもとのふくらんでいる部分が実になる部分です。

2 ⑴⑵めしべは花の中心に1本あり、もとがふくらんでいます。おしべは先に粉が入ったふくろがあります。

(3)アブラナは、めしべのもとのふくらんだ部分が実になります。

わかる! 理科 おばなとめばなに分かれている植物は身の回りに多くあります。ヘチマやカボチャのほかに、トウモロコシやキュウリ、イチョウなどもそうです。

38ページ **基本のワーク**

1 (1)①「ついていない」に○
②「ついている」に○
③「ついている」に○
(2)④花粉 ⑤こん虫

2 (1)①接眼レンズ ②レボルバー
③調節ねじ ④対物レンズ
⑤ステージ(のせ台) ⑥反しゃ鏡
(2)⑦×

まとめ ①花粉
②③接眼レンズ、対物レンズ
(順不同)

39ページ **練習のワーク**

1 (1)花粉 (2)㋐ (3)イ

2 (1)㋐接眼レンズ ㋑ステージ(のせ台)
㋒調節ねじ ㋓レボルバー
㋔対物レンズ ㋕反しゃ鏡
(2)50倍 (3)エ→ア→イ→ウ
(4)イ (5)Ⓘ

てびき 1 (1)(2)㋐はヘチマの花粉で、㋑はアサガオの花粉です。

(3)つぼみの中のめしべの先には花粉がついていませんが、花がさいた後ではついています。これは、花がさいた後、花粉がおしべからめしべに運ばれたためです。ヘチマの場合は、こん虫が花粉を運ぶ役目をしています。

2 (1)㋐は、目に接しているので接眼レンズ、㋔は、物に対しているので対物レンズです。㋓のレボルバーには、倍率のちがう対物レンズがいくつかついています。

わかる! 理科 けんび鏡は、日光が直接当たらない、明るい場所の水平なつくえの上などに置いて使います。レンズを通して強い太陽の光が目に入ると、目をいためます。また、運ぶときは両手で持ち、落とさないように気をつけましょう。

(2)けんび鏡の倍率は、接眼レンズの倍率×対物レンズの倍率で求めることができるので、10×5＝50(倍)となります。

高い倍率で観察したいときは、まず、低い倍率で観察するものが真ん中に見えるようにしてから、レボルバーを回して、高い倍率の対物レンズに変えます。

わかる! 理科 高い倍率のレンズにかえると、見たいものが大きく見えますが、見えるはんいがせまくなります。観察するものが真ん中にないと、高い倍率のレンズにかえたときに、観察するものが見えなくなることがあります。また、高い倍率のレンズにかえると暗くなるので、反しゃ鏡を動かして明るくします。はっきり見えなくなったときは、調節ねじを回してピントを合わせ直しましょう。

(3)(4)対物レンズをいちばん低い倍率にしてから、接眼レンズをのぞき、反しゃ鏡を動かして明るく見えるようにします。その後、横から見ながら対物レンズとプレパラートを近づけ、次に、接眼レンズをのぞきながら、対物レンズとプレパラートをはなしていき、ピントを合わせます。なお、対物レンズとプレパラートを近づけるときに、接眼レンズをのぞきながらそうさしてはいけません。対物レンズがプレパラートにぶつかると、プレパラートがわれてしまうことがあるので、横から見ながら、できるだけ近づけます。

(5)けんび鏡では、上下左右が逆に見えます。観察するものを上から下の方向に動かしたいときは、逆の向きである上の方向にプレパラートを動かします。

40・41ページ **まとめのテスト❶**

1 (1)㋐花びら ㋑めしべ ㋒おしべ
㋓がく
(2)①㋒ ②㋑

2 (1)㋐ (2)Ⓘめしべ Ⓞおしべ
(3)ついていない。 (4)Ⓞ (5)ある。

(6)こん虫によって、めしべ(めばな)に運ばれる。

(7)㋒

3 (1)㋐、㋒、㋔、㋕

(2)㋑、㋒、㋓、㋔、㋕

(3)ヘチマ　(4)アサガオ

4 (1)花粉

(2)反しゃ鏡に日光が直接当たらないところ。

(3)㋒　(4)イ、ウ

丸つけのポイント

2 (6)「虫がめばなのめしべに運ぶ。」でも正解です。

4 (2)「反しゃ鏡に直しゃ日光が当たらない」でも正解です。

てびき **1** (1)アサガオは、1つの花にがく、花びら、おしべ、めしべがそろっています。

(2)おしべの先には花粉がたくさんついていて、ここからめしべの先に運ばれます。

2 (1)㋐がめばな、㋑がおばなを表しています。

(2)あは花びら、いはめしべ、うはめしべのもとの実になる部分、えはがく、おはおしべです。

(4)おしべの先には花粉がたくさんついています。めしべの先はべとべとしていて、こん虫などが運んできた花粉がつきやすくなっています。

3 花にめばなとおばなの2種類があるのは、ヘチマ、オモチャカボチャ、ヒョウタンなどです。アサガオやアブラナなどは、1つの花にめしべとおしべがあります。

4 (2)けんび鏡は、目をいためるので、反しゃ鏡に日光が直接当たるところで使ってはいけません。

(3)㋐はアサガオ、㋑はトウモロコシ、㋒はヘチマの花粉を表しています。

(4)さいている花のめしべには、こん虫が花粉を運んでつけることができます。

42ページ 基本のワーク

1 (1)①受粉　②花粉

(2)③実　④種子

(3)⑤「できなかった」に◯

(4)⑥受粉

まとめ　①受粉　②実　③種子

43ページ 練習のワーク

1 (1)ついていない。　(2)つかない。

(3)受粉　(4)できない。　(5)イ

2 (1)おばな

(2)めしべの(もとの)ふくらんだ部分

(3)種子　(4)①花粉　②イ

てびき **1** つぼみのときからふくろをかぶせるのは、こん虫などによって花粉が運びこまれるのを防ぐためです。花粉をつける(受粉する)と実ができ、その中に種子ができますが、受粉しなかっためばなは、やがてかれて落ちます。

2 (1)めばなのめしべの先に、おばなのおしべの先を軽く当てて、受粉させます。

(2)(3)受粉すると、めしべのもとのふくらんだ部分が大きく育って実になり、中に種子ができます。

(4)ハチによって受粉したと考えられます。受粉していれば、その後ふくろをかぶせても実ができます。

44ページ 基本のワーク

1 (1)①受粉　②花粉　③実　④種子

(2)⑤「できなかった」に◯

(3)⑥受粉

まとめ　①受粉　②実　③種子

45ページ 練習のワーク

1 (1)ウ　(2)受粉

(3)㋐

2 (1)ヘチマ…㋑　オモチャカボチャ…㋛

アサガオ…㋝

(2)受粉

てびき **1** (1)㋐と㋑の作業をよく比べましょう。変える条件は、実験で調べたいことです。

わかる！理科 発芽の実験と同じように、受粉と実のでき方の実験も、調べたい条件を1つだけ変えて、そのほかの条件はすべて同じにします。明日さきそうなつぼみを2つ選び、一方だけを受粉させます。条件を同じにするために、両方ともつぼみの時期からふくろをかぶせます。こうすることで、実がなった原因が受粉であることがわかります。2つ以上の条件を変えてしまうと、どの条件のちがいによって結果が変わったのかがわからなくなってしまいます。

(3)この実験では、受粉した花と受粉しない花を比べています。受粉した花は、めしべのもとの部分が実になります。

❷ (1)ヘチマもオモチャカボチャもアサガオも、めしべのもとが実になります。㋐、㋓、㋘、㋚、㋜は花びら、㋒、㋔、㋗、㋙、㋟はがく、㋕、㋖、㋞はおしべです。

46・47ページ まとめのテスト②

1 (1)めばな (2)ア
(3)自然に受粉するのを防ぐため。
(4)イ (5)受粉 (6)ウ (7)あ

2 (1)イ
(2)かれて落ちる。(実ができない。)
(3)実になる。
(4)受粉すること。
(5)㋑

3 (1)受粉 (2)種子

丸つけのポイント

1 (3)「花粉がめしべにつかないようにするため。」でも正解です。

2 (3)「めしべのふくらんだ部分が大きくなる。」でも正解です。
(4)「花粉がめしべの先につくこと。」でも正解です。

てびき **1** (1)実になるのはめばななので、めばなを使って実験をします。

(2)さいたばかりのめばなでも、見ていないときにこん虫が来て、受粉させる可能性があります。そのため、実験にはつぼみを使います。

(3)こん虫によって自然に花粉がついてしまう(受粉する)と正しい結果が得られないので、ふくろをかぶせることで受粉を防ぎます。

(4)(5)花粉は、おしべの先から出されます。受粉とは、おしべの先から出た花粉が、めしべの先につくことをいいます。

(6)あといで受粉するかどうか以外の条件をすべて同じにして実験します。そうすることで、結果のちがいが受粉によるものであることがわかります。

2 (1)受粉させるかどうかという条件だけを変えて実験をしています。

(2)～(5)実ができるためには、めしべの先に花粉がつくこと(受粉すること)が必要です。受粉すると、めしべのもとにあるふくらんだ部分(㋑)が育って実になります。

わかる!理科 ヘチマやオモチャカボチャとちがって、アサガオは、1つの花の中におしべとめしべがあるので、実験の前に、つぼみの中のおしべをすべて取りのぞいておきます。

3 実が大きく育つか、かれて落ちていくかは、受粉したかどうかによります。受粉するとやがて実ができて、実の中には種子ができます。受粉しないと実はできません。

5 ヒトのたんじょう

48ページ 基本のワーク

❶ (1)①卵 ②精子
③受精 ④受精卵
(2)⑤「38」に◯
⑥「3000」に◯

❷ ①子宮 ②へそのお
③たいばん ④羊水

まとめ ①子宮 ②たいばん
③へそのお

49ページ 練習のワーク

❶ (1)受精
(2)①記号…㋓ 説明…イ
②記号…㋑ 説明…エ
③記号…㋐ 説明…ア
④記号…㋒ 説明…ウ
(3)(母親の)乳(ちち)

❷ (1)①10週 ②34週 ③4週
④26週
(2)約38週
(3)ウ

てびき ❶ (1)卵(卵子)と精子が結びつくことを受精といい、受精した卵を受精卵といいます。

わかる!理科 卵と精子が結びついて受精卵

ができ、受精卵が成長して子ができるのは、メダカもヒトも同じです。メダカは体の外で受精して成長しますが、ヒトは母親の体内で受精し、生まれるまで母親の体内で育つというところがちがいます。

⑵母親の体内で、子どもが育つところが子宮(㋐)です。子宮の中は羊水(㋓)という液体で満たされていて、子どもを守っています。子宮の中にはたいばん(㋑)があり、たいばんと子どもをつなぐひものようなもの(㋒)がへそのおです。

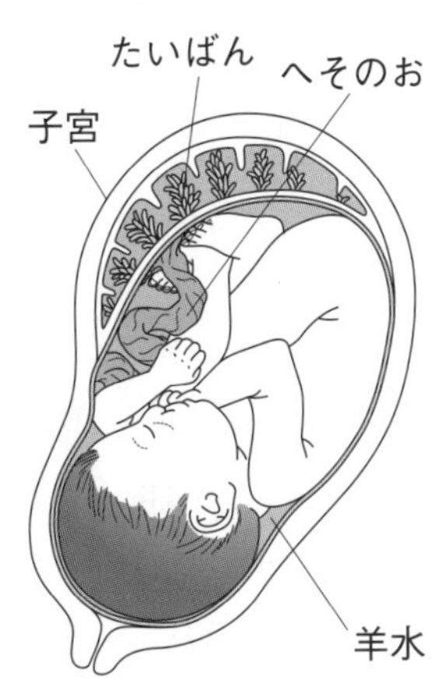

子宮の中の子どもは、母親から養分をもらって成長します。また、いらなくなったものは母親にわたします。この通り道が「へそのお」で、養分などのやりとりをするところが「たいばん」です。

わかる!理科 子どもは、必要なものやいらないものは、すべて、へそのおとたいばんを通して、母親とやりとりをします。たんじょうすると初めてこきゅうをします。このときに出す泣き声を産声(うぶごえ)といいます。

⑶メダカの子は、たまごからかえると、はらに残った養分を使って育ち、養分がなくなると、えさを食べ始めます。一方、ヒトの子どもは、母親の乳を飲んで育ちます。

2 ⑵人によって差がありますが、ヒトは受精して38週ぐらいでたんじょうします。体重は3000g(3kg)ぐらいであることが多いですが、これも人によって差があります。

⑶メダカの受精卵はたまごにふくまれる養分で育ちます。ヒトの受精卵は、たいばんとへそのおを通して、母親から養分をもらって育ちます。

50・51ページ まとめのテスト

1 ⑴㋑　⑵ア　⑶精子　⑷卵
⑸受精　⑹受精卵　⑺子宮

2 ⑴㋓
⑵記号…㋐　名前…たいばん
⑶記号…㋒　名前…へそのお
⑷記号…㋑　名前…羊水
⑸(たいばんとへそのおを通して)母親から養分を取り入れている。

3 ⑴㋑→㋓→㋒→㋐　⑵㋑　⑶㋓
⑷ア　⑸イ

4 ⑴㋐、㋒
⑵大きい…メダカ　養分…メダカ
⑶母親の乳を飲んで育つ。

丸つけのポイント

2 ⑸養分を母親からもらっていることが書かれていれば、正解です。

4 ⑶「乳を飲んで」いることが書かれていれば、正解です。

てびき **1** ⑴⑵㋐は精子、㋑は卵を表しています。ヒトの卵はとても小さく、直径が約0.14mmです。

⑶～⑺男性の体内でつくられた精子と、女性の体内でつくられた卵が結びつくことを、受精といいます。受精した卵を受精卵といい、受精卵は女性の子宮の中で育ちます。

2 ㋐はたいばん、㋑は羊水(液体)、㋒はへそのお、㋓は子宮を表しています。子どもは子宮の中で、たいばんからへそのおを通して養分などを母親から受け取っています。また、いらないものは、へそのおからたいばんを通して母親にわたしています。羊水は子宮の中を満たしている液体で、子どもを守るなどの役(やく)わりがあります。

3 ヒトの子どもは、受精して約4週で心ぞうが動き始め、約10週で手や足の形がわかるようになってきます。約26週で活発に動くようになり、一人ひとりちがいはありますが、約38週でたんじょうします。

4 ⑴⑶ヒトと同じように受精卵が母親の体内で育って子どもがたんじょうする動物には、パンダやシロイルカなどがいます。これらの動物は、たんじょうした後、母親の乳を飲んで育つところも同じです。

わかる! 理科 パンダやシロイルカ、ヒトのほかに、イヌやネコも母親の体内で育ち、たんじょうすると母親の乳を飲んで成長します。このような動物をまとめてほ乳類といいます。「ほ乳」とは、乳を子どもに飲ませるという意味です。

(2)ヒトの卵は直径約0.14mm、メダカのたまごは約1mmで、メダカのほうが大きいです。メダカのたまごには、子が育つための養分がたくわえられているからです。

6　流れる水のはたらき

52ページ　基本のワーク

❶ (1)①「速い」に〇
②「けずられる」に〇
③「ゆるやか」に〇
④「積もる」に〇
(2)⑤速い　⑥けずられる
(3)⑦しん食　⑧運ぱん　⑨たい積

まとめ　①しん食　②運ぱん　③たい積

53ページ　練習のワーク

❶ (1)㋐　(2)㋐　(3)しん食
(4)土が運ばれているから。
(5)運ぱん　(6)㋒　(7)たい積
(8)①しん食　②たい積

❷ (1)外側　(2)外側　(3)㋑
(4)しん食

丸つけのポイント

❶ (4)けずられた土が運ばれていることや、運ぱんという言葉が書かれていれば正解です。

てびき ❶ (1)(2)水の流れが速いほど、土をけずるはたらきが大きくなります。

(4)㋐などでけずられた土が運ばれているので、茶色くにごっています。

(6)水の流れがゆるやかなところに、土が積もります。

❷ (1)〜(3)曲がって流れているところでは、外側のほうが水の流れが速くなり、外側で地面をけずるはたらきが大きくなります。

54ページ　基本のワーク

❶ ①「速く」に〇　②「せまく」に〇
③「角ばった」に〇
④「ゆるやかで」に〇
⑤「広く」に〇
⑥「丸みのある」に〇

❷ (1)①がけ　②川原
(2)③「速い」に〇　④「ゆるやか」に〇
⑤「深い」に〇　⑥「浅い」に〇

まとめ　①速く　②深い
③ゆるやかで　④丸みのある

55ページ　練習のワーク

❶ (1)㋐平地　㋑海の近く　㋒山の中
(2)①ア　②イ　③エ　④ウ
⑤カ　⑥オ

❷ (1)㋐　(2)A　(3)イ　(4)B　(5)ア

てびき ❶ (2)山の中では、流れが速く、川のはばがせまく、石は角ばって大きく、川岸はがけになっています。平地や海の近くでは、流れはゆるやかで、川のはばが広くなり、小さくて丸い石やすなが多くなります。

❷ (1)川の曲がって流れているところでは、外側のほうが流れが速くなります。

(2)(3)水の流れの速い外側では、しん食のはたらきが大きく、川岸がけずられてがけになることが多いです。また川底もけずられるので、深くなります。

(4)流れがゆるやかな内側では、たい積のはたらきが大きく、小石やすなが積もって川原になります。

わかる! 理科 川の曲がって流れているところの外側は、川底もけずられて深くなっています。一方、内側は土がたい積しているので、川の深さは内側から外側に向かって、だんだん深くなっていきます。
まっすぐ流れている川では、川の深さは流れの速い中央付近で最も深く、岸に近づくほど浅くなっています。

56・57ページ **まとめのテスト①**

1 (1)㋐　(2)㋐　(3)㋒
(4)外側　(5)内側　(6)外側

2 (1)㋑　(2)がけになっている。
(3)㋒　(4)㋐しん食　㋑たい積
(5)㋒　(6)ウ

3 (1)㋐㋒　㋑㋐　㋒㋑
(2)形…角ばっている。(ごつごつしている。)
大きさ…大きい。
(3)形…丸みがある。
大きさ…小さい。
(4)イ　(5)ア
(6)①たい積　②しん食　③運ぱん

丸つけのポイント

2 (2)「がけ」という言葉が入っていれば正解です。

3 (2)角があるようすが書かれていれば、正解です。

てびき **1** (1)～(3)㋐では、流れが速く、土をけずるはたらきが大きくなっていますが、土を積もらせるはたらきは小さくなっています。㋒では、流れがゆるやかで、土を積もらせるはたらきが大きくなっています。

(4)～(6)曲がったところの外側は、水の流れが速く、地面をけずるはたらきが大きくなります。

2 川が曲がって流れているところの外側(㋒)では、水の流れが速く、しん食のはたらきが大きくなっています。そのため、川岸はがけ(㋐)になっていて、川底は深くけずられています。一方、内側(㋓)では水の流れがゆるやかで、たい積のはたらきが大きくなっています。そのため、川岸は川原(㋑)になっていて、川底は浅くなっています。

3 (1)図2の㋐のような山の中では、しん食のはたらきが大きいので、図1の㋑のような谷ができます。図2の㋑は、山から平地になった場所で、川の流れは急にゆるやかになります。ここでは、たい積のはたらきが大きくなり、図1の㋒のように、土砂(どしゃ)がおうぎ状にたい積します。図2の㋒では、川の流れはとてもゆるやかで、図1の㋐のように、土砂が三角形にたい積した地形が見られます。

わかる！理科 山の中では、かたむきが急で、平地、海の近くにいくほど、かたむきはゆるやかになっていきます。かたむきが急なほど、川の流れは速くなり、けずるはたらきが大きくなるので、深く険(けわ)しい谷(V(ぶい)の字の形をしているので、V字谷(ぶいじこく)とよばれます)ができます。川が山から平地に出たところでは、急にかたむきがゆるやかになって、流れがおそくなるため、土やすながおうぎ状にたい積します(扇状地(せんじょうち))。海の近くでは、広くなった川の中央に土やすながたい積して、三角形の土地(三角州(す))をつくります。

(2)(3)山の中の川では、石は大きくて角ばったものが多く見られます。平地や海の近くの川では、小さくて丸みをおびた石やすなが多く見られます。

わかる！理科 山の上にあった石は、流れる水のはたらきによって運ばれます。このとき、おたがいにぶつかりあったりして角がとれ、小さく丸みをおびた石になるのです。

58ページ **基本のワーク**

1 ①「外側」に◯
②「増えた」に◯
③「大きく」に◯

2 (1)①「弱く」に◯
(2)②砂防ダム　③遊水地

まとめ ①外側　②大きくなる

59ページ **練習のワーク**

1 (1)㋑　(2)㋐　(3)多くなる。
(4)大きく

2 (1)㋑
(2)①増え　②速く　③しん食
④砂防ダム　⑤遊水地

てびき **1** (2)曲がったところの外側は、大きくけずられます。水の量が増えると、土をけずるはたらきも大きくなります。

(3)水の量が増えると、運ばれる土の量も増えます。

(4)流れる水のはたらきは、しん食・運ぱん・たい積の3つです。水の量が増えると、しん食と運ぱんのはたらきが大きくなります。

2 (1)大雨がふっているときは、水の量が増えて、水が茶色くにごっています。これは、大量の土砂が運ばれているからです。

雨がやんでしばらくすると水の量は大雨の前と同じになりますが、大雨の前になかった石やすななどが運ばれてきていたり、川岸がけずられていたりすることがあります。

(2)砂防ダムは、大雨のときに山の中でしん食されて出た大量の石やすなが下流へ一度に流れ、災害が起こるのを防ぐためのものです。石やすなをためて、水の勢いを弱くすることができます。

川岸がけずられると、近くに住む人々に災害をもたらすきけんがあります。そのため、コンクリートで川岸をおおうなどしてしん食を防いでいます。また、川の水が増えたときにあふれないように、川岸にそって土をもり上げたり、コンクリートのかべをつくって護岸をしています。土の護岸も、しん食によってこわれないように、表面をコンクリートで固めるなどして、じょうぶにしています。

広い河川じきや遊水地は、川の水が増えたときに一時的に水をたくわえ、人が住むところにあふれないようにするはたらきをします。

60・61ページ まとめのテスト②

1 (1)速くなる。
(2)大きくなる。
(3)㋐、㋓
(4)多くなる。

2 (1)②、④、⑤に○
(2)ア、ウ

3 (1)水の量…増える。
流れの速さ…速くなる。
(2)しん食も運ぱんも大きくなる。
(3)㋐
(4)写真…㋑　名前…砂防ダム

4 (1)①しん食　②運ぱん
(2)外側
(3)遊水地

丸つけのポイント

3 (2)しん食と運ぱんのはたらきのどちらも大きくなることが書かれていれば正解です。

てびき **1** (1)水の量が増えると、水の流れの速さは速くなります。

(2)(3)水が曲がって流れているところは、外側がけずられています。水の量が増えると、流れの速さが速くなるので、けずられ方も大きくなります。

(4)水の量が増えると、運ばれる土の量も増えます。

2 (1)大雨がふると、川の水の量が増え、流れも速くなります。水の流れが速くなると、地面をけずったり、土やすなを運んだりするはたらきが大きくなるので、水は茶色くにごります。

(2)大雨の後は、川岸がけずられて形が変わったり、以前にはなかった岩などが運ばれてきたりすることがあります。

3 (3)川岸がけずられるのを防ぐくふうには、㋐のように川岸をコンクリートでじょうぶにしたり、ブロックを川岸にならべて水の勢いを弱めて護岸するものがあります。

(4)大雨のときに山の中の川でしん食されてできた石やすなが、一度に下流へ流れるのを防ぐのは、砂防ダムです。

4 (1)㋐は、大雨によって水の量が増えたため、川岸がしん食されて、道路がくずれ落ちています。

㋑は、水の量が増えて運ぱんのはたらきが大きくなって、大きな木が運ばれてきています。雨がやんで水の量が減ると、運ぱんのはたらきが小さくなり、たい積のはたらきが大きくなります。

(2)川が曲がったところでは、内側より外側のほうが、しん食のはたらきが大きくなります。

(3)通常時は田畑や公園などに使用されていますが、大雨がふって水が増えたときに、水をたくわえて、人が住む土地に水が流れ出ないようにするはたらきをしています。

7　ふりこのきまり

62ページ　**基本のワーク**

❶ (1)①長さ　②ふれはば　③1往復

(2)④ふりこ

❷ ①60.6　②20.2　③2.0

まとめ　①ふりこ　②平均

63ページ　**練習のワーク**

❶ (1)㋑

(2)㋔

(3)エ

(4)エ

❷ (1)49.5秒

(2)16.5秒

(3)1.7秒

てびき ❶ (1)ふりこの長さは、糸をつるす点からおもりの中心までの長さです。

(3)ふりこの１往復は、ふりこが左右にふれて、ふらせ始めた位置にもどるまでのことです。

(4)ふりこが１往復する時間を求めるには、何回か同じ実験を行い、その平均を求めます。

わかる! 理科　ふりこのふれる時間をストップウォッチではかるために指でボタンをおすとき、どんなに注意しても、わずかにずれてしまいます。何回もはかって、それらを平均すると、実際の時間に近い数字を求めることができます。また、１往復する時間をはかるよりも、10往復する時間をはかって10でわることで、はかったときのずれをさらに減らすことができます。

❷ (1)表の10往復する時間をたします。

16.3＋16.5＋16.7＝49.5(秒)

(2)(1)を３でわると平均(１回あたりの10往復する時間)がわかります。

49.5÷3＝16.5(秒)

(3)(2)で求めたのは10往復する時間なので、10でわると、１往復する時間がわかります。

16.5÷10＝1.65(秒)

小数第２位を四捨五入して、1.7秒が答えになります。

わかる! 理科　四捨五入とは、およその数を求めるときに、０～４の数ちを切りすてて０とし、５～９の数ちは切り上げてひとつ上の位に１を加える方法です。「小数第２位を四捨五入」というのは、例えば、1.65では、小数第２位が「５」なので、切り上げて、小数第１位の「６」に１をたして７にし、1.7になります。

64ページ　**基本のワーク**

❶ (1)①「ふれはば」に○

②「ふりこの長さ」に○、

「おもりの重さ」に○

(2)③変わらない(同じ)

❷ (1)①「おもりの重さ」に○

②「ふりこの長さ」に○、

「ふれはば」に○

③「ふりこの長さ」に○

(2)④変わらない(同じ)

まとめ　①変わらない　②重さ

65ページ　**練習のワーク**

❶ (1)ウ

(2)ア、イ

(3)ウ

❷ (1)イ

(2)ア、ウ

(3)ウ

(4)イ

てびき ❶ ふれはばだけを変え、ふりこの長さやおもりの重さを同じにして実験をしているので、ふれはばとふりこが１往復する時間との関係を調べることができます。ふりこが１往復する時間はふれはばによって変わりません。

❷ (1)～(3)おもりの重さだけを変え、ふりこの長さやふれはばを同じにして実験をしているので、おもりの重さとふりこが１往復する時間との関係を調べることができます。ふりこが１往復する時間はおもりの重さによって変わりません。

(4)ふりこのおもりを増やすとき、たてにつなげると、ふりこの長さが長くなってしまいます。ふりこの長さが長くならないように、１か所につるすなどのくふうが必要です。

わかる！理科　ふりこの長さは、糸をつるした点からおもりの中心までの長さなので、おもりをたてにつなげると、おもりの中心の位置が変わってしまいます。また、ふりこのふれはばをはかるときは、糸をたるませないようにして、正確にはかりましょう。

66ページ　基本のワーク

1 (1)①「ふりこの長さ」に◯
②「おもりの重さ」に◯、
「ふれはば」に◯
(2)③42.0　④14.0　⑤1.4
⑥60.0　⑦20.0　⑧2.0
(3)⑨長く

2 ①「変わらない」に◯
②「変わらない」に◯
③「変わる」に◯

まとめ　①ふりこの長さ　②変わらない

67ページ　練習のワーク

1 (1)ア
(2)イ、ウ
(3)ア
(4)ふりこの長さ

2 (1)ウ
(2)ウ
(3)ア

てびき 1 ふりこの長さだけを変え、おもりの重さやふれはばを同じにして実験をしているので、ふりこの長さとふりこが１往復する時間との関係を調べることができます。ふりこの長さが長いほど、ふりこが１往復する時間は長くなります。

2 (1)ふれはばだけを変えて比べています。ふれはばを変えても、ふりこが１往復する時間は変わりません。

(2)おもりの重さだけを変えて比べています。おもりの重さを変えても、ふりこが１往復する時間は変わりません。

(3)ふりこの長さだけを変えて比べています。ふりこの長さが長くなるほど、ふりこが１往復する時間は長くなります。

68・69ページ　まとめのテスト

1 (1)ⓤ
(2)ⓘ
(3)ウ
(4)①18.2秒　②1.8秒

2 ㋐○　㋑×　㋒○

3 (1)①②イ、ウ（順不同）
③④ア、ウ（順不同）
⑤⑥ア、イ（順不同）
(2)⑦2.0　⑧2.0　⑨2.0
⑩2.0　⑪1.7　⑫2.0
(3)ア、ウ、カ

てびき 1 (1)ふりこの１往復は、ふり始めた位置から左（または右）いっぱいにふれた後、ふり始めた位置にもどるまでのことです。

(2)ふりこの長さは、糸をつるす点から、おもりの中心までの長さです。

(3)10往復する時間を３回はかって平均し、10でわることによって、測定結果のずれを減らすことができます。

(4)① 10往復する時間の３回分の合計は、
18.1＋18.2＋18.3＝54.6（秒）
１回あたりの10往復する時間（平均）は、
54.6÷3＝18.2（秒）

② １往復する時間は、①より、
18.2÷10＝1.82（秒）
小数第２位を四捨五入して、1.8秒。

2 ㋐のふりこ時計は、ふりこのふれる時間が一定であることを利用して、一定の速さで時計の針を回すしくみになっています。㋒のメトロノームは、一定のリズムでカチカチふれることで、楽器を演（えん）そうするときの速さを一定に保ちます。

3 (2)表の「10往復の平均」を10でわった数字が、１往復する時間の平均になります。

(3)ふりこが１往復する時間は、ふりこの長さによって変わります。ふりこの長さが長くなると、１往復する時間は長くなります。おもりの重さやふれはばを変えても、ふりこが１往復する時間は変わりません。

8 もののとけ方

70ページ 基本のワーク

❶ (1)①「変わらない」に○
(2)②「すき通った」に○
③「+」に○　⑤「ある」に○
(3)④水よう液

まとめ ①水よう液　②和

71ページ 練習のワーク

❶ (1)㋐、㋑、㋓
(2)ウ

❷ (1)0g
(2)54g
(3)28g

❸ (1)ウ
(2)ア、イ

てびき ❶ (1)コーヒーシュガーをとかした液は、色がついていますが、すき通っているので、水よう液です。色がついていても、ついていなくても、液がすき通っていて(とうめいで)、ものが液全体に広がっていれば、水よう液です。でんぷんを入れた液はにごっているので、水よう液ではありません。

(2)時間がたっても、一度とけたものは、水よう液中に均一に広がったままです。

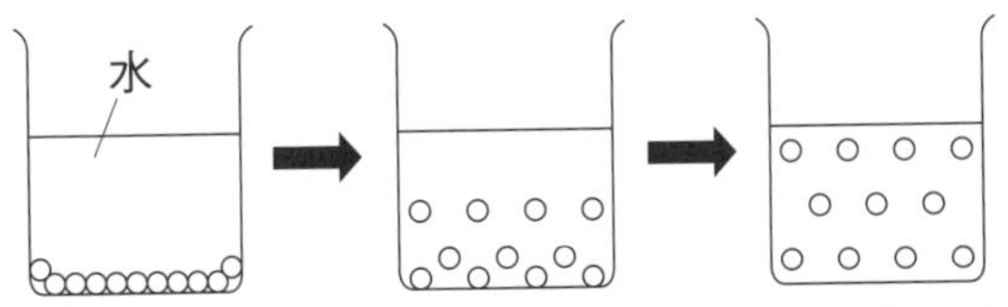

とけたものが均一に広がる。

わかる!理科 水や空気も、小さなつぶでできています。このつぶの大きさはとても小さいため、目に見えません。食塩やさとうのつぶはとけると、とても小さなつぶになり、水のつぶとつぶの間に入りこんでいきます。

❷ 食塩やさとうなどを水にとかしたとき、とうめいになって目に見えなくなったといっても、なくなったわけではありません。

(1)電子てんびんは、使い始める前に、決められたボタンをおして、表示を「0g」にします。

(2)「水の重さ」+「とかすものの重さ」=「水よう液の重さ」なので、50+4=54(g)

(3)さとうの重さがわからないので□で表すと、

100+□=128

となります。□に入る数字は、

128−100=28(g)です。

❸ (1)ガラスぼうは、1回ごとに水でよくあらうようにします。ほかの水よう液がついたまま、次の液をつけると、正しい結果が出ません。

(2)ドライヤーで水をじょう発させると、とけていたものが出てきます。

72ページ 基本のワーク

❶ (1)①「ちがう」に○
(2)②2
(3)③「ある」に○　④「ちがう」に○

❷ (1)①「下」に○　②「真横」に○
(2)③50

まとめ ①限り　②増える

73ページ 練習のワーク

❶ (1)イ　(2)100mL
(3)1mL　(4)㋑
(5)58mL

❷ (1)下図

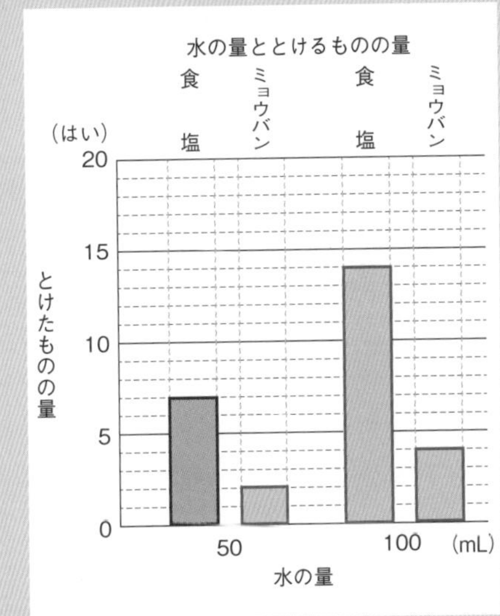

(2)食塩　(3)食塩
(4)ある。　(5)2倍
(6)8はい

てびき ❶ (2)(3)図のメスシリンダーの上には「100mL」と書かれているので、100mL用のものです。また、10目もりが10mLとなっているので、1目もりは1mLを表しています。

(4)メスシリンダーの目もりを読むときは、真横から見ます。

(5)液面の低く平らな面の目もりを読み取ります。

わかる! 理科　メスシリンダーは、液体の体積を正確にはかるためのものです。液面が水平になるように、水平なところに置いて使います。体積を読み取るときは、真横から見ながら、液面のへこんだ下の面の目もりを読み取ります。

2 (1)水50mLにとけたミョウバンの量は、表より2はいなので、グラフの横じくの50mLの位置に、たてのじくで2はいまでのぼうをかきます。同じように、水100mLにとけた食塩とミョウバンの量のぼうをかきます。

わかる! 理科　ぼうグラフのかき方

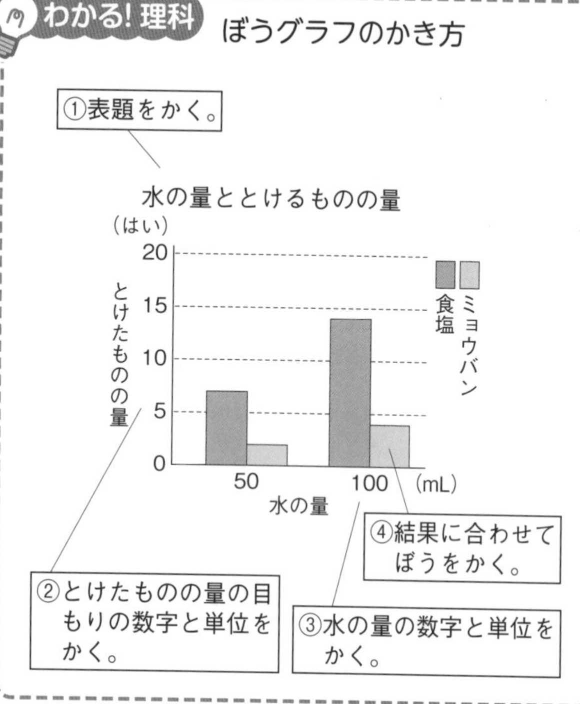

(2)水50mLにとける量は、食塩が7はい、ミョウバンが2はいなので、食塩のほうが多くとけます。

(3)水100mLにとける量は、食塩が14はい、ミョウバンが4はいなので、食塩のほうが多くとけます。

(5)(6)水の量が2倍になると、とけるものの量も2倍になります。つまり、水200mLにとけるものの量は、100mLのときの2倍です。
4×2＝8(はい)となります。

わかる! 理科

●すり切りのしかた

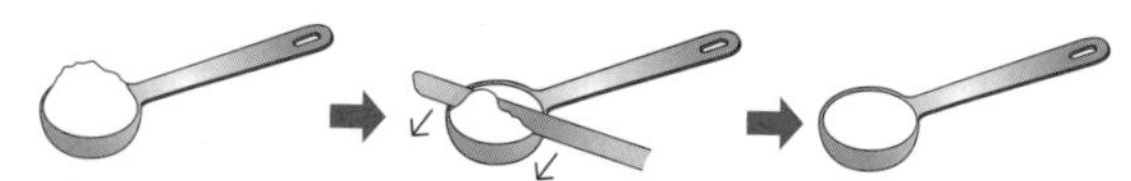

食塩などを、計量スプーンに山もりにします。

へらなどで表面を平らにして、余分な食塩を落とします。

わかる! 理科　水の量が2倍、3倍、…となると、とけるものの量も2倍、3倍、…となります。算数で、このような関係を比例ということを学習します。つまり、「とけるものの量は、水の量に比例する」ということができます。

74・75ページ **まとめのテスト❶**

1 (1)メスシリンダー
(2)①水平　②真横　③スポイト
(3)50mL
(4)電子てんびん
(5)薬包紙

2 (1)①○　②×　③×　④○　⑤×
(2)いえる。

3 (1)① 158g　② 53g
(2)①＋　②＝
(3)①水をじょう発させるため。
②ミョウバン

4 (1)すべてとける。　(2)とけ残る。
(3)ちがう。　(4)すべてとける。
(5)増やす。
(6)水の量を増やすと、もののとける量が増えること。

丸つけのポイント

3 (3)①水をじょう発させてなくすことが書かれていれば、正解です。

4 (6)「とける量が増える」だけでは不じゅうぶんです。水の量ととける量の関係が書かれていれば正解です。「水の量を2倍にすると、とける量が2倍になる」と書かれていても、正解です。

てびき **1** (2)メスシリンダーを使って水をはか

り取るときは、まず、はかり取りたい量よりやや少なめに入れます。次に、真横から見ながら、液面のへこんだ下の面が、はかり取りたい目もりまでくるように、スポイトで少しずつ水を入れます。

(3)液面のへこんだ下の面が、50の目もりに合っています。

(5)実験の前と後で、条件を同じにするために、容器やふた、薬包紙をのせてはかります。

2 (1)食塩が水にとけると、食塩のつぶは見えなくなり、すき通った液になります。とけた食塩は、均一に広がったままなので、時間がたっても、こさが変わったり、水と分かれたりしません。

(2)コーヒーシュガーがとけた水よう液は、茶色い色がついていますが、すき通っているので、水よう液といえます。

わかる！理科 水に食塩がとけるときに、むらが見えることがあります。このむらは、水よう液の中にこさが大きくちがっている部分ができることで起こり、シュリーレン現象（げんしょう）といいます。水よう液のこさが均一になると、むらは見えなくなります。

3 (1)①水にとけたミョウバンは、水の中に均一に広がっているので、全体の重さは、ミョウバンを水にとかす前と変わりません。

②ミョウバン5gと水100gと、容器とふた、薬包紙の合計の重さが158gなので、
158－5－100=53(g)が容器とふた、薬包紙の重さの合計になります。

(2)水よう液の重さは、水の重さととかすものの重さの和になります。

(3)ドライヤーの熱で水をじょう発させると、水よう液にとけていたもの(固体)が出てきます。

4 (1)グラフより、水50mLに食塩は10g以上とける(約18gとける)ことがわかります。そのため、すべてとけます。

わかる！理科 電子てんびんを使って、とかすものの一定の重さ(g)をはかり取って実験を行っても、計量スプーンのときと同じように考えることができます。

(2)グラフより、水50mLにとけるミョウバンの量は10g以下である(約4gとける)ことがわかります。そのため、とけ残りが出ます。

(3)グラフでは、水の量が50mLのときも100mLのときも、食塩とミョウバンでとける量がちがうことがわかります。

(4)水50mLにとける食塩の量は、グラフより、20gよりも少ないため、とけ残りが出ます。水の量が100mLのときは、グラフより、食塩は約35gとけることがわかります。そのため、20gの食塩はすべてとけます。

(5)グラフより、ミョウバンは、水の量が増えると、とける量が増えていることがわかります。とけ残ったミョウバンをとかすには、水の量を増やしていけばよいです。

(6)同じ量の水にとける食塩とミョウバンの量はちがいますが、食塩だけ、ミョウバンだけに注目して水の量との関係を調べると、それぞれ、水の量が増えるととける量が増えていることがわかります。

76ページ **基本のワーク**

1 (1)①温度　②量
(2)③変化しない　④増える
(3)⑤「ちがう」に◯

まとめ ①水の温度　②ちがう

77ページ **練習のワーク**

1 (1)

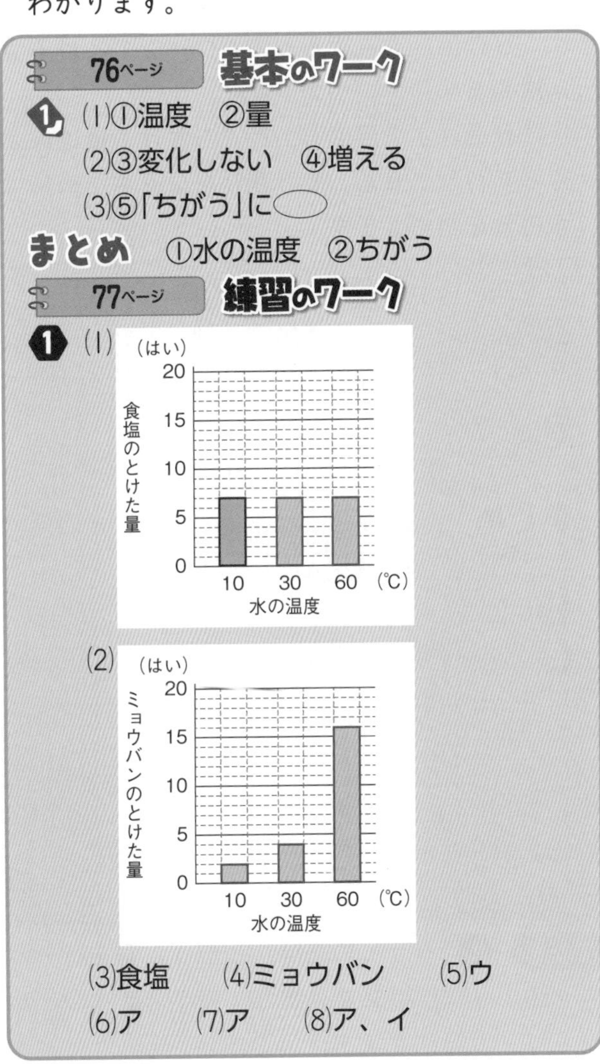

(3)食塩　(4)ミョウバン　(5)ウ
(6)ア　(7)ア　(8)ア、イ

てびき **1** (1)水50mLにとける食塩の量は、表より、10℃のとき7はい、30℃のとき7はい、60℃のとき7はいです。

⑵水50mLにとけるミョウバンの量は、表より、10℃のとき2はい、30℃のとき4はい、60℃のとき16はいです。

⑶表から、10℃のときにとける量を比べます。

⑷表から、60℃のときにとける量を比べます。

わかる! 理科 実験の結果を比べるときは、調べたい条件を１つだけ変えて、そのほかの条件はすべて同じにして比べます。条件がいくつもちがうと、どの条件のちがいによって結果が変わったのか、わからなくなってしまいます。例えば、食塩とミョウバンのとける量を比べるときには、「とかす水の量」と「水の温度」が同じものを比べます。このように条件を整えることは、結果を読み取るときに重要なので、しっかり理解しましょう。

⑸水の温度を上げても食塩のとける量はほとんど変化しません。

⑹水の温度を上げるとミョウバンのとける量は増えます。

⑺食塩は水の温度を上げてもとける量はほとんど変わりません。とけ残りをなくすためには、水の量を増やします。

78ページ **基本のワーク**

❶ ⑴①ろうと　②ろ紙
⑵③ガラスぼう　④ビーカー

❷ ⑴①○　②×　③○　④○
⑵⑤「ほとんど変わらない」に○

まとめ ①温度を下げる　②水をじょう発

79ページ **練習のワーク**

❶ ㊉

❷ ⑴①食塩　②食塩　③ミョウバン
⑵ミョウバン
⑶エ
⑷イ
⑸②に○
⑹①、②に○

てびき ❶ ろうとの先は、とがった側をビーカーのかべにつけます。また、ガラスぼうを伝わらせて液を注ぎます。

わかる! 理科 ろ紙には、目に見えない小さなあながあいています。このあなよりも小さいつぶは通りぬけ、大きいつぶは、ろ紙の上に残ります。

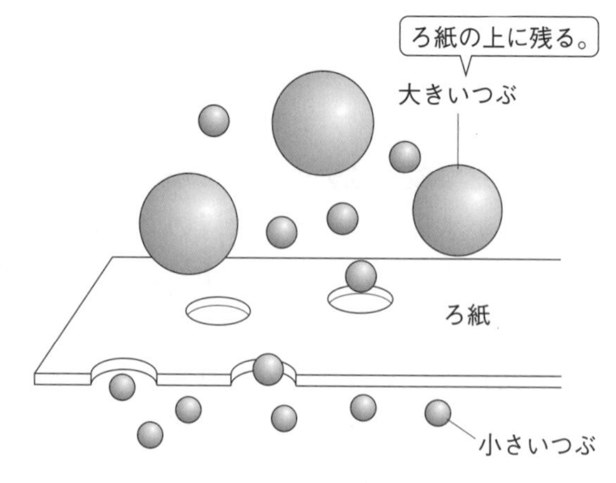

❷ ⑴グラフより、10℃のときは食塩が7はい、ミョウバンが2はいとけ、30℃のときは食塩が7はい、ミョウバンが4はいとけ、60℃のときは食塩が7はい、ミョウバンが16はいとけることがわかります。

⑵食塩のとける量はほとんど変わっていませんが、ミョウバンのとける量は温度が上がると増えています。

⑶30℃のとき、食塩もミョウバンも3ばい以上とけるので、つぶは出てきません。

⑷10℃まで冷やすと、食塩は3ばい以上とけるのでつぶは出てきませんが、ミョウバンは2はいまでしかとけないので、つぶが出てきます。

わかる! 理科 水の量を増やすと、もののとける量は増えます。つまり、水の量を減らす(水をじょう発させる)と、もののとける量が減り、つぶを取り出せます。

水の温度を上げるとミョウバンのとける量は増えます。水の温度を下げると、ミョウバンのとける量が減り、つぶを取り出せます。

水の温度を上げても、食塩のとける量はほとんど変わりません。水の温度を下げても食塩のとける量はほとんど変わらず、つぶをほとんど取り出せません。

80・81ページ　まとめのテスト②

1 (1)食塩　(2)ミョウバン　(3)出る。
(4)出ない。
(5)10℃…出る。　60℃…出る。
(6)ア、エ

2 (1)㋐　(2)㋐　(3)㋐　(4)ろ過
(5)とけている。

3 (1)28g　(2)8g
(3)減る。(少なくなる。)　(4)20g
(5)水をじょう発させる。
水よう液を冷やす。
(6)(ほとんど)変化しない。
(7)(ほとんど取り出すことが)できない。

4 (1)㋑
(2)(水よう液から)水をじょう発させる。

てびき **1** (1)グラフから、10℃の水50mLにミョウバンは2はい、食塩は7はいとけることがわかります。

(3)(4)ミョウバンは、30℃の水50mLに4はいしかとけませんが、60℃の水50mLには16はいまでとけます。

(5)食塩は、10℃の水50mLにも60℃の水50mLにも7はいまでしかとけません。

2 (1)図より、㋐のビーカーでたくさんのミョウバンが出てきていることがわかります。

(2)(3)水の量が同じなので、同じ温度にしたときにとけるミョウバンの量は同じです。㋐でたくさんのミョウバンが取り出せたということは、冷やす前の水にたくさんのミョウバンがとけていたということです。つまり、冷やす前の水の温度が高かったということです。㋐のビーカーでは、水の温度が高く、たくさんのミョウバンがとけていましたが、冷やしたことによってたくさんのミョウバンがとけきれなくなって出てきたのです。一方、㋒のビーカーでは、水の温度がそれほど高くなかったので、ミョウバンのとけていた量もそれほど多くなく、冷やされたことによってとけきれなくなったミョウバンの量もそれほど多くなかったのです。

3 (1)(2)グラフから読み取ります。

(4)60℃では28gまでとけますが、30℃では8gまでしかとけません。
28－8＝20(g)より、20gのミョウバンがとけ切れなくなって出てきます。

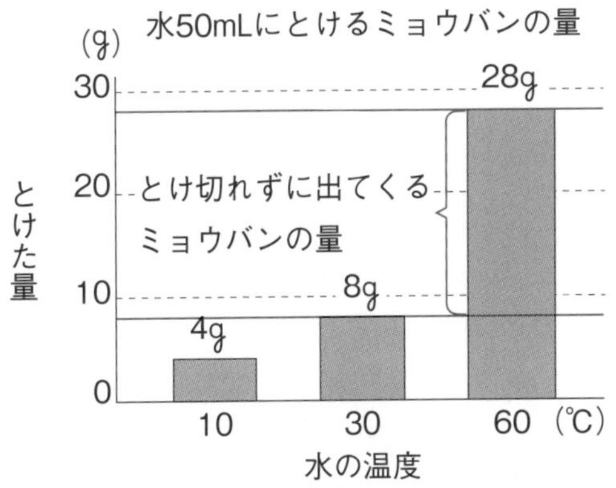

(6)(7)食塩は、水の温度を下げてもとける量がほとんど変わらないので、とけていたつぶもほとんど取り出すことができません。

4 (1)ろうとの先は、とがった側をビーカーのかべにつけます。また、ガラスぼうを伝わらせて液を注ぎます。

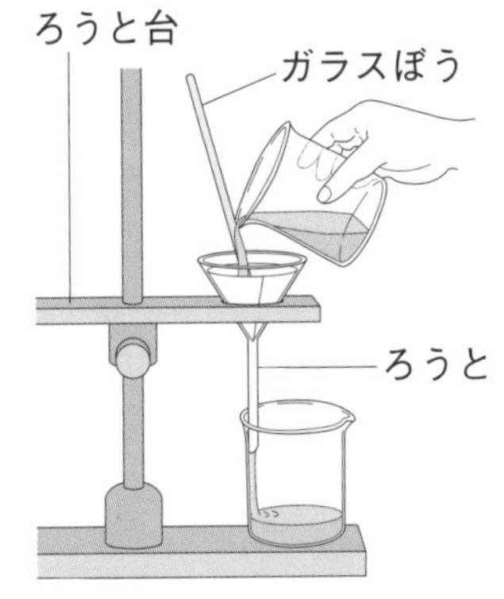

(2)水よう液の水をじょう発させると、とけていたものを取り出すことができます。

9　電流と電磁石

82ページ　基本のワーク

1 (1)①通さない　②はがす　(2)③電磁石

2 (1)①電流　(2)②「両はし」に⬭

まとめ　①コイル　②電磁石

83ページ　練習のワーク

1 (1)㋓→㋒→㋑→㋐　(2)銅　(3)イ

2 (1)鉄　(2)つかない。　(3)ウ

てびき **1** (2)(3)エナメル線は、電気を通す銅線の表面を、電気を通さないエナメルのひまくでおおったものです。回路につないで電流を流すときは、両はしのエナメルを紙やすりではがしておく必要があります。

2 電磁石は、電流を流したときだけ鉄を引きつけます。電磁石は、ぼう磁石と同じようにゼムクリップ(鉄)を引きつけます。両はしで強く鉄を引きつけるところや、N極とS極があるところも同じです。しかし、コイルに電流を流すの

をやめると磁石の性質がなくなるのは、電磁石だけの性質です。

84ページ　基本のワーク

❶ (1)①S　②N　③N　④S
(2)⑤「入れかわる」に○

❷ ①大きさ　②1.5

まとめ　①②N極、S極(順不同)
③入れかわる

85ページ　練習のワーク

❶ (1)ある。
(2)㋐S極　㋑N極
(3)右図 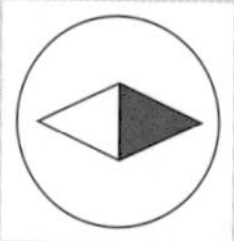
(4)②、③に○
(5)イ　(6)㋒N極　㋓S極
(7)入れかわること。
(8)①大きさ　②向き　③アンペア

てびき　❶ (2)㋐に方位磁針のN極が引きつけられていることから、㋐がS極になっていることがわかります。このとき、㋑はN極になっています。

(3)㋑はN極なので、㋑には方位磁針のS極が引きつけられます。

(4)かん電池の向きと電磁石の極の関係を調べるので、かん電池の向き以外の条件は同じにします。かん電池のつなぐ向きを逆にすると、電流の向きも逆になるので、①が変える条件です。

わかる! 理科　実験を行うときは、調べたい条件を1つだけ変えて、そのほかの条件はすべて同じにします。条件をいくつも変えてしまうと、どの条件のちがいによって結果が変わったのか、わからなくなってしまいます。このように条件を整えることは、実験のときにいつも必要なので、しっかり理解しましょう。

(5)～(7)電流の向きが逆になると、電磁石のN極とS極が入れかわり、㋒がN極、㋓がS極になります。

わかる! 理科　電磁石のN極とS極の向きは、コイルに流れる電流の向きとコイルのまき方によって決まっています。くわしくは中学校で学習します。ここでは、ほかの条件はすべて同じにして、電流の向きを逆にすると、N極とS極が入れかわるということだけを理解しましょう。

86・87ページ　まとめのテスト❶

1 (1)
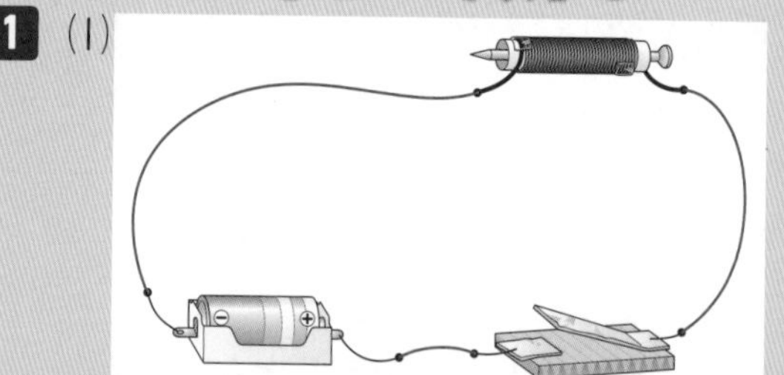
(2)ア　(3)ウ
(4)電流を流しているとき。

2 (1)N極
(2)㋐N極　㋑S極

3 (1)向き、大きさ
(2)㋐　(3)1.5A
(4)かんい検流計にかん電池だけをつなぐこと。

4 (1)イ　(2)㋐N極　㋑S極
(3)①
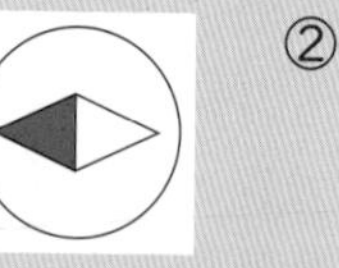
②
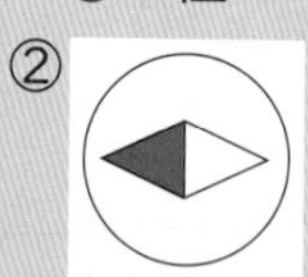
(4)電流の向きを逆にすればよいこと。

丸つけのポイント

1 (4)電流が流れることが書かれていれば正解です。「電気」でも正解です。

4 (4)コイルに流れる電流の向きを変えるという内容が書かれていれば正解です。

てびき　**1** (1)かん電池、スイッチ、電磁石が1つの輪になるように、線をつなぎます。

(2)～(4)電磁石は、電流を流すと磁石の性質をもつようになり、鉄を引きつけます。電流を流していないときは鉄を引きつけません。

2 方位磁針の針の色がついているほうがN極です。方位磁針のN極が引きつけられる㋑が、電磁石のS極です。また、反対の㋐はN極です。

3 (1)かんい検流計は、回路に流れる電流の向きや大きさを調べることができます。

(2)かんい検流計の針は、ふれる向きが電流の向きになります。

(3)電磁石(5A)の数字を読み取ります。図では、下の赤いおびの数字になります。

(4)かん電池だけをつなぐと、大きな電流が流れてこわれることがあります。

4 (1)かん電池のつなぐ向きを逆にすると、回路に流れる電流の向きも逆になります。

(2)(3)コイルに流れる電流の向きが逆になったので、電磁石のN極とS極が入れかわります。よって、あがN極、いがS極となっています。方位磁針の針は、あにS極が、いにN極が引きつけられます。

(4)かん電池のつなぐ向きを逆にしてコイルに流れる電流の向きを逆にすると、電磁石のN極とS極を入れかえることができます。

88ページ 基本のワーク

1 (1)①電流 ②まき数

(2)③「直列」に◯ ④「強く」に◯

2 (1)

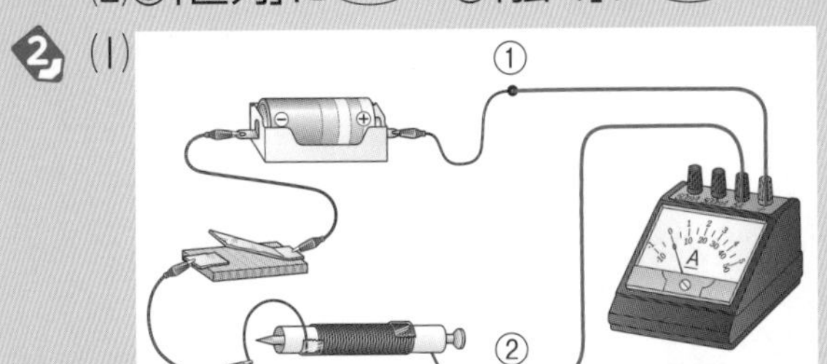

(2)③3.5A ④35mA

まとめ ①直列 ②強く

89ページ 練習のワーク

1 (1)ア (2)イ、ウ

(3)㋑ (4)㋑

(5)強くなること。

2 (1)A…アンペア mA…ミリアンペア

(2)1000mA

(3)

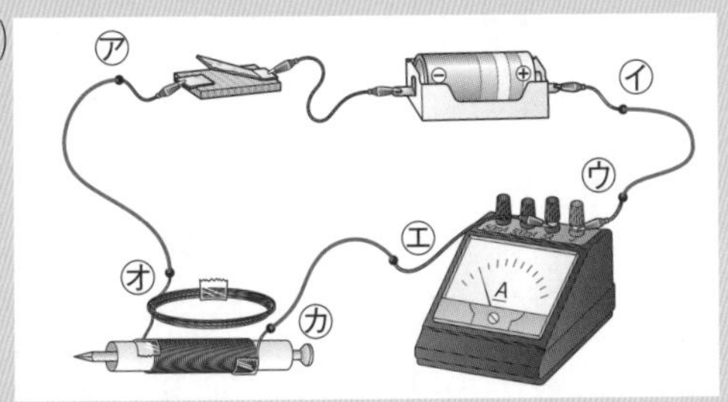

(4)1.5A

てびき **1** (2)調べる条件以外はすべて同じにします。

(3)㋑はかん電池2個が直列つなぎになっているので、㋐より大きな電流が流れます。

(4)(5)コイルに流れる電流を大きくするほど、電磁石が鉄を引きつける力が強くなり、ゼムクリップがたくさん引きつけられます。

2 (4)5Aの−たんしにつないだときは、目もりの上の数字を読みます。

90ページ 基本のワーク

1 (1)①まき数 ②電流

(2)③「強く」に◯

2 ①電流 ②まき数

まとめ ①電流 ②まき数

91ページ 練習のワーク

1 (1)イ (2)ア、ウ (3)㋑

(4)強くなること。

2 (1)ウ (2)イ (3)㋒ (4)㋐

てびき **1** (1)(2)コイルのまき数と電磁石の鉄を引きつける力の強さとの関係を調べるので、コイルのまき数だけを変えます。

(3)(4)コイルのまき数を多くすると、電磁石が強くなるので、ゼムクリップをたくさん引きつけます。

2 (2)㋐と㋑はかん電池が1個、㋒はかん電池2個が直列つなぎになっているので、㋒のコイルに流れる電流がいちばん大きくなります。

(3)(4)電流の大きさがいちばん大きく、コイルのまき数がいちばん多い、㋒の電磁石がいちばん強くなります。㋐と㋑では、電流の大きさは同じなので、コイルのまき数が少ない㋐の電磁石のほうが弱くなります。

92・93ページ まとめのテスト❷

1 (1)㋐、㋑ (2)㋓ (3)ミリアンペア

(4)0.5A (5)340mA

2 (1)イ (2)㋑

3 (1)大きくなる。 (2)㋑と㋒

(3)強くなる。 (4)㋐と㋑

(5)強くなる。

4 (1)㋑

(2)(コイルのまき数が同じで、)㋑のほうがコイルに流れる電流が大きいから。

(3)㋒

(4)(電流の大きさが同じで、)㋒のほうが

コイルのまき数が多いから。

(5)ウ→イ→ア

丸つけのポイント

4 (2)アよりイの電流の大きさが大きいことが書かれていれば正解です。

(4)イよりウのコイルのまき数が多いことが書かれていれば正解です。

てびき **1** (1)電磁石、スイッチ、かん電池、電流計が1つの輪になるようにつなぎます。また、かん電池の＋極側の導線と電流計の＋たんし(赤いたんし)をつなぎ、－極側の導線と電流計の－たんし(黒いたんし)をつなぎます。

(2)エでは、かん電池の－極側の導線が電流計の＋たんしにつながってしまっています。

(3)(4)Aはアンペア、mAはミリアンペアと読みます。1Aは1000mAです。

(5)500mAの－たんしにつないでいるので、最大の目もりが500mAとなっている目もりを読みます。

2 (1)かん電池の直列つなぎでは、流れる電流が大きくなります。かん電池2個のへい列つなぎでは、かん電池1個のときと同じ大きさの電流が流れます。

(2)コイルに流れる電流が大きくなると、電磁石が強くなります。

3 (2)電流の大きさだけを変えて、ほかの条件がすべて同じものを比べます。

(4)コイルのまき数だけを変えて、ほかの条件がすべて同じものを比べます。

4 (1)(2)アとイは、かん電池の数(電流の大きさ)だけがちがい、ほかの条件は同じになっています。このとき、電流が大きいほど電磁石が強くなります。

(3)(4)イとウでは、コイルのまき数だけがちがい、ほかの条件は同じになっています。このとき、コイルのまき数が多いほど電磁石が強くなります。

(5)電流が大きく、コイルのまき数が多いウが、いちばん強くなります。

プラスワーク

94〜96ページ プラスワーク

1 (1)ウ　(2)ア、イ　(3)イ

(4)アに水をあたえる。

(5)イ　(6)ア、ウ　(7)明るさの条件

(8)ウにおおいをして光が当たらないようにする。

2 (1)水そうを日光が直接当たるところに置いている点。

(2)おすとめすを同じ水そうで飼っていないから。

(おすしかいないから。)

3 (1)ア　(2)①花粉　②受粉

4 (1)ア　(2)ウ

(3)(同じものさしをもとに、)石の大きさを比べられるようにするため。

5 (1)右図

(2)ろ過

6 (1)イ　(2)ア、ウ　(3)イ

(4)エナメル線の長さを同じにするため。

丸つけのポイント

1 (4)「だっし綿を水でしめらせる」など、アに水をあたえることが書かれていれば正解です。

(8)ウに箱やおおいをして光が当たらないようにする(ウを暗くする)ことが書かれていれば正解です。

2 (1)水そうに日光が当たっていることが書かれていれば正解です。「水そうを日光が直接当たらないところに置いていない」と書かれていても正解です。

(2)「おすだけを飼っているから」と書かれていても正解です。

4 (3)「石の大きさを比べられるようにするため」と書かれていれば正解です。

6 (4)「導線の長さを同じにするため」、または、「コイルのまき数以外の条件をすべて

同じにするため」と書かれていれば正解です。

てびき **1** 実験を行うときは、調べる１つの条件だけを変えて、ほかの条件は同じにします。

	㋐	㋑	㋒	㋓
水	×	○	○	○
温度	○	○	○	×
空気	○	×	○	○

○ある　×ない

(1)(2)発芽と空気の条件との関係を調べるときは、空気の条件だけを変えて、水と温度の条件は同じにする必要があります。

(3)(4)㋐は水がなく、㋑は水があるため、水の条件が変わっています。正しく調べるためには、水の条件を同じにします。㋐のだっし綿を水でしめらせると、㋐の種子にも空気にふれるぐらいに水があたえられ、空気の条件以外を同じにすることができます。

(5)(6)発芽と温度の条件との関係を調べるときは、温度の条件だけを変えて、水と空気の条件は同じにする必要があります。

(7)(8)冷ぞう庫の中は、ドアをしめると暗くなります。そのため、水と空気の条件は同じにできていても、明るさの条件が変わっています。㋒におおいをするなどして光が当たらないようにすることで、明るさの条件も同じにすることができます。

2 (1)メダカを飼うとき、水そうは日光が直接当たらない、明るいところに置くようにします。

(2)図２を見ると、どのメダカもせびれに切れこみがあり、しりびれの後ろが長くなっています。このことから、水そうに入れたメダカはすべておすであることがわかります。たまごを産むのはめすなので、たまごを産ませるには、おすとめすを同じ水そうで飼う必要があります。

3 イチゴ農家では、イチゴの実をたくさん実らせようとしています。そのためには、たくさんの花の１つ１つできちんと受粉が起こることが大切です。しかし、人の手で１つ１つ受粉させていたら、とても大変です。そこで、ミツバチの助けを借りています。ミツバチはイチゴの花粉を運んで、たくさんの花に受粉させる役わりをしてくれます。

4 (1)(2)㋐の石は、ものさしよりもずっと大きい石であることがわかります。反対に、㋒の石はとても小さい石であることがわかります。

(3)別々の場所を写した３枚の写真ですが、同じ長さのものさしが写っているので、それぞれの石の大きさを比べることができます。

5 正しいろ過のしかたを理解しましょう。ろ過したい液体は、ガラスぼうに伝わらせるようにして、少しずつろうとに注ぎます。また、ろうとの先の長いほうを、ビーカーの内側につけます。

6 (1)(2)コイルのまき数と電磁石の強さとの関係を調べるので、コイルのまき数だけを変えて、そのほかの条件はすべて同じにします。

(3)(4)コイルのまき数以外の条件をすべて同じにするために、コイルにまかずに余ったエナメル線も切らずに束ねておきます。こうすることで、エナメル線の全体の長さという条件を変えずに調べることができます。切り取ってしまうと、エナメル線の全体の長さが㋐と㋑で変わってしまい、正しく調べることができません。

実力判定テスト　夏休みのテスト①

1 **次の図は、5月1日午後3時と5月2日午後3時の雲画像です。あとの問いに答えましょう。**　1つ9〔36点〕

5月1日午後3時　　5月2日午後3時

(1) 空全体の広さを10としたとき、「くもり」とするのは雲の量がいくつのときですか。ア～ウから選びましょう。　（ ウ ）
ア 0　イ 0～8　ウ 9～10

(2) 日本付近の雲は、およそどの方位からどの方位へ動いていきますか。　（ 西 から 東 ）

(3) 図より、5月2日午後3時の大阪の天気は、何だと考えられますか。　（ 晴れ ）

(4) 5月2日午後3時の雲画像から、5月3日の仙台の天気は何だと予想できますか。　（ 晴れ ）

2 **次の図の㋐～㋓のように、カップに入れただっし綿の上にインゲンマメの種子を置き、発芽するかどうかを調べました。あとの問いに答えましょう。**　1つ10〔40点〕

㋐

水をあたえ、20℃の室内に置く。

㋑

水をあたえないで、20℃の室内に置く。

㋒ 冷ぞう庫

水をあたえ、冷ぞう庫の中に置く。

㋓

種子を水につかるようにして、20℃の室内に置く。

(1) ㋐と㋑を比べると、発芽には何が必要かどうかを調べられますか。　（ 水 ）

(2) ㋐と㋒を比べて、発芽と温度の関係を調べましたが、このままでは正しい結果が出ません。正しく調べるためには、どのようにすればよいですか。次のア～ウから選びましょう。　（ イ ）
ア ㋐の水を増やして、種子がつかるようにする。
イ ㋐を箱でおおい、光を当てないようにする。
ウ ㋒に水をあたえないようにする。

(3) ㋐と㋓を比べると、発芽には何が必要かどうかを調べられますか。　（ 空気 ）

(4) ㋐～㋓のうち、発芽したものはどれですか。　（ ㋐ ）

3 **次の図1は、発芽する前のインゲンマメの種子のつくりを、図2は発芽して成長したインゲンマメを表したものです。あとの問いに答えましょう。**　1つ8〔24点〕

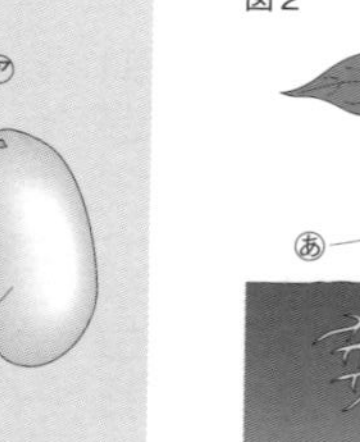

(1) 図1の㋐の部分は、発芽すると、図2のあ、いのどちらの部分になりますか。　（ い ）

(2) でんぷんがふくまれているかどうかを調べるときに使う薬品は何ですか。　（ ヨウ素液 ）

(3) 図1の㋑と、図2のあを横に切って、切り口に(2)で答えた薬品をつけると、どのようになりますか。次のア、イから選びましょう。　（ ア ）
ア 図1の㋑だけがこい青むらさき色になる。
イ 図2のあだけがこい青むらさき色になる。

実力判定テスト　夏休みのテスト②

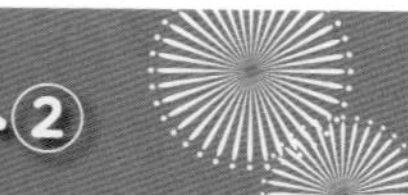

1 **インゲンマメのなえを次の㋐～㋒のようにして2週間育て、育ち方を比べました。あとの問いに答えましょう。**　1つ6〔30点〕

㋐ 肥料をあたえない。日光に当てる。　㋑ 肥料をあたえる。日光に当てる。　㋒ 肥料をあたえる。日光に当てない。

(1) ㋐～㋒には、どのようななえを準備したらよいですか。次のア、イから選びましょう。　（ ア ）
ア 育ち方が同じくらいのなえ
イ 育ち方がちがうなえ

(2) 植物の成長に日光が関係しているかどうかを調べるには、㋐～㋒のどれとどれを比べればよいですか。　（ ㋑ と ㋒ ）

(3) 植物の成長に肥料が関係しているかどうかを調べるには、㋐～㋒のどれとどれを比べればよいですか。　（ ㋐ と ㋑ ）

(4) ㋐～㋒のうち、どれがいちばんよく育ちますか。　（ ㋑ ）

(5) この実験から、植物の成長に関係している条件について、どのようなことがわかりますか。
（ 植物がよく成長するには、日光と肥料が必要であること。 ）

2 **メダカのたんじょうについて、あとの問いに答えましょう。**　1つ6〔42点〕

(1) メダカのおすは、㋐、㋑のどちらですか。　（ ㋑ ）

(2) めすが産んだたまご（卵）は、おすが出した何と結びつくと育ち始めますか。　（ 精子 ）

(3) めすが産んだたまごとおすが出した(2)が結びつくことを、何といいますか。　（ 受精 ）

(4) (3)によってできたたまごを何といいますか。　（ 受精卵 ）

(5) たまごの中のメダカの変化について正しいものを、次のア、イから選びましょう。　（ ア ）
ア たまごの中の養分を使って、少しずつメダカの体ができる。
イ 親から養分をもらいながら、小さいメダカが大きくなる。

(6) メダカのたまごの観察に、右の図のけんび鏡を使いました。
① 図のけんび鏡は、どのようなところで使いますか。次のア、イから選びましょう。　（ ア ）
ア 日光が直接当たらないところ。
イ 日光が直接当たるところ。
② 図のけんび鏡では、あの向きを調節して、明るく見えるようにします。あを何といいますか。　（ 反しゃ鏡 ）

3 **台風について、次の問いに答えましょう。**　1つ7〔28点〕

(1) 台風はどこで発生しますか。次のア～ウから選びましょう。　（ イ ）
ア 日本の北の陸上　イ 日本の南の海上
ウ 日本の東の海上

(2) 台風は、いつごろ日本に近づくことが多いですか。次のア～エから選びましょう。　（ イ ）
ア 春から夏　イ 夏から秋
ウ 秋から冬　エ 冬から春

(3) 台風が近づくと、風の強さはどのようになりますか。　（ 強くなる。 ）

(4) 台風によるめぐみには、何がありますか。次のア～ウから選びましょう。　（ ア ）
ア ふった雨によって、ダムの水が増える。
イ 強い風がふいて、電柱がたおれる。
ウ 大雨によって、山で土砂くずれが起こる。

もんだいのてびきは 32 ページ

実力判定テスト　冬休みのテスト①

1 次の図は、ヘチマやアサガオの花のつくりを表したものです。あとの問いに答えましょう。　1つ6［36点］

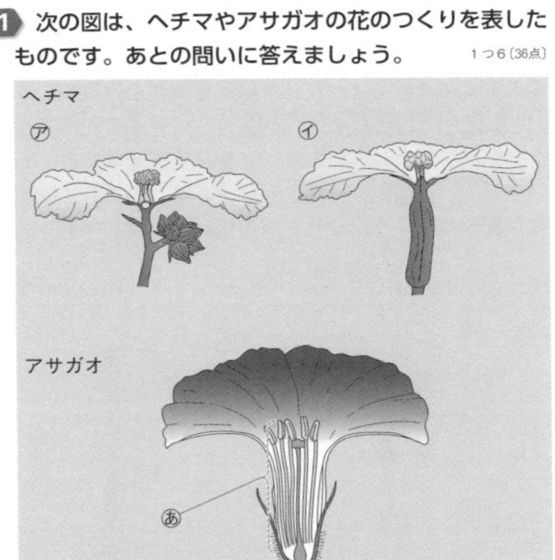

(1) ヘチマの㋐、㋑の花をそれぞれ何といいますか。
㋐（ おばな ）㋑（ めばな ）

(2) アサガオのあの先についている粉のようなものを何といいますか。（ 花粉 ）

(3) (2)の粉のようなものがめしべの先につくことを何といいますか。（ 受粉 ）

(4) (3)が起こると、めしべのふくらんだ部分は何になりますか。（ 実 ）

(5) (4)の中には何ができますか。（ 種子 ）

2 右の図のようなけんび鏡について、次の問いに答えましょう。　1つ7［28点］

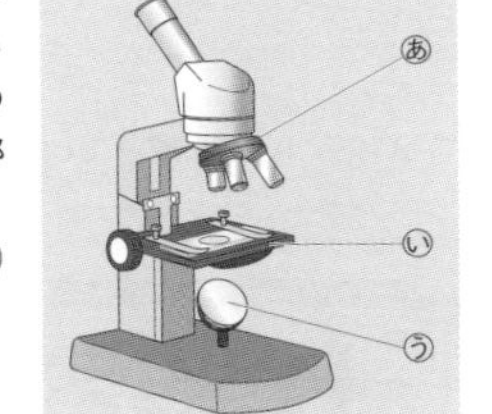

(1) 接眼レンズをのぞいたときに明るく見えるようにするには、図のあ～うのうち、どの部分を調節しますか。（ う ）

(2) けんび鏡を使うとき、目をいためるのでうに直接何を当てないようにしますか。（ 日光 ）

(3) 接眼レンズの倍率が15倍、対物レンズの倍率が10倍のとき、けんび鏡の倍率は何倍ですか。（ 150倍 ）

(4) けんび鏡の使い方について、次のア～エをそうさの順にならべましょう。（ ウ → イ → ア → エ ）

ア　横から見ながら調節ねじを回して、プレパラートと対物レンズを近づける。
イ　プレパラートをステージに置く。
ウ　対物レンズをいちばん低い倍率のものにする。
エ　接眼レンズをのぞきながら調節ねじを回し、プレパラートと対物レンズの間を少しずつはなしていき、ピントを合わせる。

3 右の図は、母親の体内で育つヒトの子どものようすです。次の問いに答えましょう。　1つ6［36点］

(1) ヒトの受精卵は、母親の体内の何というところで育ちますか。（ 子宮 ）

(2) (1)の中を満たしている、図の㋓の液体を何といいますか。（ 羊水 ）

(3) (1)にある、子どもが母親から養分などをもらい、いらないものをわたしている部分を、図の㋐～㋒から選びましょう。（ ㋐ ）

(4) (3)の部分と子どもをつなぎ、養分などが通る部分を何といいますか。（ へそのお ）

(5) ヒトは、受精してから約何週間でたんじょうしますか。次のア～エから選びましょう。（ ウ ）
ア　約4週間　　イ　約16週間
ウ　約38週間　　エ　約60週間

(6) ヒトは、たんじょうした後、しばらく何を飲んで育ちますか。（ 乳 ）

実力判定テスト　冬休みのテスト②

1 次の図の㋐～㋒の川のようすについて、あとの問いに答えましょう。　1つ6［42点］

(1) 川の流れが速く、川が深く険しい谷を流れているのは、㋐、㋒のどちらですか。（ ㋐ ）

(2) 川原で、小さくて丸みのある石やすなが多く見られるのは、㋐、㋒のどちらですか。（ ㋒ ）

(3) 流れる水の3つのはたらきのうち、㋒で大きいはたらきは何ですか。（ たい積 ）

(4) ㋑の部分で、川岸が水のはたらきによってけずられ、がけになっているのは、あ、いのどちら側ですか。（ あ ）

(5) 流れる水の量が増えると、水が流れる速さはどうなりますか。次のア～ウから選びましょう。（ ア ）
ア　速くなる。
イ　ゆるやかになる。
ウ　変わらない。

(6) 流れる水の量が増えたとき、流れる水のはたらきのうち、大きくなるはたらきは何ですか。2つ答えましょう。（ しん食 ）（ 運ぱん ）

2 右の写真は、洪水を防ぐための取り組みを表したものです。次の問いに答えましょう。　1つ9［18点］

(1) この取り組みを何といいますか。次のア～ウから選びましょう。（ ウ ）
ア　遊水地
イ　砂防ダム
ウ　ダム

(2) (1)の取り組みは、どのようなはたらきをしていますか。次のア～ウから選びましょう。（ ウ ）
ア　ふだんは公園として利用されているが、大雨がふると、水を一時的にためて洪水を防ぐ。
イ　石やすなをためて、水の流れを弱くする。
ウ　雨水をたくわえることにより、川の水の量を調節している。

3 次の表は、㋐～㋓の4種類のふりこの条件と1往復する時間についてまとめたものです。あとの問いに答えましょう。　1つ8［40点］

ふりこの条件	㋐	㋑	㋒	㋓
ふりこの長さ	50cm	50cm	30cm	50cm
ふれはば	20°	30°	20°	20°
おもりの重さ	40g	20g	20g	20g
1往復する時間	1.4秒	1.4秒	1.1秒	1.4秒

(1) ふりこが1往復する時間と次の①～③との関係を調べたいとき、それぞれ㋐～㋓のどれとどれを比べますか。
① おもりの重さ（ ㋐ と ㋓ ）
② ふれはば（ ㋑ と ㋓ ）
③ ふりこの長さ（ ㋒ と ㋓ ）

(2) 表より、ふりこが1往復する時間は、何によって変わるとわかりますか。（ ふりこの長さ ）

(3) ふりこが1往復する時間を長くするには、どのようにすればよいですか。（ ふりこの長さを長くする。 ）

もんだいのてびきは32ページ

実力判定テスト　学年末のテスト①

1 ものが水にとけた液について、次の問いに答えましょう。 1つ7〔28点〕

(1) ものが水にとけた液を何といいますか。
（ 水よう液 ）

(2) (1)の液は、とうめいですか、にごっていますか。
（ とうめい ）

(3) 100gの水に10gの食塩をとかしました。できた液の重さは何gですか。
（ 110g ）

(4) 20℃の水50mLに食塩をとかしました。食塩のとける量に限りはありますか。（ ある。 ）

2 次のグラフは、50mLの水にとけるミョウバンと食塩の量を、水の温度を変えて調べた結果を表したものです。あとの問いに答えましょう。 1つ7〔42点〕

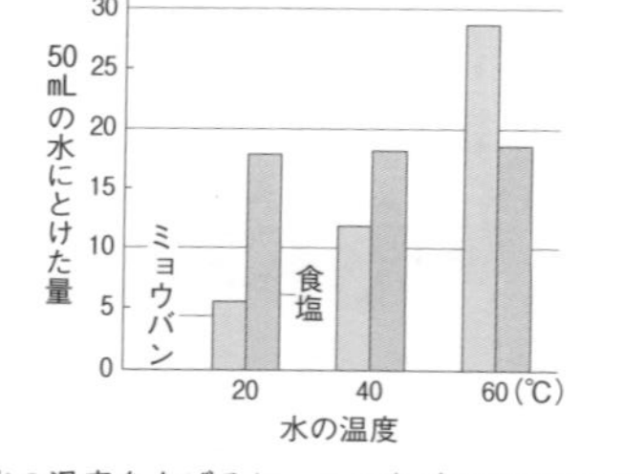

(1) 水の温度を上げると、ミョウバンのとける量はどのようになりますか。（ 増える。 ）

(2) 水の温度を上げると、食塩のとける量はどのようになりますか。（(ほとんど)変わらない。）

(3) 食塩のとける量を増やしたいとき、どのようにすればよいですか。
（ 水の量を増やす。 ）

(4) ミョウバンをとけるだけとかした60℃の水よう液の温度を下げました。とけていたミョウバンを取り出すことができますか。（ できる。 ）

(5) 食塩をとけるだけとかした60℃の水よう液からとけている食塩を取り出すには、どのような方法が有効ですか。
（水よう液から水をじょう発させる。）

(6) 水よう液にとけきれなかった食塩やミョウバンの固体を、ろ紙、ろうと、ろうと台などを使い、こすことができます。このような方法で固体と液体を分けることを何といいますか。
（ ろ過 ）

3 電磁石について、次の問いに答えましょう。 1つ6〔30点〕

(1) 電磁石は、どのようなときに磁石のはたらきをしますか。（ 電流が流れたとき。 ）

(2) 電磁石のN極とS極を入れかえるには、電流が流れる向きをどのようにすればよいですか。
（ 逆(反対)にする。 ）

(3) 同じ長さ、同じ太さのエナメル線を使って、次の図のような電磁石をつくり、回路を組み立てました。電磁石の強さがいちばん強いものを、次の㋐～㋓から選びましょう。（ ㋓ ）

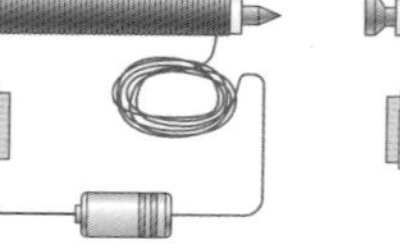
㋐50回まきのコイル

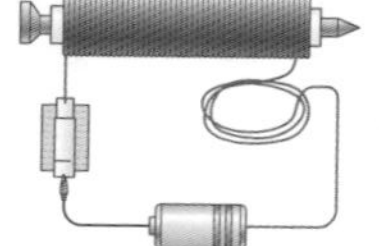
㋑100回まきのコイル

㋒50回まきのコイル

㋓100回まきのコイル

(4) 電磁石を強くするには、どのようにすればよいですか。2つ答えましょう。
（ コイルのまき数を多くする。 ）
（ 電流を大きくする。 ）

実力判定テスト　学年末のテスト②

1 次の問いに答えましょう。 1つ7〔28点〕

(1) 過去の自然災害の例などから、その地いきに今後起こるひ害を予想して地図に表したものを、何といいますか。（ ハザードマップ ）

(2) メダカを飼うとき、水そうはどのようなところに置きますか。
（日光が直接当たらない明るい場所）

(3) たまご(卵)からかえった直後の子メダカは、しばらくえさを食べませんでした。この理由を「養分」という言葉を使って答えましょう。
（はらのふくろに養分が入っているから。）

(4) ヒトの卵(卵子)は、メダカの卵よりも大きいですか、小さいですか。（ 小さい。 ）

2 流れる水のはたらきについて、次の問いに答えましょう。 1つ8〔40点〕

(1) 次の①～③のはたらきをそれぞれ何といいますか。
① 地面をけずるはたらき（ しん食 ）
② 土などを運ぶはたらき（ 運ぱん ）
③ 土などを積もらせるはたらき（ たい積 ）

(2) 右の図のような、川が曲がって流れているところで、水の流れが速いのは、あ、いのどちらですか。
（ あ ）

(3) ㋐－㋑を結んだ川底の形はどのようになっていますか。次のア～ウから選びましょう。
（ イ ）

3 花粉のはたらきについて調べるために、ヘチマのめばなのつぼみ2つにふくろをかぶせ、あは、花がさいたらめしべの先に花粉をつけてもう一度ふくろをかぶせました。いは、ふくろをかぶせたままにしました。あとの問いに答えましょう。 1つ8〔32点〕

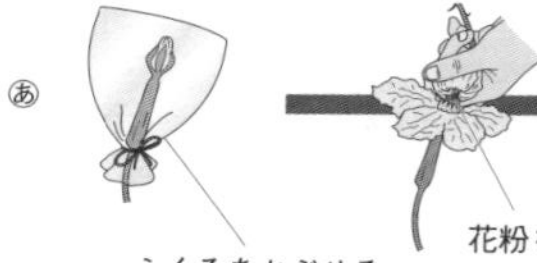

(1) いで、つぼみにふくろをかぶせたのはなぜですか。
（ 受粉させないめばなにするため。 ）

(2) しばらくすると、あは実ができ、いはかれ落ちました。このことから、実ができるためにはどんなことが必要だとわかりますか。
（受粉する(めしべの先に花粉がつく)こと。）

(3) 花粉をけんび鏡で観察したところ、右の図のように見えました。花粉が中央に見えるようにするには、プレパラートをどの方向に動かせばよいですか。次の㋐～㋓から選びましょう。
（ ㋑ ）

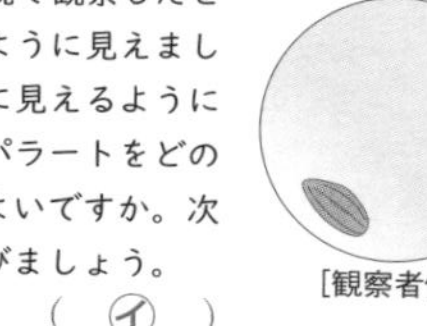

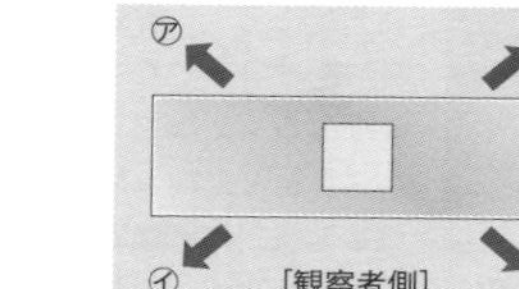

(4) (3)のようにプレパラートを動かすのは、けんび鏡ではものの向きがどのように見えているからですか。
（ 上下左右が逆に見えているから。 ）

もんだいのてびきは32ページ

実力判定テスト かくにん! 実験器具の使い方

ろ過のしかた

1 ろ紙の折り方について、①～③に当てはまる言葉をそれぞれ下の□から選びましょう。

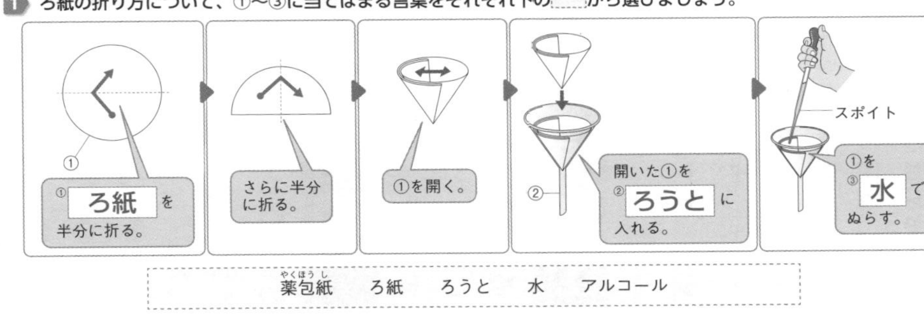

薬包紙　ろ紙　ろうと　水　アルコール

2 ろ過のしかたについて、あとの問いに答えましょう。

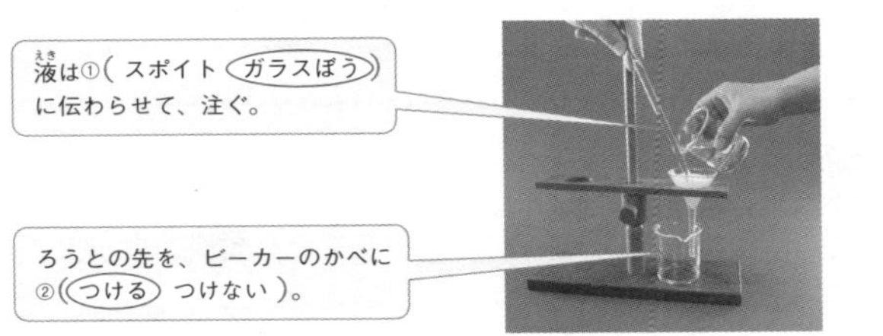

(1) 液は、どのように注ぎますか。①の( )のうち、正しいほうを◯で囲みましょう。

(2) ろうとの先は、どのようにしますか。②の( )のうち、正しいほうを◯で囲みましょう。

(3) ろ過した液(ろ液)は、どのように見えますか。次のア～ウから選びましょう。　(イ)

ア にごって見える。
イ すき通って見える。
ウ にごっている部分とすき通っている部分が見える。

実験用ガスコンロの使い方

3 実験用ガスコンロを使う前の点検について、①、②の( )のうち、正しいほうを◯で囲みましょう。

実力判定テスト かくにん! 数や量の平均

平均

たいせつ
さまざまな大きさの数や量をならして、同じ大きさにしたものを平均といいます。
平均は、次の式で求めることができます。
平均＝(数や量の合計)÷(数や量の個数)

例 走りはばとびを3回行ったところ、1回めが2.5m、2回めが2.7m、3回めが2.3mだった。3回の平均は、
(2.5＋2.7＋2.3)÷3＝2.5m

1 図のように、ストップウォッチを使って、ふりこが1往復する時間を求めました。あとの問いに答えましょう。

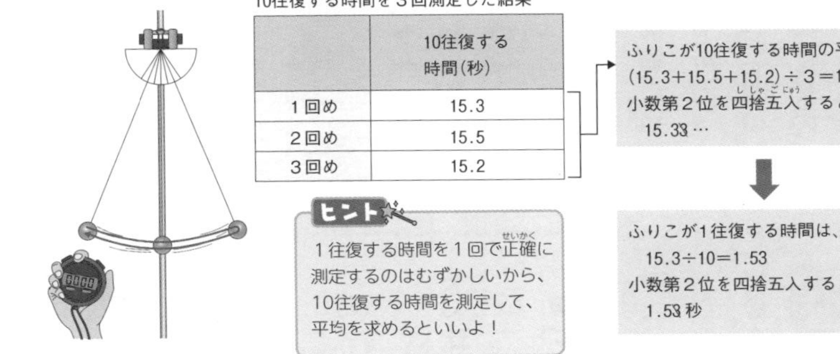

10往復する時間を3回測定した結果

	10往復する時間(秒)
1回め	15.3
2回め	15.5
3回め	15.2

ふりこが10往復する時間の平均は、
(15.3＋15.5＋15.2)÷3＝15.33…
小数第2位を四捨五入すると、
15.33…

ふりこが1往復する時間は、
15.3÷10＝1.53
小数第2位を四捨五入すると、
1.53秒

ヒント 1往復する時間を1回で正確に測定するのはむずかしいから、10往復する時間を測定して、平均を求めるといいよ!

(1) みかん5個の重さをはかると、それぞれ95g、103g、101g、99g、93gでした。これらのみかんの平均の重さは何gですか。小数第1位を四捨五入した重さを答えましょう。　(98g)

(2) 図と同じように、ふりこが1往復する時間を求めました。次の①～⑨に当てはまる数字をそれぞれ□に書きましょう。

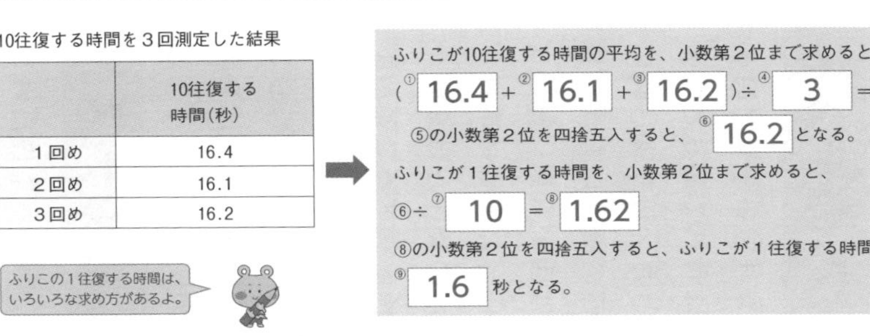

10往復する時間を3回測定した結果

	10往復する時間(秒)
1回め	16.4
2回め	16.1
3回め	16.2

ふりこが10往復する時間の平均を、小数第2位まで求めると、
(① 16.4 ＋② 16.1 ＋③ 16.2)÷④ 3 ＝⑤ 16.23
⑤の小数第2位を四捨五入すると、⑥ 16.2 となる。
ふりこが1往復する時間を、小数第2位まで求めると、
⑥÷⑦ 10 ＝⑧ 1.62
⑧の小数第2位を四捨五入すると、ふりこが1往復する時間は、
⑨ 1.6 秒となる。

もんだいのてびきは32ページ

実力判定テスト もんだいのてびき

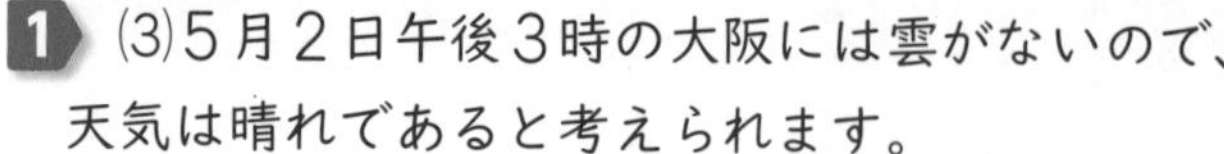

夏休みのテスト①

1 (3)5月2日午後3時の大阪には雲がないので、天気は晴れであると考えられます。

(4)5月2日午後3時の仙台には雲がなく、仙台の西のほうにも雲が見られません。日本付近の雲は西から東に動いていくことから、5月3日の仙台の天気は晴れだと考えられます。

2 (1)水の条件だけを変えているので、発芽と水の関係を調べることができます。

(2)冷ぞう庫の中は光が当たらないので、㋐も光を当てないようにします。

(3)空気の条件だけを変えているので、発芽と空気の関係を調べることができます。

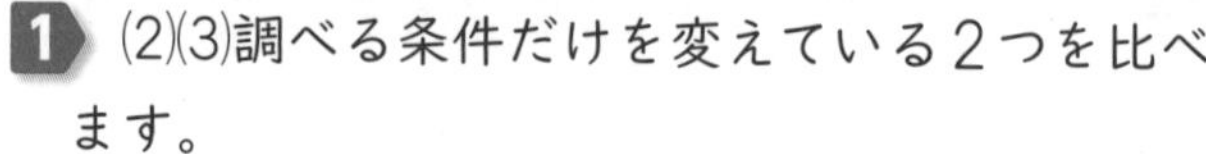

夏休みのテスト②

1 (2)(3)調べる条件だけを変えている2つを比べます。

2 (1)メダカのおすは、せびれに切れこみがあり、しりびれの後ろが長くなっています。

冬休みのテスト①

2 (3)けんび鏡の倍率は、15×10＝150(倍)

冬休みのテスト②

2 (2)アは遊水地やてい防の河川じき、イは砂防ダムのはたらきです。

3 (1)調べたい条件だけがちがい、ほかの条件は同じである2つを比べます。

(2)表より、㋒のときだけ、1往復する時間が短くなっていることがわかります。このことから、ふりこが1往復する時間は、ふりこの長さによって変わることがわかります。

学年末のテスト①

1 (3)水よう液の重さは、水の重さととけたものの重さの和なので、100＋10＝110(g)

2 (1)(2)グラフより、水の温度を上げたとき、ミョウバンのとける量は増えますが、食塩のとける量はほとんど増えません。

(3)水の量を増やすと、ミョウバンも食塩もとける量が増えます。

(4)(5)ミョウバンは、水よう液の温度を下げたり水の量を減らしたりすると出てきます。食塩は、水よう液の温度を下げてもほとんど出てきません。

3 (2)かん電池をつなぐ向きを変えると電流の向きが逆になるため、電磁石のN極とS極も入れかわります。

学年末のテスト②

1 (3)たまごからかえった直後の子メダカは、はらにふくらんだふくろがあります。このふくろの中には養分が入っています。

2 流れる水には、しん食、運ぱん、たい積の3つのはたらきがあります。曲がって流れているところの外側では流れが速く、しん食や運ぱんのはたらきが大きいです。内側では流れがゆるやかで、たい積のはたらきが大きいです。

3 (1)受粉するめばなと受粉しないめばなを比べます。㋑は、受粉しないように花がしおれるまでふくろをかぶせたままにします。

(3)(4)けんび鏡では、上下左右が逆に見えるので、動かしたい方向とは逆の方向に、プレパラートを動かします。

かくにん! 実験器具の使い方

2 (3)ろ過をすると、液に混ざっていた固体がろ紙の上に残り、ビーカーにはとうめいな液がたまります。

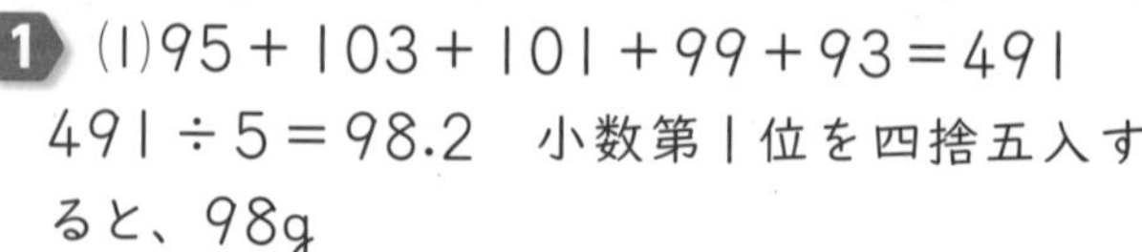

かくにん! 数や量の平均

1 (1)95＋103＋101＋99＋93＝491
491÷5＝98.2　小数第1位を四捨五入すると、98g

(2)ふりこが10往復する時間を何回か測定して、それらの平均からふりこが1往復する時間を求めるのは、ふりこが1往復する時間を正確に測定することがむずかしいからです。

6 5 4
D C B A